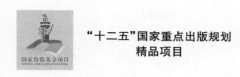

"十二五"国家重点出版规划
精品项目

先进航空材料与技术丛书

航空超高强度钢的发展

李 志　贺自强　金建军　钟 平　编著

国防工业出版社

·北京·

内 容 简 介

本书介绍了航空用超高强度钢的合金体系,超高强度钢的强韧化机理、疲劳和接触疲劳、先进的真空冶金技术等,也介绍了北京航空材料研究院创新研制的超高强度结构钢与不锈钢,300M 钢长寿命起落架与两个全过程研究,超高强度结构钢与不锈钢的热处理与力学性能,超高强度结构钢、不锈钢在飞机和发动机上的应用,以及材料研究与学科前沿的部分热点内容。

本书的主要素材来源于 55 年来北京航空材料研究院结构钢不锈钢专业所承担的科研项目和取得的重要科研成果,因此也更加强调了应用基础理论和应用研究在航空超高强度钢构件的研制、开发过程中的重要性。

本书可供航空结构钢、不锈钢结构设计、选材和应用的工程技术人员参考,也适于研究生和教师们阅读。

图书在版编目(CIP)数据

航空超高强度钢的发展／李志等编著. —北京:国防工业出版社,2012.5

(先进航空材料与技术丛书)

ISBN 978 - 7 - 118 - 08090 - 2

Ⅰ. ①航... Ⅱ. ①李... Ⅲ. ①航空材料 - 超高强度钢 - 研究 Ⅳ. ①V252.1 ②TG142.7

中国版本图书馆 CIP 数据核字(2012)第 087214 号

※

国防工业出版社出版发行

(北京市海淀区紫竹院南路 23 号 邮政编码 100048)

北京嘉恒彩色印刷有限责任公司

新华书店经售

*

开本 710×960 1/16 印张 20½ 字数 402 千字

2012 年 5 月第 1 版第 1 次印刷 印数 1—3000 册 定价 58.00 元

(本书如有印装错误,我社负责调换)

国防书店:(010)88540777 发行邮购:(010)88540776

发行传真:(010)88540755 发行业务:(010)88540717

序

一部人类文明史从某种意义上说就是一部使用和发展材料的历史。材料技术与信息技术、生物技术、能源技术一起被公认为是当今社会及今后相当长时间内总揽人类发展全局的技术,也是一个国家科技发展和经济建设最重要的物质基础。

航空工业领域从来就是先进材料技术展现风采、争奇斗艳的大舞台,自美国莱特兄弟的第一架飞机问世后的100多年以来,材料与飞机一直在相互推动不断发展,各种新材料的出现和热加工工艺、测试技术的进步,促进了新型飞机设计方案的实现,同时飞机的每一代结构重量系数的降低和寿命的延长,发动机推重比量级的每一次提高,无不强烈地依赖于材料科学技术的进步。"一代材料,一代飞机"就是对材料技术在航空工业发展中所起的先导性和基础性作用的真实写照。

回顾中国航空工业建立60周年的历程,我国航空材料经历了从无到有、从小到大的发展过程,也经历了从跟踪仿制、改进改型到自主创新研制的不同发展阶段。新世纪以来,航空材料科技工作者围绕国防,特别是航空先进装备的需求,通过国家各类基金和项目,开展了大量的先进航空材料应用基础和工程化研究,取得了许多关键性技术的突破和可喜的研究成果,《先进航空材料与技术丛书》就是这些创新

V

性成果的系统展示和总结。

本套丛书的编写是由北京航空材料研究院组织完成的。19个分册从先进航空材料设计与制造、加工成形工艺技术以及材料检测与评价技术三方面入手，使各分册相辅相成，从不同侧面丰富了这套丛书的整体，是一套较为全面系统的大型系列工程技术专著。丛书凝聚了北京航空材料研究院几代专家和科技人员的辛勤劳动和智慧，也是我国航空材料科技进步的结晶。

当前，我国航空工业正处于历史上难得的发展机遇期。应该看到，和国际航空材料先进水平相比，我们尚存在一定的差距。为此，国家提出"探索一代，预研一代，研制一代，生产一代"的划代发展思想，航空材料科学技术作为这四个"一代"发展的技术引领者和技术推动者，应该更加强化创新，超前部署，厚积薄发。衷心希望此套丛书的出版能成为我国航空材料技术进步的助推器。可以相信，随着国民经济的进一步发展，我国航空材料科学技术一定会迎来一个蓬勃发展的春天。

2011 年 3 月

前　言

　　北京航空材料研究院(航材院)从建院之初就设立了结构钢不锈钢专业,对合金设计,强韧化机制,成分、组织与力学性能之间的关系和热处理工艺技术等进行了系统、深入的研究。老专家们用敢于创新的勇气、善于研究的智慧、持之以恒的韧劲和不怕吃苦的精神,克服了种种困难,突破了一个又一个技术难关,发展了我国航空用关键结构钢、不锈钢的品种和应用技术,支撑了我国新型号飞机结构钢、不锈钢的应用,其中凝炼出的文化内涵让后来者肃然起敬。

　　航材院结构钢不锈钢专业的技术发展可以大致划分为两个阶段,第一个阶段是 1958 年至 1980 年,其主要特征是结合我国资源特点,创新研制航空超高强度结构钢、不锈钢,这期间,我国航空领域研制了 40CrMnSiMoVA(GC－4)、18Mn2CrMoBA(GC－11)、38Cr2Mo2VA(GC－19)、1Cr12Ni2WMoVNb(GX－8)、0Cr12Mn5Ni4Mo3Al(69111)等钢种,其主要特点是在参考国外资料的基础上,在设计合金成分时,结合我国当时缺少资源的实际情况少用合金元素,并保持技术指标不降低。大量的小炉合金成分试验为材料的研制成功奠定了坚实的基础。这些材料满足了当时飞机型号急需。第二个阶段是 1980 年至今,伴随着我国的改革开放,航空超高强度钢技术也取得了长足的进步。这期间的主要特征是在仿研国外先进超高强度钢的基础上,创新研究应用技术,形成技术体系,确保航空关键承力构件的长寿命、高可靠使用,其典型代表有 300M、高合金超高强度钢和 PH13－8Mo 超高强度不锈钢等。目前国内军机结构用超高强度钢的综合应用技术与国外的先进水平相当。

　　航空用轴承等属于关键构件,同时也一直作为成品件采购。我国航空发动机和直升机传动系统中的轴承、齿轮急需减重和长寿命的抗疲劳制造综合技术。2005 年以来,中航工业有了自己的轴承制造企业,航材院结构钢不锈钢专业也开始承担相关项目开展基础研究和应用研究,这为突破航空轴承等基础构件的长寿命、高可靠性的关键技术、形成技术体系带来了新的机遇。

　　今后一个时期结构钢不锈钢专业的技术发展方向体现在以下几个方面:创新超高强度不锈钢、超硬不锈轴承齿轮钢和更高强度级别的超高强度耐蚀钢等。

强韧化机制的发展与合金成分的原始创新是新钢种研发的关键所在。与此同时，深化研究抗疲劳制造基础理论与创新应用技术，实现我国航空用基础构件如轴承、齿轮和高强度螺栓等的长寿命、高可靠使用，并保持起落架超高强度钢应用技术的领先地位。

本书力图反映航材院结构钢不锈钢专业成立 55 年来科研工作的主要方面，为此作者走访了多位老专家，了解本专业的发展历程和技术研究的背景情况，并查阅了大量的归档资料，了解本专业技术发展的脉络；本书将应用基础理论放在突出地位，重点介绍了强韧化机制与超高强度钢的疲劳特点；从航空长寿命关键承力构件研制与应用研究的本质出发，以 300M 钢为代表，叙述了众多单位参与并多学科有机结合开展科研工作的技术复杂性和系统性，网络化的研究与技术体系的形成印证了"集中力量办大事"的思想和制度优势；本书有较多轴承齿轮钢和表层硬化技术方面的篇幅，而表面完整性与抗疲劳制造方面的内容正是本专业目前正在研究的重点之一。

本书的基本架构和章节目录由赵振业院士和李志商定。全书共分 9 章，第 1 章由李志撰写，第 2 章由贺自强撰写，第 3 章由王瑞和张祖瑞共同撰写，第 4 章由江志华、宋颖刚、娄艳芝和盛伟分别撰写，第 5 章由金建军撰写，第 6 章由刘天琦撰写，第 7 章由钟平撰写，第 8 章由盛伟和李志明分别撰写，第 9 章由汤春峰撰写。全书由李志统稿。

本书得到了北京航空材料研究院相关研究室、研究中心和航空主机厂、所，相关专业化厂、所和民口科研院所、工业部门的大力支持，在此深表谢意。北京航空材料研究院结构钢不锈钢专业的发展更离不开这些同行们的鼎力协助，愿借此书出版之际，向同行们致以诚挚的谢意。

由于作者水平有限，错误和疏漏之处在所难免，衷心期望读者不吝指正。

作　者

2011 年 12 月

目 录

第1章　航空用超高强度钢合金体系

1.1　航空超高强度钢的含义与分类

航空超高强度钢的强度底限是多少尚无统一的规定,材料研究者认为拉伸强度超过 1800MPa ~ 2400MPa,航空工程师们认为屈服强度超过 1200MPa ~ 1350MPa。用户对超高强度钢材料的要求有以下几点[1]:

(1) 强度:高强度包括拉伸强度和屈服强度,是减重设计零件的基础,需求已超过 2000MPa。

(2) 塑性和韧性:塑性是超高强度钢最重要的性能之一,包括纵向、横向塑性,对重要承力构件应一并要求。韧性包括冲击韧性和断裂韧度等,也是超高强度钢最重要的性能。不同合金系是形成材料塑性、韧性的基础,降低 S、P 等杂质元素含量,可以有效降低硫化物夹杂等沿变形流线方向伸长对横向塑性的伤害,同时也提高材料的韧性。超高强度钢必须采用诸如电渣、真空重熔以及其他多次、高纯度工艺熔炼。

(3) 可焊性:对于要求焊接的零件,钢的可焊性显得很重要。一般地,强度越高对氢脆越敏感,应选用尽可能减少氢含量的焊接方法。

(4) 抗疲劳性能:航空应用都要求良好的抗疲劳性能,而各种冶金因素对疲劳性能的影响尚不完全清楚。当然,高的纯净度对抗疲劳有益。

(5) 抗应力腐蚀性能:一般地,强度越高其裂纹尖端的应力腐蚀作用越强,电镀和酸蚀还会引起氢脆。

上述要求是航空超高强度钢合金设计与冶金技术研究、应用的出发点和落脚点。

按结构功能将航空超高强度钢分为两大类:一类是飞机机体结构用钢;一类是传动和转动零部件用钢。

经过几十年的研究、发展,飞机机体结构用超高强度钢可分为以下几类:

(1) 低合金超高强度钢(化学成分与主要力学性能见表 1 – 1),其强度来自于马氏体相变和在 260℃ ~ 350℃低温回火产生的 ε – 碳化物起到弥散强化作用。主要用于室温下工作的承力构件,包括飞机的起落架、主梁及其他关键承力零部件。

表 1-1　低合金超高强度钢的化学成分和主要力学性能

材料牌号	化学成分/%（质量分数）							σ_b/MPa	K_{IC}/MPa $\sqrt{m}$
	C	Si	Mn	Cr	Ni	Mo	V		
эи643	0.4	0.8	0.7	1.0	2.8	W1.0		1900~2100	
AISI4340	0.4	0.3	0.7	0.8	1.8	0.25		1800~2100	57
300M	0.4	1.6	0.8	0.8	0.8	0.4	0.08	1900~2100	74
D6AC	0.4	0.3	0.9	1.2	0.7	1.1	0.1	1900~2100	68
35NCD16	0.35		0.15	1.8	4.0	0.5		1860	91
30CrMnSiNi2A	0.3	1.0	1.2	1.0	1.6			1760	64
NCMV	0.2		1.25	1.8		1.0	0.2	1900~2100	53~62
40CrMnSiMoVA	0.4	1.4	1.0	1.4		0.5	0.1	1800~2100	71

（2）二次硬化（中合金）中温超高强度钢（化学成分与主要力学性能见表 1-2），其强度来自于马氏体相变和 550℃以上回火产生的二次硬化，回火温度的高低取决于选用的二次硬化合金元素。这类合金的特点是在具备 1700MPa 抗拉强度的同时具有承受 500℃高温的能力。该类钢适用于 500℃以下的中温高强度构件，如飞机起落架、梁、承力框架和螺栓等。

表 1-2　二次硬化中温超高强度钢的化学成分和主要力学性能

材料牌号	化学成分/%（质量分数）						σ_b/MPa	σ_{-1}/MPa
	C	Si	Mn	Cr	Mo	V		
H11	0.4	1.0	Ni 1.30	5.0	1.4	0.5	1790	910①
HST100	0.37	0.34	0.53	3.19	0.96	0.22	1500	800②
HST120	0.31	0.35	0.59	3.11	2.26	0.43	1800	800②
HST140	0.41	0.32	0.61	5.13	2.35	0.48	2100	850②
38Cr2Mo2VA	0.38			2.0	2.0	0.5	1700	550③

①，③：室温旋转弯曲疲劳，×10⁷周；②：弯曲疲劳，2×10⁷周

（3）高合金超高强度钢（化学成分与主要力学性能见表 1-3）[2-6]，其强度来自于低碳高合金马氏体于 550℃以下回火产生的二次硬化，回火温度的高低与选用的合金元素种类、数量及配比有关。这是近二十年由 9Ni-4Co 合金系新发展的一类钢，其特点是具有优良的综合力学性能，取代其他钢种用作飞机起落架、螺栓等关键承力构件。

（4）超高强度不锈钢（典型化学成分与主要力学性能见表 1-4），其强度来自于高 Cr 马氏体强化及 450℃~650℃回火析出碳化物和/或金属间化合物强

2

表 1 - 3　高合金超高强度钢的化学成分和主要力学性能

| 材料牌号 | 化学成分/%（质量分数） | | | | | σ_b/MPa | $\sigma_{P0.2}$/MPa | K_{IC}/MPa $\sqrt{m}$ |
	C	Ni	Co	Cr	Mo			
9Ni - 4Co - 45	0.45	7.75	4	0.28	0.27	1900	1700	
HY180	0.11	10	8	2	1	1380	1240	260
AF1410	0.16	10	14	2	1	1620 ~ 1800	1480 ~ 1600	≥143
AerMet100	0.23	11.5	13.4	2.9	1.2	1930 ~ 2030	1620 ~ 1750	≥110
AerMet310	0.25	11	15	2.4	1.4	2170	1896	71

化。其中一类是马氏体沉淀硬化不锈钢（常见的 PH 钢），采用马氏体相变和沉淀硬化机理；另一类是马氏体时效不锈钢（常见的 Custom 钢），采用低碳板条马氏体和时效强化机理，目前这类钢是不锈钢中强度水平最高的。各国正在积极研发抗拉强度为 1900MPa 级的不锈钢[7-9]。

表 1 - 4　超高强度不锈钢的化学成分和主要力学性能

| 材料牌号 | 化学成分/%（质量分数） | | | | | | | | σ_b/MPa | $\sigma_{P0.2}$/MPa | K_{IC}/MPa $\sqrt{m}$ |
	C	Ni	Co	Cr	Mn	Mo	Al	N			
PH13 - 8Mo	≤0.05	8.0		13.0		2.3	1.2		1550	1440	82
69111 0Cr12Mn5Ni4Mo3Al	0.08	4.5		11.5	4.75	3.5	0.8	0.5 (Si)			
ЭП310 - Ⅲ (13Х15Н4АМ3 - Ⅲ)	0.11 ~ 0.16	≤0.05		15.0	0.75	2.5	≤0.7 (Si)	0.075	1420	1040	180
AFC - 77	0.15		13.5	14.5		5.0	0.5 (V)	0.05	2000	1500	15
Custom465	≤0.02	11.00		12.00		1.00	1.70 (Ti)		1751	1648	98
Custom475	≤0.01	8.00	8.50	11.00		5.00	1.25		1953	1842	56

传动部件用超高强度钢可以分为以下两大类：

（1）马氏体时效型超高强度钢（化学成分与主要力学性能见表 1 - 5），其强度来自于含有 18% 以上 Ni 的奥氏体空冷得到的低 C、高合金马氏体和时效过程中合金元素 Mo、Ti、Al 等弥散析出形成的中间相。该类钢在航天领域主要用作固体燃料发动机火箭壳体，在航空领域用于发动机风扇轴和低压涡轮轴等部件[10-12]。

表 1 – 5　马氏体时效型超高强度钢的化学成分和主要力学性能

材料牌号	化学成分/%（质量分数）					σ_b /MPa	$\sigma_{P\,0.2}$ /MPa	δ/%	ψ/%	A_{kv}/J	K_{IC}/ MPa $\sqrt{m}$
	Ni	Co	Mo	Ti	Al						
C200	18.5	8.5	3.25	0.2	0.1	1450	1420	12	62	50	
C250	18.5	7.8	4.8	0.4	0.1	1900	1840	11	58	28	110
C300	18.5	9	4.8	0.6	0.1	2050	2000	10	50	23	85
C350	18.5	12	4.8	1.4	0.1	2420	2350	7	35	15	55

（2）轴承齿轮钢（化学成分与主要力学性能见表 1 – 6），正向着超高强度、高韧性、耐蚀和良好的表层吸碳能力的方向发展。轴承齿轮钢的发展大致分为三代：第一代轴承齿轮钢以 AISI9310 和 GCr15 为代表，使用温度在 150℃ 以下，该类钢不具备超高强度；第二代轴承齿轮钢以 M50NiL 为代表[13-15]，在 350℃ 下长时间使用。拉伸强度达到 1420MPa，且具有良好的疲劳性能，这是目前研究、应用的重点；第三代轴承齿轮钢以 CSS – 42L 和 C69 为代表[16-19]，心部具有超高强度，表层经硬化后具有高硬度，是目前各国研发的重点方向。由于合金化程度不断提高，通过 550℃ 左右回火形成细小、弥散的 M_2C 或中间相起到二次硬化作用，形成超高强度和高韧性，表层采取渗碳、渗氮等方式来实现硬化或超硬化。其使用部位有直升机传动系统减速器、发动机主轴承、齿轮等。

表 1 – 6　航空轴承齿轮钢的化学成分和主要力学性能

材料牌号	化学成分/%（质量分数）								σ_b/MPa	a_{KU}/ （kJ/m^2）	表面硬度 /HRC
	C	Cr	Ni	Co	Mo	W	V	Nb			
12Cr2Ni4A （12X2H4A、9310）	0.12	1.5	3.5						1230	1560	58～62
18Cr2Ni4WA （18XHBA）	0.16	1.5	4.25			1.0			1300	1500	58～62
16Cr3NiWMoVNbE （ДИ–39）	0.16	2.8	1.25		0.5	1.2	0.45	0.15	1320	980	58～62
13Cr4Ni4Mo4V （M50NiL）	0.13	4.12	3.4		4.25		1.23		1420	1300	60～64
CSS – 42L	0.15	14.5	2.3	12.5	4.0		0.60	0.03	1765		65～70

还有一类高强度热强不锈钢，简称 12% 型马氏体不锈钢，最初用于蒸汽涡轮机转子，第二次世界大战后开始用于航空发动机零件，主要是叶片、盘和轴颈等，其典型钢种有苏联的 ЭИ961 钢和 GX – 8 钢。

超高强度钢在应用中强调以下要求：

（1）高强度和高屈服/强度比；

（2）良好的双轴塑性；

（3）满意的韧性；

（4）良好的可焊性；

（5）良好的抗疲劳和应力腐蚀性能。

1.2 创新研制的航空超高强度结构钢与不锈钢

结合资源特点创新研制超高强度结构钢、不锈钢是我国航空用钢的一大特色。

1.2.1 超高强度钢 40CrMnSiMoVA（GC－4）

40CrMnSiMoVA（GC－4）钢是我国于 1958 年开始研制的第一个超高强度钢,其研究背景是,高空高速飞机的发展迫切需要比 30CrMnSiNi2A 具有更高强度和良好综合力学性能的超高强度钢,材料的抗拉强度应达到 1860MPa 以上,以减轻飞机结构重量,主要的应用目标是起落架结构。在设计钢的化学成分时,不选用当时我国稀缺的 Ni 元素,在分析了苏联和美国超高强度钢的强化原理及各个合金元素的作用后,结合国内资源情况确定了以 $Si－Mn－Cr－Mo$ 合金系为基础,C 含量在 0.40% 左右,并初步确定了 C、Cr、Mn、Si、Mo、V 等合金元素的大致范围。经过大量的小炉冶金试验和大炉试制,最终确定的合金成分范围:0.36%～0.40%C,1.20%～1.50%Cr,0.80%～1.20%Mn,1.20%～1.60%Si,0.45%～0.60%Mo,0.07%～0.12%V,Al≤0.08%,S≤0.020%,P≤0.020%。棒材热处理后抗拉强度在 1915MPa 水平,伸长率在 10% 左右,冲击韧性平均达到 $660kJ/m^2$。40CrMnSiMoVA 钢先后用于研制多个型号的飞机起落架。

1.2.2 高强度钢 18Mn2CrMoBA（GC－11）

18Mn2CrMoBA（GC－11）钢的研制目标是制造出一种强度级别与 30CrMnSiA 钢相当,且工艺性能优良的高强度结构钢,代替 30CrMnSiA 钢使用,以解决当时飞机上大量使用的 30CrMnSiA 钢钣金冲压件常出现的淬火裂纹和焊接组合件焊接裂纹等缺点。该钢的研制以英国 Fortiweld 钢为基础,即 0.5 Mo－B 系合金,Fortiweld 钢的抗拉强度只有 700MPa,为了获得高强度并保持良好的可焊性能,需要适当提高 C 含量;0.5Mo－B 合金组合使相图中珠光体区域与贝氏体区域脱离并向右移,这为获得以贝氏体为主的显微组织奠定了基础。Cr 和 Mn 是强化贝氏体钢最有效的元素,但考虑到当时国内缺少 Cr 资源这一情况,选择了少用 Cr、多用 Mn 的成分设计思路,并深入研究了 Mn/Cr 配比和 Mn + Cr 总量与合金力学性能、可焊性等的关系。合金成分中高的 Mn/C 比促使贝氏体组织转变,这样在奥氏体化后的空冷过程中就可形成贝氏体组织,简化了生产工艺。18Mn2CrMoBA 钢的合金成分范围:0.16% ~ 0.21% C,1.60% ~ 1.90% Mn,1.00% ~ 1.30% Cr,0.45% ~ 0.60% Mo,0.002% ~ 0.004% B,Si ≤ 0.30% ,Ni ≤ 0.25% ,Cu ≤ 0.25% ,S ≤ 0.025% ,P ≤ 0.025% ,强度级别在 1200MPa,具有很高的淬透性、良好的可焊性和冲压性能,在钣金件生产中采用正火余热进行模冷校形,为钣金件的生产创造了新途径。18Mn2CrMoBA 钢成功用于多个型号飞机上。

1.2.3 中温超高强度钢 38Cr2Mo2VA(GC – 19)

中温超高强度钢 38Cr2Mo2VA(GC – 19)于 1976 年开始研制,其目标是设计、研制出一个可在约 500℃ 以下中温使用的超高强度钢,抗拉强度达到:室温时 ≥1700MPa,300℃时 ≥1500MPa,500℃时 ≥1250MPa,以适应高马赫数飞机表面温度甚至结构件环境温度的升高对材料的需求。低合金超高强度钢 GC – 4 和 300M 等因回火温度低,无法满足上述要求。在分析国外中温超高强度钢的基础上,合金设计的主导思想是设法尽量少用合金元素,研制出更适合结构使用的中温钢。在钢的成分探索试验中进行了 Mo – V – B 系与 Cr – Mo – V 系合金的对比试验,结果表明 Cr – Mo – V 系合金明显占优;为了在淬火后得到均匀的马氏体组织,开展了进一步的合金化研究,确认 Cr 含量在 1.5% ~ 2.0% 时能够有效延长贝氏体转变的孕育期,促进马氏体转变。从该钢的合金化与综合性能关系看,中碳的选择既要实现马氏体强化,又要为二次硬化提供基础,1.8% 以上的较低 Mo 添加量就可在回火时产生大量 Mo_2C 沉淀,引起二次硬化。600℃ 回火可使组织更加稳定,从而保证中温长期使用。1.5% 以上 Cr 含量除前述作用外,还在回火时析出 Cr_2C 沉淀,降低 Mo_2C 的二次硬化效果,从而降低合金的脆性倾向,相应地,降低屈强比,以达到较好的综合力学性能。0.5% 左右的 V 在该钢中起细化晶粒的作用。经过 200 炉以上的小炉试验和大炉验证,最终确定了合金的化学成分:0.36% ~ 0.41% C,1.70% ~ 2.10% Cr,1.90% ~ 2.10% Mo,0.45% ~ 0.60% V,0.17% ~ 0.37% Si,0.50% ~ 0.80% Mn,S ≤ 0.020% ,P ≤ 0.020% 。38Cr2Mo2VA 钢室温拉伸性能达到:抗拉强度 1725MPa,屈服强度 1530MPa,伸长率 13.0% ,断面收缩率 57.4% 。该钢成功用于某型飞机后机身主承力框的制造。该钢的创新研究集中体现为:在实现技术指标的同时,将国外同类钢的高合金水平(H11:0.4C – 1Si – 5Cr – 1.4Mo – 0.5V) 降低到低合金水平(GC – 19:0.38C – 2Mo – 2Cr – 0.5V) 。

1.2.4 马氏体热强不锈钢1Cr12Ni2WMoVNb(GX-8)

马氏体热强不锈钢1Cr12Ni2WMoVNb(GX-8)于1962年开始研制,目标是在1Cr11Ni2W2MoV钢的基础上,通过化学成分优化设计,使材料在约600℃回火后抗拉强度高于1080MPa,冲击性能高于700kJ/m²,解决1Cr11Ni2W2MoV钢热强性能不足的问题,满足新型发动机压气机主要部件盘、转子叶片等对材料的需求。该钢的成分设计以1Cr11Ni2W2MoV钢为基础,通过适当降低W含量,提高Mo含量,回火后形成更加稳定的析出相以增强钢的热强性能;适量的Nb能够有效增加钢中碳化物的点阵参数,存在于铁素体中其增加静畸变减少动畸变的作用较其他元素强,从而提高钢的热强性能、增强钢的抗蠕变能力。在初步试验的基础上,选择出一种W、Mo含量约各占1%并含有Nb的成分方案,进行了重复试验和成分改进,拟定了成分范围,并对上限、中限、下限成分进行了冶炼和性能试验,最终确定了GX-8钢的化学成分:0.11% ~ 0.17% C,11.00% ~ 12.00% Cr,1.80% ~ 2.20% Ni,0.70% ~ 1.00% W,0.80% ~ 1.20% Mo,0.20% ~ 0.30% V,0.15% ~ 0.30% Nb,Si≤0.60%,Mn≤0.60%,S≤0.025%,P≤0.030%。该钢经580℃回火后抗拉强度达到1200MPa,冲击韧性达到1140 kJ/m²。1Cr12Ni2WMoVNb钢成功用于某型发动机压气机转子叶片和压气机盘的制造,解决了型号急需。该钢的创新研制体现为:在综合国外已有合金优点的基础上,在保证合金韧性的同时,进一步提高了钢的热强性能,将该类钢在航空上的应用推进到了更高的水平。

1.2.5 超高强度控制相变型沉淀硬化不锈钢0Cr12Mn5Ni4Mo3Al (69111)

超高强度控制相变型沉淀硬化不锈钢0Cr12Mn5Ni4Mo3Al(69111)于1968年开始研制,该钢的设计目标是:具有一定的抗大气腐蚀能力,良好的冷加工及成形性能,强度高的同时具有足够的韧性,拟用于高速飞机蒙皮和蜂窝结构。在当时,沉淀硬化不锈钢PH15-7Mo拟用于国外飞机蒙皮和蜂窝夹层结构,结合我国资源情况,在PH15-7Mo钢化学成分基础上创制新合金,在节约Ni、Cr元素的同时综合性能达到或超过PH15-7Mo钢的水平,成为合金设计的主体思路。控制相变型沉淀硬化不锈钢的设计需要考虑的因素更多:①在大气条件下具备足够的抗氧化性能,Cr含量应在12%以上,考虑到采用Mo、Al等作为强化元素,有利于耐蚀性能的提高,并适当降低Cr含量;②不锈钢组织中存在少量的铁素体对阻止高温下奥氏体晶粒的长大有利,也有助于材料提高抗应力腐蚀性能。在控制相变型沉淀硬化不锈钢中少量的δ-铁素体相还起到触发马氏体相变的作用,但 δ-铁素体相的存在会降低合金的强度、塑性和韧性以及横向性能,Cr、Al、Mo 元素是强铁素体形成元素,需要加入一定量的奥氏体形成元素 Ni 和 Mn 以起到平衡作用,以 Mn 部分代替 Ni,在考虑 C 加入量的情况下寻求合适的 Cr、Ni 当量配比。控制相变型沉淀硬化不锈钢是通过控制奥氏体-马氏体相转变来达到优良加工性能与超高强度的目的,严格控制 M_s 点就显得极为关键,而 Cr、Mo 元素和 Ni、Mn、C 元素都是稳定奥氏体的元素,都具有降低钢的 M_s 点的作用,这样,该钢的组织设计就将 δ-铁素体含量与奥氏体稳定性控制联系起来。该钢 M_s 点的设计目标是 0℃ 左右,固溶处理后快冷到室温的组织基本是奥氏体,便于加工,通过常规冷处理(-73℃),发生马氏体转变,获得超高强度。上述思路经过了 3 个周期的大量实验研究,最终确定了该钢的化学成分:C≤0.09%,11.00%~12.00% Cr,4.00%~5.00% Ni,4.40%~5.30% Mn,2.70%~3.30% Mo,0.50%~1.00% Al,Si≤0.80%,S≤0.025%,P≤0.025%,并形成了0Cr12Mn5Ni4Mo3Al 钢棒材、板材和丝材的生产技术,棒材经典型热处理后抗拉强度达到 1600MPa,伸长率达到 15.0%,冲击韧性达到 843kJ/m²。0Cr12Mn5Ni4Mo3Al 钢丝绕制的弹簧用于多种型号飞机和导弹等系统液压油泵中。钢带制成的蝶形弹簧已用于卫星上。

1.3 300M 钢起落架长寿命应用研究

300M 钢在我国的成功研制与应用有其历史的必然性,也是航空超高强度钢研究的一大闪光点。现在看,GC-4 钢成功挑战 1800MPa 级强度水平应该说是合金成分设计的典范,而与此相关的组织设计与控制、工艺技术研究与应用、材料综合力学性能评价与使用等技术,在水平上并未跟上合金成分设计的先进性。这样在生产和使用过程中就出现了一些不协调的情况。历史没有选择退回到较低强度合金钢的研究上,而是选择了研究更高强度级别的 300M 钢和相应的技术体系,这样就开拓了我国航空结构钢、不锈钢专业新的技术思路并保持了该专业的技术先进性。

1.3.1 300M 钢作为我国飞机起落架用钢的确立

在 300M 钢研究之前,国内起落架面临的主要问题是寿命问题,由30CrMnSiNi2A 钢研制的飞机主起落架在落震试验时在较低的寿命下就出现了焊缝裂纹、螺纹断裂、护板接头疲劳裂纹等;GC-4 钢制起落架上出现点状缺陷、硫化物夹杂、粗晶、内部裂纹、焊缝缺陷、热处理渗氢等问题,这些技术问题可归为材料冶金技术问题和零件加工制造工艺技术问题,它们影响着起落架构件的寿命和可靠性。当时我国生产的起落架寿命只有 300 飞行小时 ~ 500 飞行小时,因而一架飞机不得不采用几副起落架。

这一时期,国外在起落架材料和制造技术领域不断发展,自 20 世纪 60 年代中期由 300M 钢取代 AISI4340 钢制造飞机起落架主承力构件以来,300M 钢的应用越来越广泛,到 20 世纪 80 年代中期,美国 90% 以上的军民用飞机起落架都用该钢制造,且歼击机寿命在当时已超过 3000 飞行小时,民用飞机更长得多。300M 钢的成功使用得到了广泛的赞誉。

在合金化系统中,300M 钢属于 Cr – Ni 系,国内当时用的是 Cr – Mn – Si 系,而世界上 1900MPa 或更高的低合金超高强度钢都采用 Cr – Ni 系,在国内研制 300M 有助于发展我国起落架用新钢种;300M 钢在国外采用真空冶炼,纯净度大幅度提高,使钢的韧性、塑性、疲劳和应力腐蚀性能都比较好,这是用该钢制造的起落架寿命长的原因之一;300M 钢的成功使用,还与采用一系列的先进制造工艺技术有关,如真空热处理、表面强化、防护乃至设计、冷机械加工技术等,采用 300M 钢制造起落架,可以带动冶金、制造工艺和设计技术的革新。

到 20 世纪 80 年代中期,随着我国冶金技术的发展,国内已引进先进的真空熔炼设备,开坯、加工设备等,抚顺钢厂生产的钢锭纯净度已接近或达到美国 AMS6417 要求,大规格钢棒力学性能也接近或达到美国技术条件规定指标要求,经过努力可望制作出达到美国水平的 300M 钢,再加上航空工厂通过技术改造消化、实施新技术,就能够在长寿命起落架领域开创一个新的局面。

以上这些就是研制 300M 钢起落架的基本思路。

1.3.2　技术研究框架的确立

在此之前的结构钢、不锈钢专业课题研究基本框架是:合金成分设计与冶炼,全面性能测试、评价研究,压力加工技术研究,热处理技术研究,各种焊接技术研究和一些防护技术研究等。研究重点集中于合金成分、材料基本力学性能和热工艺技术。将这些研究工作得到的工艺技术投放到航空厂制造零件,对于强度不高或形状简单的构件而言,能够满足航空结构钢零件的制造和使用。但针对起落架这样的高承载和高强度且结构形状复杂的构件,鉴于其安全、长寿命设计要求,实践证明原有的研究工作内涵已不能满足要求,在此情况下,一种思路是针对已存在的问题进行点对点式的技术攻关,解决具体问题;另一种思路是系统梳理存在的技术问题,运用材料科学与工程专业基础知识和理念,确立新的技术研究框架体系。300M 钢的技术研究选择了后者,其主要内容包括:

(1) 以先进冶金工艺技术突破来实现棒材力学性能等全面达到标准要求。采用真空感应 + 真空自耗熔炼工艺;提纯原材料,控制钢中 S 含量在 0.003% 以下以降低硫化物夹杂总量,保证钢中纯净度;在2000t快锻机上采用镦粗—拔长工艺进行锻造开坯,确保大吨位钢锭制成的大规格(ϕ300mm)棒材有足够的锻比。

（2）深入研究热处理工艺与组织和性能之间的关系,并对比分析美国料和国产材料,掌握标准、工艺、组织和性能特性,掌握强韧化机制,并探索研究强韧化工艺。

（3）开展全面性能研究,掌握各种性能之间的内在联系与规律。

（4）在材料锻造工艺研究基础上,采用实心整体锻造技术路线制造起落架主承力构件毛坯,消除焊缝带来的起落架薄弱部位。

（5）研究先进的加工制造工艺技术与质量控制方法。通过真空淬火技术研究,实现零件热处理过程中少（无）氧化、脱碳,且变形小,实现零件的精密热处理。通过机械加工工艺研究,试验车、铣、钻、磨等零件机加工用工艺参数,在保证无烧伤的前提下实现零件的高效加工。通过喷丸、孔挤压和螺纹滚压等强化工艺研究,减少表面缺陷并提高残余压应力,尤其是改善孔和螺纹结构的表面残余压应力状态,提高这些应力集中部位的承载能力和寿命。通过电镀 Cd－Ti 等表面防护工艺研究,提高构件的耐一般腐蚀和应力腐蚀性能,为构件的长寿命提供有力保障。针对棒材、锻件和零件,在磁粉检测和超声检测等传统检测方法适应性研究的基础上,针对超高强度钢热后磨削易烧伤的缺点,重点研究零件热处理后磨削的烧伤检测方法,严把质量关。

上述研究内容的展开与有机融合,构筑了超高强度钢新的技术研究框架体系。

1.3.3　全过程的系统性研究与技术验证、考核

研究工作包括两个部分:材料研究和应用研究,并划分了三个阶段:材料研制阶段、应用研究阶段和起落架应用阶段。这三个阶段的内容有重叠,而层次不同,是不断深化并走向应用的过程。每个研究工作力求完整并前后兼顾,如"300M 钢冶金技术研究",内容包括"双真空熔炼工艺试验及稳定,提纯原材料,镦粗—拔长开坯锻造工艺,质量控制方法和设备等",而在"双真空熔炼工艺试验及稳定"中实际上已包含了对后续工作的安排:"结合成分试验、零件用料、积累数据,提出工艺文件"等,之后对试验内容进行了规定:"成分（主要是 C 含量）上下限炉的主要性能测定,重点装机炉的主要性能测定,科研鉴定前积累 5 炉～8 炉数据:拉伸、冲击、K_{IC}、da/dN、K_{ISCC}、da/dt、周期强度、疲劳等",这部分工作完成的同时也为后续工作的开展打下了基础。再如"热处理工艺研究"包括"标准工艺验证试验、说明书试验、真空淬火工艺试验和等温工艺研究等",在试验

内容上又分为"参数选择、稳定试验、评价试验和组织结构强韧化机理等"，这样就从几个维度来全面地研究热处理工艺，为材料到零件全过程中的热处理打下基础。

在应用研究阶段，仍然把"组织与性能关系"研究放在重要位置，并从这一角度向外辐射：①各种热处理状态及其他工艺状态组织分析；②各种断裂机理探讨，如高低周疲劳、应变疲劳、冲击、拉伸、高低温断裂、氢脆和应力腐蚀等；③强韧化机制研究，以综合分析组织因子的作用机制及对性能的贡献。而从性能表征出发，又安排了 $S-N$ 曲线、应变疲劳、短裂纹、环境疲劳、da/dN、氢脆和应力腐蚀、元件疲劳等研究；还有从工艺研究角度出发、从检测角度出发向外辐射研究。之后进入第三阶段，起落架应用阶段。整个研究工作安排，如立体交叉的网络，各个节点有关联，又各有侧重。最终从试样性能研究与数据积累走到元件性能验证，再走到起落架的加工制造与综合技术验证，走到 300M 钢起落架的考核与装机试飞。

工作大纲并未直接展现专业知识和应用基础理论，而完整的工作大纲形成之前，需要在专业知识、实践经验基础上系统地查询、积累和掌握相关技术资料，这是一个艰苦的过程。

300M 钢起落架经 54000 个起落（疲劳试验）仍然不破断，实现了我国军用飞机起落架长寿命。

1.4 高合金超高强度钢研究与应用

1.4.1 使用要求

美国飞机部件破坏调查分析表明，起落架多数是由于表面引起应力腐蚀或疲劳裂纹扩展而导致最后断裂的。零件表面缺陷在应力和腐蚀介质的共同作用下由于电化学反应，表面产生不均匀腐蚀坑，进而开始应力腐蚀裂纹扩展，且往往在宏观应力远低于屈服强度的情况下发生滞后破坏，这属于低应力脆性破坏。随着材料使用强度的提高，这一问题显得越来越突出并引起了足够的重视。美国从 20 世纪 70 年代开始实施的 AMS/ADP 计划，将断裂韧度和抗应力腐蚀性能与抗拉强度一样作为评价材料的指标[20]，并对超高强度钢使用提出了新的要求：①材料的强度在 1600MPa 以上的同时，断裂韧度应达到 126MPa $\sqrt{m}$ 以上；②良好的抗裂纹扩展性能和抗应力腐蚀性能；③零件设计引入损伤容限及耐久性设计。这些新要求改变了超高强度钢构件设计选材的思路：在等强度的条件下选择断裂韧度高、裂纹扩展速率低的材料，以提高缺陷或裂纹的初始容许尺寸和零件的使用寿命。

低合金超高强度钢在韧性、抗应力腐蚀性能和氢脆性能等方面不能适应海洋环境的要求[21]，先进舰载机寿命与起落架寿命之间产生了不协调，以美国舰载机 F/A‐18A/B 为例，飞机在服役过程中需要更换起落架[22]。由于断裂韧度已成为设计选材的关键因素，F/A‐18A/B 的前起落架及着舰拦阻系统曾采用 HP9‐4‐30钢、AF1410 钢和改性 AF1410 钢，能够用上的都用上了。但是作为舰载机主起落架，当时无更加优异的材料可选。这就迫切需求强度比 AF1410 钢更高，且综合力学性能优异的钢种出现，"对于海军用新型舰载机起落架用钢，断裂韧度应超过 110MPa $\sqrt{m}$"[21]。1992 年 AerMet100 钢研制成功，并经过多年的应用技术研究后用于舰载机起落架[23‐29]。

我国对海洋环境下使用的飞机的需求越来越迫切，也为高合金二次硬化超高强度钢的发展提供了机遇。北京航空材料研究院对高合金超高强度钢的研究与应用，推动了我国航空高品质用钢达到了一个新水平。

1.4.2　合金设计准则

高合金二次硬化超高强度钢是 Fe‐C‐Mo‐Cr‐Ni‐Co 合金，它是在 HP9‐4(9Ni‐4Co)合金基础上发展的一系列合金。首先产生的是 HY180 钢，该钢的化学成分和常规力学性能见表 1‐3，主要用于深海舰艇壳体和海底石油勘探装置，由于强度水平偏低，尚不能满足航空使用要求，但 HY180 钢为更高强度新钢种的设计准则的确立提供了可靠的基础。

高合金二次硬化超高强度钢的设计准则是：

（1）用户提出的高强度、高韧性等性能指标，即在 HY180 钢基础上提高强度而其他性能降低很少；

（2）限制孪晶和片状马氏体的形成；

（3）抑制回火时马氏体位错亚结构的回复，促进形成细小弥散的 M_2C 沉淀；

（4）控制回火析出动力学，限制过时效；

（5）限制回火时逆转变奥氏体的形成。

1.4.3　合金元素的作用与组织结构[30‐37]

作为高合金钢，合金元素间的交互作用和添加量的匹配显得十分重要，高合金二次硬化超高强度钢各个合金元素及其主要作用有：

（1）C，产生间隙固溶强化，促进孪晶马氏体的形成，孪晶马氏体伤害韧性。形成碳化物并增加碳化物数量，减小碳化物质点间距，增加二次硬化峰值，获得

12

高屈服强度；碳降低 M_s 点，增加残余奥氏体数量。高于 0.2% C 还伤害焊接性能。

（2）Cr，提高淬透性，产生固溶强化，促进孪晶马氏体的形成。Cr 降低 Mo_2C 的析出温度和固溶温度，加速其过时效；部分取代 Mo_2C 中的 Mo 形成 $(Mo,Cr)_2C$，增进二次硬化反应，形成细小弥散沉淀，提高硬度和抗拉强度、屈服强度；但 Cr 进入到 Mo_2C 中会导致共格畸变量降低，从而降低单个析出相的强化效果，但如果 C 含量相应提高，却会因沉淀相体积分数的增加而得到更高的抗拉强度和屈服强度。Cr 促进渗碳体的失稳，这样在硬化峰值温度下组织中无渗碳体，对韧性有利。

（3）Mo，形成 Mo_2C，增进二次硬化反应，是二次硬化峰的原因。Mo 还增加淬透性，产生固溶强化，抑制回火脆性。

（4）Ni，提高淬透性，产生固溶强化，保持高位错密度马氏体板条，提高马氏体基体的本征韧性，降低韧性—脆性转变温度，添加量一般在 10% 或更高。Ni 还促进渗碳体回溶和 M_2C 形成，高 Ni 含量板条马氏体加细小弥散的碳化物沉淀是该类钢高强度、高韧性的基本原因。

（5）Co，抑制马氏体位错亚结构回复，促进细小弥散 M_2C 沉淀，产生固溶强化，提高钢的硬度和屈服强度。Co 和 Ni 的共同添加可降低二次硬化峰值温度约 50℃，并共同促进渗碳体回溶和 M_2C 的形成。合金元素作用的详细讨论参见 2.4.3 节。

高合金二次硬化型超高强度钢热处理后的显微组织是：高位错密度板条马氏体 + 少量孪晶马氏体 + 少量残余奥氏体和逆转奥氏体 + M_2C + 少量未溶碳化物的混合组织，其中马氏体具有高的本征韧性，M_2C 呈大量细小、弥散析出的特征；低合金超高强度钢的显微组织是：中碳（板条）马氏体 + 少量孪晶马氏体（≤5%）+ 下贝氏体（10% ~ 15%）+ ε - 碳化物 + 少量残余奥氏体，还有一些（M - A）组织。ε - 碳化物在马氏体中弥散析出，这一组织特点不具备高韧性与优异的抗应力腐蚀性能，同样地，中温超高强度钢由于马氏体的本征韧性不高，合金韧性和抗应力腐蚀性能也与高合金超高强度钢有较大差距。

1.4.4 AF1410 钢、AerMet100 钢和 AerMet310 钢的设计[1,2,38,39]

AF1410 钢的基本性能指标为：$\sigma_b \geqslant 1620MPa$，$\sigma_{P0.2} \geqslant 1480MPa$，$\delta_5 \geqslant 12\%$，$\psi \geqslant 60\%$，$K_{IC} \geqslant 143MPa\sqrt{m}$，可焊接。与之对应的强韧化机理的设想是：低温马氏体相转变、位错板条马氏体结构、细小弥散的 M_2C 共格沉淀析出、少量的逆转变奥氏体和低杂质元素含量。采用的主要方法是在 HY180 钢化学成分基础上提高 C 含量以提高强度，但 C 含量超过 0.2% 时对焊接性能有害，这就界定了 C 含量上限;提高 Co 含量增加二次硬化反应,抑制马氏体位错亚结构回复并因而有足够的 M_2C 形核位置,促进形成更加细小弥散的 M_2C 沉淀,而且不增加孪晶马氏体形成倾向,提高强度并保持韧性。钢的设计成分为 $0.16C-10Ni-14Co-2Cr-1Mo$。需要强调指出的是,除该五个合金元素外,其他元素都被视为杂质元素加以严格控制,这就对冶金技术提出了更高的要求。AF1410 钢在美国三代战机和舰载机上大量采用。

AerMet100 钢的设计目标是在 AF1410 钢的基础上提高强度至 2000MPa 水平,同时韧性、抗应力腐蚀等性能降低不多,以适应诸如舰载机起落架及其他重要承力构件对高抗拉强度、韧性和耐腐蚀等的要求。AerMet100 钢的基本性能指标为 $\sigma_b \geqslant 1930MPa$, $\sigma_{P0.2} \geqslant 1620MPa$, $\delta_5 \geqslant 10\%$, $\psi \geqslant 55\%$, $K_{IC} \geqslant 110MPa\sqrt{m}$。基本设计思路是:①抑制板条马氏体位错亚结构的回复并在 480℃～550℃回火时得到细小弥散的 M_2C 沉淀。高的位错密度为沉淀相提供足够的形核场地以得到高的形核率,高抗位错亚结构回复能力,即低的位错攀移速率使 M_2C 沉淀相保持细小尺寸;②通过热处理使钢在 480℃～550℃范围内回火得到高的强度和韧性配合。为此,设计成分使 Fe_3C 在回火前期回溶以提高韧性。

AerMet100 合金设计中采用的方法是:①提高 C 含量至 0.24%。C 作为有效的间隙固溶强化元素提高整个回火温度的硬度水平,并为形成更多的 M_2C 沉淀提供足够的 C 含量,增加 M_2C 体积分数,这是达到更高强度的基本原因。当然,提高 C 含量伤害韧性和焊接性能。②提高 Cr 含量在 3%。Cr 进入 M_2C 中形成 $(Mo、Cr)_2C$,其中 Cr 含量增加使其形成温度和二次硬化峰值温度降低,Cr置换 Mo 降低 M_2C 的点阵常数和共格应变能,导致强度降低,但 C、Cr 一同增加,使得 M_2C 的体积分数增加,以致强度不降低反而得到提高。③提高 Ni 含量至11.5%。高 Ni 含量除前述的提高马氏体基体的本征韧性、保持回火时的马氏体板条外,还促进 Fe_3C 的回溶和 M_2C 的形成,更重要的是与高 Co 含量共同增加二次硬化反应的强度。钢的设计成分为 $0.23C-11.5Ni-13.4Co-2.9Cr-1.2Mo$。必须强调,钢的纯净度需要进一步提高,杂质元素如 S、P、Al、N、O、Ti 等的含量更低,这是达到高韧性的重要条件。AerMet100 钢已用于制造舰载机、四代机起落架等重要承力构件。

AerMet310 钢的设计目标是在 AerMet100 钢的基础上进一步提高强度而其他性能降低很少,以适应更高强度、更小尺寸及更高比强度构件对材料强度的需求。所采用的方法是在 AerMet100 钢成分基础上提高 C 含量至 0.25%,增加 Mo含量至 1.4%,Cr 含量降低至 2.4%,以增加 Mo_2C 的体积分数,增强二次硬化反应强度,提高合金强度,维持高 Ni 含量以得到高位错密度板条马氏体,增加 Co含量至 15% 以稳定位错亚结构,改善韧性。钢的设计化学成分为 $0.25C-11Ni-$

$15Co-2.4Cr-1.4Mo$。钢的抗拉强度达到 2170MPa，断裂韧度达到 $71MPa\sqrt{m}$。应该指出的是，该钢的韧性偏低，与军机设计选材准则不太相符，至今尚未应用。

1.4.5 冶金技术

从成功的合金设计到获得工业化的高合金超高强度钢材料，还需要先进的冶金技术作为支撑。主要有以下四个方面：

（1）超纯铁工业化大生产技术：通过炉外精炼工艺，获得低 S、P、Al、Ti 含量的超纯铁，S 控制在 0.001% 以下，P 控制在 0.003% 以下，Al 控制在 0.01% 以下，Ti 控制在 0.01% 水平。这也是目前钢的超纯技术的最高水平。

（2）VIM + VAR 低偏析、高均质化熔炼技术：高合金超高强度钢中合金元素的含量已达到 30% 的水平，控制成分偏析是一个需要更加关注的问题。高均质化熔炼技术是高合金超高强度钢冶金技术的重要方面。图 1-1(b) 显示，当 23Co14Ni12Cr3MoE 钢的均匀化程度不高时，断裂韧度低，断口韧窝小而浅，且易在晶界处存留大量的析出相，能谱化学分析结果为（% 质量分数）：Cr9.78，Fe66.86，Co11.17，Ni7.05，Mo5.14，属于非正常的析出相。在优化后的真空自耗冶金工艺中，采用先进的熔滴率控制方法和氩气冷却控制方法，可以有效减小成分偏析，为材料的均质化打下良好的基础。

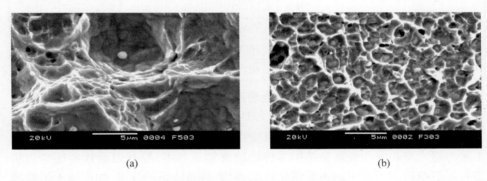

(a)   (b)

图 1-1 23Co14Ni12Cr3MoE 钢中不正常的析出相
（a）正常断口形貌；（b）组织中不正常的析出相。

（3）钢锭均质化技术、大锻比锻造技术：借助锻造前的高温加热长时扩散均质化处理和随后的大锻比多次镦拔开坯，加大金属的塑性流动并伴随着动态再结晶，使合金成分均匀一致，提高材料的综合性能及其稳定性。

（4）晶粒超细化控制技术和热处理控制技术：通过设计和严格实施终锻火次的加热规范和变形规范，可以获得晶粒度达到 8 级的超细晶粒，软化热处理技术确保获得后续加工所需要的性能的同时，不使组织粗化。

上述冶金技术将高合金超高强度合金优异的固有性能转化到工业化大生产条件下制备的材料中。

高合金超高强度钢的研制与应用研究在我国已有二十余年的历史,在材料研制过程中,先后突破了超纯熔炼、大变形开坯锻造、细晶锻造控制等技术,形成了我国航空高合金超高强度钢制备技术体系。在国内已形成的 300M 钢大变形开坯技术基础上,进一步优化了高合金超高强度钢钢锭的加热和变形(开坯)工艺,使 23Co14Ni12Cr3MoE 钢的韧性大幅度提高。表 1-7 为不同工艺开坯后 23Co14Ni12Cr3MoE 钢综合力学性能的变化情况。可以看出,钢锭本身经过热处理后就已经显示出良好的强韧性配合,断裂韧度已经达到 110MPa $\sqrt{m}$。这也从一个侧面反映出高合金超高强度钢马氏体高的本征韧性。采用常规的大变形开坯工艺(表 1-7 中开坯工艺一),钢的韧性只是略有提高,这表明,仅仅依靠"大变形"开坯不能够大幅度改善高合金超高强度钢的韧性;采用进一步优化的开坯工艺(表 1-7 中开坯工艺二),高合金超高强度钢的断裂韧度提高了 25%,冲击韧性提高了 60%。这些显示了开坯技术突破对提高高合金超高强度钢综合力学性能尤其是韧性的突出作用。

表 1-7 23Co14Ni12Cr3MoE 钢不同工艺开坯后的力学性能

开坯工艺	$K_{IC}/MPa \sqrt{m}$	室温拉伸				$a_{KU}/$ (kJ/m²)	硬度 /HRC
		σ_b/MPa	$\sigma_{P0.2}/MPa$	$\delta_5/\%$	$\psi/\%$		
钢锭	111	1956	1708	12.0	57.3	723	54.0
开坯工艺一	118	1961	1652	14.0	64.2	896	53.7
开坯工艺二	139	1954	1673	15.0	69.6	1160	52.9

我国已研究形成了先进的高合金超高强度钢应用技术,主要包括低温锻造与超大型锻件加热变形控制技术,超大型异型长杆类零件控制变形的焊接技术,材料的热处理工艺与超大型零件的真空热处理技术,材料防止烧伤的机械加工工艺与超大型长深孔等复杂结构零件的精密加工技术,控制表面残余压应力状态且缓解结构应力集中的表面强化技术,耐磨耐腐蚀防护技术,如高速火焰喷涂技术等,材料、锻件、零件材质与表面(涂层)缺陷检查的无损检测技术等,这些技术相互关联并构成体系,支撑了我国航空高合金超高强度钢零件的制造。高合金超高强度钢材料和应用技术已用于制造我国三代机等关键承力构件,有力地提升了我国航空用钢的品质和水平。

1.5　轴承齿轮钢技术的研究与应用

轴承、齿轮属于机械传动构件,轴承主要失效模式为接触疲劳,齿轮主要失效模式为接触疲劳和弯曲疲劳。轴承、齿轮在航空装备上应用比较广泛,主要包括航空发动机机械系统主轴轴承、中央传动齿轮、附件机匣中心传动齿轮,直升机传动系统螺旋锥齿轮、轴承、行星齿轮—轴承等。轴承、齿轮是航空发动机和直升机的关键构件,直接关系到发动机和直升机的可靠性及使用安全。随着航空装备的发展,对轴承、齿轮的寿命、可靠性、承载能力、耐热性和结构重量的要求越来越高,从而对轴承、齿轮的材料技术和制造技术提出了更高的要求,因此急需加强对轴承齿轮钢技术的研究与应用。

1.5.1 长寿命轴承、齿轮涉及的主要技术[40,41]

航空轴承、齿轮的服役环境十分复杂,主要包括拉—压交变应力、剪切应力、冲击动应力、接触疲劳、摩擦与磨损以及温度和腐蚀介质等。由此,轴承、齿轮零件失效机理显得十分复杂。长寿命轴承的疲劳设计准则是:假设构件最初无缺陷,并在有限的寿命下疲劳裂纹达到临界尺寸。采用该设计方法必须考虑到在给定应力下疲劳寿命数据的分散性,其影响来自于环境变化影响、材料性能变化以及加工制造质量的波动。"安全寿命"是构件全周期疲劳试验寿命的一部分,一般取系数1/4。轴承是采用安全—寿命设计方法的构件中的典型代表,要获得较长的"安全寿命",需要研究相关专业的技术,形成技术体系。这是一项极其复杂的工作。

航空轴承、齿轮的发展方向是高承载能力,以航空高性能齿轮为例,包括高载荷、高速度、高耐温、轻量化、小型化、低噪声、高质量、长寿命和低成本等,达到这些目标涉及广泛的相关技术(图1-2)。这些技术的构图如同金字塔,塔尖是高性能齿轮,而后由齿轮钢、齿轮设计、热处理和齿轮加工构成一环层,并辐射出众多技术构成第二环层、第三环层,如齿轮设计中的形状、尺寸精度、公差、润滑等,齿轮热处理中的硬化、晶间氧化、变形和残余应力控制等。高性能轴承涉及的技术与齿轮相似。要获得系统完善轴承、齿轮技术就必须对材料、元件和构件逐级进行寿命评价、评估与预测,完善各个工艺技术,验证并最终考核形成综合的技术体系,建立完善的数据库。

因接触疲劳是轴承、齿轮等传动构件的主要失效模式,通过抗疲劳制造实现构件表面完整性,进而提高疲劳寿命,就成为长寿命航空轴承、齿轮技术发展的主线,包括抗疲劳塑性变形技术、表面完整性机械加工技术、精密热处理技术、表层超硬化技术、表面完整性磨削技术、高能表面改性技术、长效表面防护技术、表面完整性检测与评价技术、疲劳寿命评价技术、高纯材料技术、抗疲劳细节设计技术等。这是对图1-2的更进一步的表达。

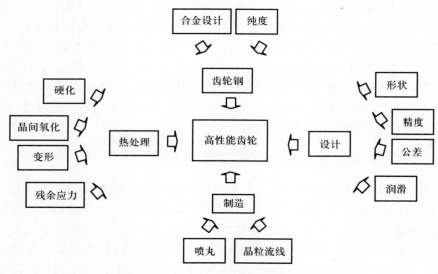

图 1-2　高性能齿轮制造技术体系

1.5.2　国外发展情况

在长期基础理论研究和实践基础上,美国 NASA 传动系统研究中心对齿轮技术做出两项基本结论[42]:

(1) 航空齿轮表层硬度≥58HRC(≥650HV);

(2) 齿轮承载能力随心部屈服强度提高。

两项基本原则指导齿轮钢已达到超高强度水平,表层达到超硬化(如室温下表层硬度≥1000HV,500℃下表层硬度≥730HV)水平。

半个多世纪的研究和发展,使轴承、齿轮技术达到了较高的水平,推动了直升机、发动机传动系统的代代进步。除了设计技术的各种进步之外,取得的成果有如下几个方面:

(1) 真空感应 + 真空自耗(VIM + VAR)超纯熔炼高性能轴承齿轮钢[43,44]。从 20 世纪 40 年代起,提高纯净度,首先解决了轴承的滚动接触疲劳寿命低的难题,60 年代又用于齿轮钢。至今,航空轴承齿轮钢都采用 VIM + VAR 熔炼,从而提高寿命 100 倍以上。VIM + VAR 除降低钢中其他有害杂质外,主要降低了 O 含量和氧化物夹杂的含量,减少了接触疲劳裂纹起始场地,如 NASA 报告中给出,经 VAR 的 9310 钢齿轮 L_{10} 寿命达到 18.8×10^6 周,经 VIM + VAR 寿命达到 48×10^6 周;日本山阳公司 VIM + VAR 熔炼的 52100 钢的 O 含量降至 5.4mg/kg,比大气熔炼(O 含量 40mg/kg)钢制轴承寿命提高 30 倍。瑞典 SKF 公司 VIM +

VAR 熔炼的 52100 钢中 O 含量降至 10mg/kg,轴承疲劳寿命提高 10 倍等。

（2）控制轴承、齿轮晶粒、流线的技术。采用精密制坯技术,使得轴承、齿轮的流线完整、随形,对零件寿命产生积极作用。

（3）表层硬化与精密热处理技术。表层硬化是轴承、齿轮获得抗滚动接触疲劳等特殊性能的原因和方法。几十年来技术发展很快并取得显著效果。

① 渗碳是传统而广泛使用的表层硬化方法。渗碳层的性能与钢的成分和热处理相关。如第一代钢的表层硬度可达到 58HRC～61HRC,第二代钢可达到 60HRC～64HRC,第三代钢已达到 65HRC～69HRC,属于超硬化水平。第二代钢 M50NiL 渗碳齿轮滚动接触疲劳寿命比 9310 钢齿轮提高了 4.5 倍,第三代钢 CSS - 42L 比第二代钢 M50 提高了 28 倍。等离子渗碳既缩短渗碳时间,还显著改善组织和性能。自 20 世纪 80 年代起发展起来的真空渗碳工艺具有表面净洁、活化和无晶间氧化等优点,可以在高温(超过 1000℃)下渗碳,渗层深度可以达到 2.5mm,因在真空条件下热处理,避免了渗层的氧化与晶间氧化,也对减小零件变形有益。

② 深层渗氮(深度 0.6mm～0.8mm)。传统渗氮是齿轮常用的表层硬化方法,可获得 65HRC 乃至 70HRC 以上的超高硬度,但因渗层薄而脆,抗冲击载荷能力差。深层渗氮可改善这一缺点并获得高的滚动接触疲劳寿命。采用 VIM + VAR 熔炼的 32CDV13 钢经深层渗氮硬化后,比传统的渗碳钢如 16NCD13 或 AISI9310 有更多的优点,虽然疲劳极限和 16NCD13 相同,但它的力学性能可以在高温下保持不变,在边界条件或无润滑油时工作的时间大大增加。渗氮层也有利于推迟点蚀和擦痕。上述优点自 1970 年以来通过直升机服役试验得到证实。"虎"式直升机主减速器轴承应用该工艺,比渗碳件的寿命提高 3 倍。离子氮化工艺是近几十年发展的化学热处理新技术,具有前期渗层速度快、适宜于薄层零件和不锈钢零件渗氮等特点,为深层渗氮的高效率提供了技术保证。

近年来研究应用的复合硬化新技术为实现渗层结构优化设计奠定了基础[45]。

（4）精加工技术与表面改性技术是影响滚动接触疲劳的重要因素之一[46,47]。粗糙的精加工可在表层诱发很高的剪应力,甚至可超过渗碳层的强度极限。为弥补精加工不适当造成的表面应力状况,广泛采用喷丸强化。喷丸强化在表层造成的压应力结构还能有效地增高疲劳寿命 3 倍～4 倍。

（5）滚动接触疲劳寿命与机理模型和综合技术验证试验。滚动接触疲劳机理与模型是多年来研究的热点,借助计算机模拟正在做到工艺控制和预测,并提出了一些机理和寿命估算模型。美国 Lewis Research Center、英国 Newcastle Design Unit 已拥有完善的疲劳寿命试验手段和预测技术,经过了数十年系统的积累已建立起较为全面的轴承、齿轮疲劳性能数据库。

美国在先进轴承、齿轮钢技术和抗疲劳制造技术全面发展的基础上,航空轴承和齿轮寿命显著提高。军用发动机主轴承寿命已达到 3000h 以上,商用发动机主轴承寿命已高达数万小时;阿帕奇(AH - 64A)直升机主减速器 TBO 已达 4500h,科曼奇(RAH - 66)直升机主减速器 TBO 高达 5000h,居世界领先地位,满足了航空发动机和直升机的使用需求。

1.5.3　国内相关技术研究需要加强的几个方面

1. 明确应用研究的重要作用,落实研究主体

应在航空轴承、齿轮技术研究方面建立设计、材料与应用技术、制造和使用这四位一体的联动机制,注重材料冶金技术尤其是应用技术研究。应实现轴承、齿轮零件制造有工艺规程、工艺说明书的支撑,工艺说明书等有研究报告的支撑,达到以应用研究形成的技术来支撑整个工艺流程的实现。航空轴承、齿轮钢的应用研究是无限寿命或者安全寿命设计准则隐含的构件表面完整性抗疲劳制造的重要环节,认识并落实研究主体是当前的重点。

2. 加强关键技术研究与综合技术体系的构建

(1)强化在用主干轴承、齿轮钢的冶金、材料技术研究。我国在用航空轴承、齿轮钢牌号众多,均为一代钢,且多用电弧炉 + 电渣熔炼方法。借助国内已有的先进 VIM + VAR 熔炼技术,选择典型钢种,如 9310 钢、32Cr3MoVE、M50 钢等,减少钢中杂质元素含量,同时深化研究化学热处理和机械加工等关键技术,提高构件疲劳寿命,满足在役装备的可靠性和稳定性。

(2)强化在研轴承、齿轮钢技术体系研究。以第二代轴承、齿轮钢 M50NiL 钢为对象,深入开展冶金技术、精密制坯技术、化学热处理技术、表面强化技术、机械加工技术等关键技术研究,注重形成技术体系,为在研装备发展提供技术支撑。

(3)深化研究化学热处理技术。结合真空渗碳、高压气淬技术,离子氮化技术等先进化学热处理手段,研究渗层结构、硬度及硬度梯度、表层组织等与工艺技术和接触疲劳寿命之间的关系,研究复合化学热处理技术以实现轴承、齿轮构件的表层超硬化和深层化,为接触疲劳寿命大幅度提高奠定基础。

(4)深化研究表面改性技术。结合典型轴承、齿轮钢深化研究先进的高能束表面改性方法,如激光冲击强化、超声喷丸等,对渗层残余应力分布、渗层组织、表面形貌和构件尺寸及其稳定性之间的影响(关系),研究复合表面改性新技术,实现表面改性的纳米化与深层化,从而为提高轴承、齿轮寿命提供基础

支撑。

（5）深化研究机械加工与检测技术。采用先进的检测技术，如残余应力在线检测技术等，研究机械加工工艺对渗层表面形貌、残余应力的影响，研究不同硬化方式、表面改性方法与先进机械加工工艺技术之间的衔接关系，以形成机械加工技术、化学热处理技术、表面改性技术的有机结合。

（6）深化综合技术验证研究。在系统研究先进轴承、齿轮钢材料全面性能的基础上，深化典型结构元件的疲劳寿命评价与预测技术研究，建立完善的疲劳寿命试验手段，试验单一工艺技术元件、复合工艺技术元件、综合工艺技术元件的疲劳寿命，以进一步评价、改进技术体系，建立第二个层次的数据库，为寿命预测研究和构件寿命准确预测、构件综合工艺技术体系的确立与综合技术验证奠定基础。

1.6　航空用超高强度钢的未来发展

1.6.1　发展目标

研制抗拉强度为 2100MPa～2300MPa 级的超高强度耐蚀钢，在具有该强度级别的同时，还应具有优异的塑性、断裂韧度，以及良好的抗腐蚀和应力腐蚀性能；可以通过简单的热处理方法达到该强度级别。其应用方向是高速飞机、特种飞机主承力结构，如起落架、螺栓、接头等零件。

研制抗拉强度为 1900MPa 级的超高强度不锈钢，其耐一般腐蚀和应力腐蚀性能超过超高强度耐蚀钢（如 AerMet100），同时具有优异的塑性和断裂韧度；可以通过简单的热处理方法达到该强度级别。主要用于在腐蚀性强的环境中工作的起落架等高承载、高应力构件。

研制耐 500℃ 的高硬度不锈轴承、齿轮钢，心部经热处理后抗拉强度在 1800MPa 以上，具有优异的断裂韧度、良好的塑性和优异的耐一般腐蚀和应力腐蚀性能，并在 500℃ 下力学性能保持稳定；表面经化学热处理后硬度在 500℃ 下仍保持 58HRC 以上。该钢主要用于先进发动机和直升机传动系统齿轮、轴承。

1.6.2　已有的研究现状

1. 抗拉强度为 2100MPa～2300MPa 级的超高强度耐蚀钢

在成功研制并应用 300M 钢后，为进一步提高屈强比以减轻零件的结构重量，研制了 HP310 钢，该钢在 300M 钢成分基础上进一步提高 Si 含量至 2.3%，V

增加至 0.23% 改型而成,经过热处理后合金的抗拉强度达到 2150MPa,但断裂韧度只有约 60MPa $\sqrt{\text{m}}$,韧性和耐腐蚀性能不满足先进飞机对超高强度钢的要求。与低合金超高强度钢相似,在推出 AerMet100 钢并获得广泛认可与应用之后,又推出了强度级别更高的 AerMet310 钢。其研制目标是在进一步提高强度的同时,其他性能降低很少,以适应飞机起落架及其他要求更高强度、更小尺寸及更高比强度的构件对材料的需求。经过 C、Mo、Cr 等合金元素的调整,该钢经过热处理后抗拉强度达到 2170MPa,但断裂韧度只有约 71MPa $\sqrt{\text{m}}$,由于 C 含量不低于 0.25%,其耐环境腐蚀和应力腐蚀性能下降。

自 20 世纪 50 年代至 90 年代,1900MPa 级低合金超高强度钢合金体系和高合金超高强度钢合金体系的形成与应用技术发展较快,并成功实现了在飞机主承力结构中的应用。强韧化理论的进一步发展是今后向 2100MPa～2300MPa 级合金发展的前提。

2. 抗拉强度为 1900MPa 级的超高强度不锈钢

早在 20 世纪 60 年代,美国 Crucible 公司研制了 Fe – Cr – Co – Mo 型超高强度不锈钢 AFC – 77,通过马氏体相变和回火沉淀硬化得到超高强度,抗拉强度达到 2000MPa,但因韧性极低而不能在航空领域应用。之后又相继出现了 AFC – 260 和 Alloy B 超高强度不锈钢,但在强韧性匹配方面也不成功,未在航空领域获得应用。2003 年,美国 Questek 公司 Quehmann 等人在超高强度不锈钢领域进行了新的探索,此时的研究背景与目标更加清晰明确,就是要借助超纯冶金技术和合金设计技术使合金强韧性配合达到 AerMet100 钢水平的同时,耐一般腐蚀性能和应力腐蚀性能达到沉淀硬化不锈钢的水平,然而该目标并未真正达到,推出的合金 Ferrium S53[48] 实际上是新型的超高强度耐蚀钢,其 Cr 含量提高到 10%,耐一般腐蚀性能明显优于 AerMet100 钢,但在强韧性匹配上不如 Aer-Met100 钢。综合起来看,Ferrium S53 仍可算作一种比较适合航空工业应用的超高强度钢。上述为以沉淀硬化为主的超高强度不锈钢的研制、应用情况。另一类以马氏体时效硬化为主的超高强度不锈钢如 Custom465 和 Custom475 的研究也为强韧化理论的发展提供了新的思路。

总体上看,超高强度不锈钢的研究与发展进程是比较缓慢的,目前仍处于探索研究阶段。超高强度不锈钢发展中遇到的主要障碍是强韧性配合不佳,尤其是韧性或/和屈服强度较低。强韧化理论与方法的研究已成为 1900MPa 级超高强度不锈钢发展的关键所在。

3. 耐 500℃ 的高硬度不锈轴承齿轮钢

CSS – 42L 是国外于 20 世纪 90 年代推出的超高强度不锈轴承齿轮钢,具有良好的表层硬化性能和硬度,经过最终热处理后表面硬度可以达到 68HRC;较明显的缺点是经过热处理后心部强度偏低,只有1200MPa。

1.6.3 需要深化研究的几个方面

强韧化与合金化理论的发展是超高强度钢发展的基石。从现有的合金体系看,无论是低合金超高强度钢的合金体系还是高合金超高强度钢的合金体系都无法支撑航空超高强度结构钢的进一步发展,超高强度不锈钢的情况更是如此,需要探索建立新的合金体系。而强韧化与合金化理论的深入研究与突破,是新的合金体系诞生的基础。

近期的一些研究结果开阔了思路,或许对新合金的设计有一些益处。北京航空材料研究院在研究超高强度不锈钢与高合金超高强度钢的组织精细结构时,在最终热处理状态下发现在马氏体基体中存在两种析出相:已被广泛认知的M_2C弥散析出强化相和新发现的Fe_2M型Laves相,也呈现细小弥散分布。探索研究复合析出强化型合金的强化效果与合金成分、析出相之间的关系或许成为前进道路上的突破口。

超纯、高均质、低偏析等技术是未来超高强度钢发展的必要条件。自300M钢研制、应用以来,由于降低S含量对提高冲击韧性和横向塑性等重要性能所起到的明显效果,超纯技术受到重视且合金超纯化要求不断提高,在AF1410钢、AerMet100钢和近期出现的Ferrium S53钢中都要求严格控制杂质元素含量。能否在工业化的低碳超高强度不锈钢中实现超纯净化是国内目前面临的一个课题。由于高合金超高强度钢、不锈钢的合金元素含量达到30%,冶金工艺参数控制是减少合金成分偏析、达到高均质化的有效手段。这在未来超高强度钢的发展中仍然需要深化研究。细晶组织(包括马氏体板条束和晶粒)对强度尤其是韧性的重要性仍然需要重视。

参 考 文 献

[1] 赵振业. 合金钢设计[M]. 北京:国防工业出版社,1999.

[2] Hemphill et al. High strength high fracture toughness alloy. U. S. ,5268044[P]. 1993.

[3] Zhen Guo. The limit of strength and toughness of steel. [D]. Berkeley:University of California,2001.

[4] Choony H Y,Hyuck M L,Chan J W,et al. M_2C precipitates in isothermal tempering of high Co – Ni secondary hardening steel[J]. Metallurgical and Materials Transactions A,1996,27A:3466 – 3472.

[5] Ayer R,Machmeier P M. Transmission electron microscopy examination of hardening and toughening phenomena in Aermet100[J]. Metallurgical and Materials Transactions A,1993,24A:1943 – 1956.

[6] Tomita Y. Improved fracture toughness of ultrahigh strength steel through control of non – metallic inclusions

[J]. Journal of Materials Science,1993,28(5):853 – 859.

[7] 赵振业,李春志,李志,等. 探索强韧化机理,创新超高强度高韧性不锈钢[J]. 中国有色金属学报, 2004,14(special 1):202 – 206.

[8] 赵振业,李春志,李志,等. 一种超高强度不锈钢超细化组织 TEM 研究[J]. 航空材料学报,2005, 25(2):1 – 5.

[9] Carpenter Technology / QuesTek Innovations. Licence agreement for Ferrium S53 alloy[J]. Stainless Steel Focus,2007,(3):60.

[10] Seyed Reza Elmi Hoseini,Hosein Arabi,Hekmat Razavizadeh. Improvement in mechanical properties of C300 maraging steel by application of VAR process[J]. Vacuum,2008,82:521 – 528.

[11] Rao M N. Progress in understanding the metallurgy of 18% nickel maraging steels[J]. International Journal of Materials Research,2006,97(11):1594 – 1607.

[12] Novotny Paul M,Maurer Gernant E. Ultra – high – strengh steels VS titanium alloys[J]. Advanced Materials and Process,ASM,2007:37 – 40.

[13] Bogaard R H. Types M50 & M50NiL. Aerospace Structural Metals Handbook[M]. West Lafayette:Purdue Research Foundation,2000.

[14] Song S G,Du H,Sun E Y. Lattice orientation relationship between the M_2C carbaide and the ferrite matrix in the M50NiL bearing steel[J]. Metallurgical and Materials Transactions A,2002,33A:1963 – 1969.

[15] Latrobe Specialty Steel Company. CBS – 50NiLTM VIM – VAR high performance carburizing bearing and gear steel[R]. Latrobe[J]. Specialty Steel Company,2007.

[16] Tomasello C M,Burrier H I,Knepper R A,et al. Progress in the evaluation of CSS – 42LTM:a high performance bearing alloy,Bearing Steel Technology[J]. ASTM STP 1419,2002:375 – 385.

[17] Burrier H I,Tomasello C M,Balliett S A,et al. Development of CSS – 42LTM,a high performance carburizing stainless steel for high temperature aerospace applications. Bearing Steel:Into the 21st Century[J], ASTM STP 1327,1998:374 – 390.

[18] Tomasello C M,Maloney J L. Aerospace bearing and gear steel[J]. Advanced Materials and Progress, 1998(7):58 – 60.

[19] Ferrium C69 – Case – hardened gear steel[M]. Detroit:ASM International,2005.

[20] 赵振业,赵英涛,何鲁林,等. 先进飞机结构材料的发展[J]. 材料工程,1995(1):4 – 11.

[21] 张东光,彭锡铭,等. 用于起落架的先进材料[J]. 飞机设计,1991(3):64 – 69.

[22] 陈亚莉. F/A – 18 舰载飞机用材分析[J]. 航空制造工程,1997(7):6 – 12.

[23] SAE International Group. Steel bars and forgings 3.1Cr – 11.5Ni – 13.5Co – 1.2Mo (0.21 – 0.25C) vacuum melted,annealed[S]. Aerospace Materials Specification (AMS6532),1992.

[24] SAE International Group. Steel bars and forgings 3.1Cr – 11.5Ni – 13.5Co – 1.2Mo (0.21 – 0.25C) vacuum melted,annealed[S]. Aerospace Materials Specification (AMS6532A),1995.

[25] Squire D V,Syn C K,Fix B L. Machinability study of Aermet100[R]. San Francisco:Lawrence Livermore National Laboratory,1995.

[26] Schmidt M L,McGuire F D,Lu H E. Evaluation of A12piston/shock strut main landing gear forgings of carpenter Aermet100 alloy. 36th MWSP CONF. PROC. [C],ISS – AIME 1995(XXXⅡ):215 – 229.

[27] Oehlert A,Atrens A. Stress corrosion crack propagation in AerMet100[J]. Journal of Materials Science, 1998,33:775 – 781.

[28] Lee Y, Gangloff R P. Measurement and Modeling of hydrogen environment – assisted cracking of ultra – high – strength steel[J]. Metallurgical and Materials Transactions A,2007,38A:2174 – 2190.

[29] Society of Automotive Engineers[M]. Warrendale:Aircraft landing gear,1997.

[30] Raghavan,Machmeier P M. Microstructural Basis for the Effect of Chromium on the Strength and Toughness of AF1410 – Based High Performance Steels[J]. Metallurgical and Materials Transactions A,1996, 27:2510 – 2517.

[31] Lee H M,Garratt – Reed A J,Allen S M. Composition of M_2C Phase in Tempering of High Co – Ni Steels [J]. Scripta Metall. Mater. ,1991,25:685 – 688.

[32] Ayer R,Machmier P M. Transmission Electron Microscopy Electron Microscopy Examination of Hardening and Toughening Phenomena in AerMet100 [J]. Metallurgical and Materials Transactions A, 1993, 24:1943 – 1955.

[33] Yoo C H,Lee H M,Chan J W,et al. M_2C Precipitates in Isothermal Tempering of High Co – Ni Secondary Hardening Steel[J]. Metallurgical and Materials Transactions A,1996,27:3455 – 3472.

[34] Li Jie,Guo Feng,Li Zhi,et al. Influence of Sizes of Inclusions and Voids on Fracture Toughness of the Ultra – high Strength Steel AerMet100[C]. Beijing:Sino – Swedish Structural Materials Symposium,2007, 254 – 258.

[35] 李杰,李春志,郭峰,等. 二次硬化超高强度钢中析出强化相的 HRTEM 研究[J]. 航空材料学报, 2008,28(4):1 – 5.

[36] 李杰,孙枫,李春志,等. 高 Co – Ni 超高强度钢强化析出相的微观分析[J]. 材料工程,2009,(7): 1 – 4.

[37] 李杰,古立新,李志,等. AerMet100 钢力学性能的回火温度敏感性研究[J]. 金属热处理,2010, 35(3):33 – 36.

[38] Little C D,et al. Development of a weldable high – strength steel[R]. AD/A021147,1975.

[39] Machmeier P M. Development of a weldable high – strength steel(VIM/ESR Processing)[R]. AD/ A038072,1976.

[40] 并木邦夫. 高强度齿轮用钢[J]. 热处理,1998,28(4):227 – 235.

[41] 赵振业. 航空高性能齿轮钢的研究与发展[J]. 航空材料学报,2000,20(3):227 – 238.

[42] Hague F. Case hardening steel gear for strength. Mater. Eng. [J],1984(7):20 – 33.

[43] Zaretsky E V. Bearing and gear steels for aerospace applications[R]. NASA TM102529,1990,30.

[44] Townsend P D,Bomberger E N. Surface fatigue life of M50NiL and AISI 9310 spur gear and RC bars [R]. NASA TM104496,1991,8.

[45] Davies D P. Duplex hardening:an advanced surface treatment technique combining nitriding and carburizing[J]. Heat Treatment of Metals,1991,(4):97 – 104.

[46] Schwach D W,Guo Y B. A fundamental study on the impact of surface integrity by hard turning on rolling contact fatigue[J]. International Journal of Fatigue,2006,28:1838 – 1844.

[47] Guo Y B,Warren A W. The impact of surface integrity by hard turning vs. grinding on fatigue damage mechanisms in rolling contact[J]. Surface & Coatings Technology,2008,203:291 – 299.

[48] SAE International Group. Steel,corrosion – resisitant,bars and forgings 10Cr – 5. 5Ni – 14Co – 2Mo – 1W (0. 19 – 0. 23C) vacuum melted,vacuum arc remelred,normalized,annealed[S]. Aerospace Materials Specification (AMS5922),2008.

25

第 2 章　超高强度钢的强韧化机理

超高强度钢具有优异的强韧性、高的比强度和优良的抗疲劳性能,主要用于飞机的主承力构件,如起落架、连接件、襟翼滑轨、机翼主梁等[1]。钢的强度和韧性对构件寿命、可靠性和减重具有重要影响。航空飞行器性能不断提高和损伤容限设计技术的发展,对超高强度钢的强韧性提出了更高的要求。

2.1　钢的强韧性与强韧化

超高强度钢强韧性的表征参数如下:

(1)强度参数:包括屈服强度、抗拉强度和断裂强度。

(2)塑性参数:包括断面收缩率和断后伸长率。

(3)韧性参数:包括缺口冲击韧性、断裂韧度和静力韧性。

强度表示材料抵抗塑性变形和断裂的能力,塑性表示断裂时总的变形程度,韧性表示材料从变形到断裂过程吸收能量的能力,即材料抵抗裂纹产生和扩展的能力,它是强度和塑性的综合表现。

2.1.1　钢的强度与强化

2.1.1.1　理论强度与实际强度

理想晶体的强度取决于原子间的结合力。根据晶体原子间相互作用势能与相互作用力模型,求得理论断裂强度为

$$\sigma_{th} = \sqrt{\frac{E\gamma}{d}} \qquad (2-1)$$

式中:E 为晶体正弹性模量;d 为平衡位置的相邻原子间距;γ 为原子分离所形成的新表面的比表面能。将 E、d 和 γ 值代入式(2-1),粗略估计,$\sigma_{th} \approx 0.1E$。

Frankel 根据理想晶体剪切变形时滑移面整体滑移的原子间相互作用模型,求得理论剪切强度为

$$\tau_{th} = \frac{Gb}{2\pi a} \qquad (2-2)$$

式中:G 为晶体剪切模量;a 为两个剪切滑移面之间的面间距;b 为滑移方向相邻

平衡位置间的距离(原子间距)。考虑 $a \approx b$，故 $\tau_{th} \approx G/2\pi$。

对钢铁材料而言，正弹性模量 $E \approx 200\text{GPa}$，剪切弹性模量 $G \approx 80\text{GPa}$，故其理论断裂强度 $\sigma_{th} \approx 20\text{GPa}$，理论剪切强度 $\tau_{th} \approx 12.7\text{GPa}$（即理论屈服强度 $\sigma_s \approx 25.4\text{GPa}$）。目前纯铁的实际屈服强度仅为 57MPa，普通结构钢的屈服强度为数百至上千兆帕，虽然超高强度钢的屈服强度可达到 2000MPa，抗拉强度接近 2500MPa，但仍低于钢的理论强度。

钢的理论强度与实际强度的巨大差异在于实际材料中存在缺陷:一是材料在制备、加工和使用过程中产生的宏观缺陷，如裂纹、气孔、夹杂、表面划伤等;二是材料内部组织结构缺陷，如位错、界面、空位等。这些缺陷显著降低了钢的强度。

2.1.1.2　Griffith 裂纹与钢的强度

1920 年，Griffith 提出了玻璃、陶瓷等含裂纹脆性材料断裂强度 σ_f 的计算公式:

$$\sigma_f \begin{cases} = \sqrt{\dfrac{2E\gamma}{\pi a}} & \text{（平面应力状态）} \\[3mm] = \sqrt{\dfrac{2E\gamma}{\pi(1-\nu^2)a}} & \text{（平面应变状态）} \end{cases} \qquad (2-3)$$

式中:a 为裂纹尺寸(等于裂纹长度的 1/2);ν 为泊松比;γ 为裂纹出现所形成的新表面的比表面能，是裂纹扩展的阻力。

对金属材料而言，裂纹尖端产生塑性变形，对裂纹扩展具有显著的阻碍作用。1948 年，Orowan 引入了塑性变形功的概念，对 Griffith 断裂判据做了如下修改:

$$\sigma_f \begin{cases} = \sqrt{\dfrac{2E(\gamma+\gamma_p)}{\pi a}} & \text{（平面应力状态）} \\[3mm] = \sqrt{\dfrac{2E(\gamma+\gamma_p)}{\pi(1-\nu^2)a}} & \text{（平面应变状态）} \end{cases} \qquad (2-4)$$

式中:γ_p 为裂纹扩展单位面积所需做的塑性变形功，是裂纹扩展的阻力。

将式(2-1)与式(2-3)进行简单比较，可见，在平面应力状态下，理论断裂强度 σ_{th} 与实际断裂强度 σ_f 的相对大小如下式:

$$\frac{\sigma_{th}}{\sigma_f} = \sqrt{\frac{\pi a}{2d}} \qquad (2-5)$$

假设固体材料中宏观裂纹尺寸 a 在 0.1mm～10mm，理想晶体中平衡位置相邻原子间距 d 约为 10^{-7}mm，则 $\sigma_{th}/\sigma_f \approx 10^3 \sim 10^4$，可见，裂纹的存在，显著降低了材料的断裂强度。

Griffith 理论揭示了钢的实际强度与理论强度之间的巨大差别在于材料中存在裂纹等宏观缺陷,也指明了钢铁材料的强化途径,即减少甚至消除材料中存在的裂纹、气孔、非金属夹杂、大块碳化物等 Griffith 裂纹缺陷。生产中采用高纯熔炼轧制、锻造等手段,提高材料致密度和均匀性,减少裂纹、气孔等冶金缺陷,同时降低非金属夹杂、粗大碳化物等的影响,可显著提高钢的强度(同时也可提高钢的塑性和韧性)。

2.1.1.3 位错与钢的强度

为了解释晶体材料理论剪切强度与实际剪切强度的巨大差异,人们提出了晶体中存在位错这一新概念,并建立了晶体塑性变形的位错机制。

Peierls 和 Nabarro 相继考虑了晶体点阵的周期性对位错中心区域原子结构的影响,建立了位错的点阵模型,从而计算出位错运动的点阵阻力为

$$\tau_p = \frac{2G}{1-\nu}\exp\left(-\frac{2\pi a}{b(1-\nu)}\right) \tag{2-6}$$

式中:a 为滑移面间距离;b 为柏氏矢量的绝对值。

对体心立方点阵结构的纯铁而言,剪切弹性模量 $G \approx 80\text{GPa}$,泊松比 $\nu \approx 0.29$,点阵常数 $k \approx 0.2866\text{nm}$,滑移位错的 $\{110\}$ 滑移面间距 $a = \sqrt{2}k/2 \approx 0.203\text{nm}$,柏氏矢量绝对值 $b = \sqrt{3}k/2 \approx 0.248\text{nm}$,由式(2-6)可求出位错运动的点阵阻力 $\tau_p \approx 163\text{MPa}$,远小于理论剪切强度 12.7GPa。

位错运动点阵阻力的计算没有考虑晶体中其他缺陷的作用,是按非结构敏感处理的,而实际晶体的屈服强度则是结构敏感的。由于实际晶体中存在大量点缺陷(空位、间隙原子等)、线缺陷(位错)和面缺陷(晶界、亚晶界、相界、层错等)等微观缺陷,这些微观缺陷对位错运动产生各种阻碍作用,从而增大了塑性变形抗力,提高了材料强度。

晶体中位错密度与晶体强度之间关系示意图如图2-1所示。在理想晶体中,位错密度为零,材料强度达到理论值;当位错密度较小时,在外力作用下,位错易于滑移,材料强度大幅度降低;随着位错密度增加,位错间相互作用增强,使位错开始滑移和继续滑移的阻力增大,表现为材料强度升高。

位错理论揭示了钢的实际强度与理论剪切强度之间的巨大差别在于材料中存在易于滑移的位错,同时也指出了提高材料强度的重要途径。由于钢的强度取决于其变形与断裂行为,而位错增殖、运动决定了钢的变形与断裂行为。因此,通过各种方式增加微观缺陷的密度,阻碍位错增殖和运动,可有效提高材料强度。钢中主要强化途径如下:

(1)提高点缺陷密度,钉扎位错,产生固溶强化;

(2)提高位错密度,使之交互作用,产生位错强化(或冷作硬化);

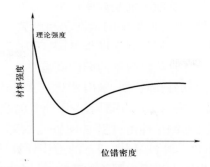

图 2 - 1　晶体强度与位错密度的关系(示意图)

(3) 提高界面密度,使运动位错塞积,产生界面强化(或细晶强化);

(4) 形成共格沉淀相,阻碍位错运动,产生沉淀强化。

如前所述,超高强度钢的实际强度显著提高,接近理论强度的十分之一。一方面是由于 Griffith 裂纹尖端塑性变形功的作用,另一方面由于超高强度钢中各种微观缺陷的作用,二者均使钢的实际强度增加。

2.1.2　钢的韧性与韧化

2.1.2.1　钢的韧性

1. 缺口冲击韧性

缺口冲击韧性反映钢在冲击载荷作用下吸收塑性变形功和断裂功的能力。通过缺口试样冲击弯曲试验,以显示加载速率和缺口效应对钢韧性的影响。

冲击吸收功 A_K(或冲击韧性 a_K)的大小并不能真正反映钢的韧脆程度,因为冲击过程中试样所吸收的能量并非全部用于试样变形和断裂,其中有一部分能量消耗于试样掷出、机身振动、空气阻力以及轴承与测量机构中的摩擦消耗等。

试样缺口处形成应力集中和三轴应力状态,使冲击能量和塑性变形集中在缺口附近较小的体积内,并具有很高的应变速率,从而增加钢的脆化趋势,使韧脆转变温度趋于室温附近,从而使冲击值对温度更为敏感,有利于试验观察。

缺口表面粗糙度、残余应力以及磨削变质层的应变硬化特性对超高强度钢冲击韧性的影响很大,表现为冲击值的分散性较大,因此应开展缺口表面完整性研究并进行表面完整性检测与控制。

冲击吸收功可分为三个部分,即消耗于弹性变形的弹性功,消耗于塑性变形至产生裂纹前的塑性功和消耗于裂纹萌生、扩展直至断裂的撕裂功。这三部分占的比例与钢的特性、试样形状与尺寸、缺口类型有关,当弹性功占的比例大,塑性功和撕裂功比例小时,表明断裂前塑性变形小,裂纹一旦出现则立即快速扩展而产生断裂,表现为脆性断裂;如果钢的塑性功和撕裂功占的比例大,则表明断裂前塑性变形较大,裂纹出现后扩展速度很慢,表现为韧性断裂。因此只有塑性功,尤其是撕裂功的大小才真正反映钢的韧性或脆性。

为了进一步揭示材料的韧脆特性,国内外开展了仪器化冲击试验研究,我国已经制定了相应的国家标准(GB)。用具有一定能量的摆锤,按照常规夏比冲击试验方法将缺口试样击断,测量冲击过程中的力—位移关系曲线,用曲线上的特征点评价试样的变形和断裂特性,用曲线下的面积计算试样在断裂过程中的冲击吸收功,从而可显示出冲击过程中裂纹的萌生、扩展和断裂行为。

2. 断裂韧度

线弹性断裂力学研究裂纹体断裂通常采用两种方法:一种是应力应变分析方法,考虑裂纹尖端附近的应力场强度,建立应力场强度因子模型,得到相应的断裂 K 判据;另一种是能量分析方法,考虑裂纹扩展时系统能量的变化,建立能量转化平衡方程,得到相应的断裂 G 判据。通过这两种研究方法,分别得到材料的断裂韧度指标 K_{IC} 和 G_{IC}。

平面应变条件下含 I 型裂纹的材料断裂韧度 K_{IC} 与裂纹体的断裂应力 σ_c 和临界裂纹尺寸 a_c 的关系如下:

$$K_{IC} = Y\sigma_c \sqrt{a_c} \qquad (2-7)$$

式中:K_{IC} 为材料抵抗裂纹失稳扩展和断裂的能力。可见,K_{IC} 越高,材料的断裂应力或临界裂纹尺寸就越大,不易断裂。

根据应力场强度因子 K_I 和断裂韧度 K_{IC} 的相对大小,可以建立裂纹失稳扩展脆断的 K 判据,即

$$K_I \geqslant K_{IC}$$

或

$$Y\sigma \sqrt{a} \geqslant K_{IC} \qquad (2-8)$$

含裂纹材料在外力作用下,只要满足上述条件,将发生脆性断裂。反之,即使存在裂纹,也不会发生断裂。

在绝热条件下,裂纹在外力作用下扩展,外力所做的功一方面用于系统弹性应变能的变化,一方面消耗于裂纹扩展所产生的塑性变形功和表面能。G_{IC} 表示材料阻止裂纹失稳扩展时单位面积所消耗的能量。G_{IC} 与裂纹体的断裂应力 σ_c 和临界裂纹尺寸 a_c 的关系为

$$G_{IC} = \frac{(1-\nu^2)\pi\sigma_c^2 a_c}{E} \qquad (2-9)$$

根据裂纹扩展能量释放率 G_1 和 G_{IC} 的相对大小,可建立裂纹失稳扩展脆断的 G 判据,即

$$G_1 \geqslant G_{IC}$$

或

$$\frac{(1 - \nu^2)\pi\sigma^2 a}{E} \geqslant G_{IC} \qquad (2-10)$$

K_{IC} 与 G_{IC} 的关系为

$$G_{IC} = \frac{1 - \nu^2}{E} K_{IC} \qquad (2-11)$$

与冲击韧性相比,断裂韧度除加载速度、缺口形状和裂纹前沿应力集中程度等因素不同外,其主要区别在于冲击韧性反映了材料从变形、裂纹形成、裂纹扩展直到断裂全过程所吸收的能量,包括裂纹形成功和裂纹扩展功。而断裂韧度只反映了材料从裂纹扩展到断裂过程所吸收的能量。

3. 静力韧性

静力韧性表示在静拉伸时单位体积材料断裂前所吸收的能量,它是强度和塑性的综合指标。

静力韧性可以用材料在变形和断裂全过程中所吸收的能量(U_T)来表示,也可以用材料在塑性变形和断裂过程中所吸收的能量(U_P)来表示。后者符合韧性是强度和塑性的综合表现这一概念,但需要测定比例极限 σ_p。测出材料的真实应力—应变曲线下包围的面积,可以精确获得静力韧性值 U_T。

对于强度低而塑性好的材料,可按下式估算静力韧性:

$$U_T = \sigma_b \delta \qquad (2-12)$$

或

$$U_T = \frac{1}{2}(\sigma_s + \sigma_b)\delta \qquad (2-13)$$

对于强度高而塑性差的材料,可按下式估算静力韧性:

$$U_T = \frac{2}{3}\sigma_b \delta \qquad (2-14)$$

静力韧性对于那些按屈服强度设计,在服役过程中不可避免地存在着偶尔过载的零部件,如链条、起重吊钩等,是一个必须考虑的重要指标。

2.1.2.2 钢的韧化

韧性表示材料在变形和断裂过程中吸收能量的能力,是材料对裂纹形成和扩展的抗力。裂纹形成和裂纹扩展的难易,决定了韧性的高低。钢的强度、塑性和弹性性能也对韧性产生影响。钢的组织结构直接影响裂纹的形成与扩展,也影响与韧性相关的强度、塑性等力学性能。因此,钢韧化的关键就是通过控制组

织结构,抑止裂纹形成和裂纹扩展行为。

Cottrell 从能量观点研究了位错塞积形成裂纹的条件,提出了裂纹扩展的表达式

$$\sigma_{\mathrm{C}} = \frac{2G\gamma_{\mathrm{s}}}{k_{\mathrm{s}}\sqrt{d}} \tag{2-15}$$

将 Hall – Petch 公式代入($\sigma_{\mathrm{s}} = \sigma_{\mathrm{c}}$),并考虑应力状态系数 α 的影响,可得

$$(\sigma_{\mathrm{i}}d^{\frac{1}{2}} + k_{\mathrm{y}})k_{\mathrm{s}} = 2G\gamma_{\mathrm{s}}\alpha \tag{2-16}$$

式(2-16)表明,如果等式左端小于右端,则微裂纹虽已形成,但不可能扩展;如果等式左端大于右端,裂纹将失稳扩展,或者说将增大材料的脆化趋势。因此,提高材料韧性的途径为:

(1)增大表面能 γ_{s}、切变模量 G 和应力状态系数 α;

(2)减小位错滑移时的摩擦阻力 σ_{i}、晶粒直径 d 以及钉扎系数 k_{y} 和 k_{s}。

裂纹失稳扩展时需要消耗能量,其中主要是塑性变形功。塑性变形功与应力状态、材料强度和塑性以及裂纹尖端塑性区尺寸有关:材料强度高、塑性好,塑性变形功大,材料的断裂韧度就高;在强度值相近时,提高塑性,增加塑性区尺寸,塑性变形功也增加。实践中,在保证材料强度要求的前提下,提高塑性(特别是微观塑性,微观塑性改善,有利于增加塑性区尺寸,降低裂纹扩展速率)是超高强度钢和高强度钢增韧的努力方向。根据影响断裂韧度的因素可知,采用真空冶金技术降低杂质元素的含量、减少微量有害元素在晶界的偏聚、减小非金属夹杂物的数量和尺寸,采用压力加工和热处理技术控制晶粒大小,优化热处理工艺控制相变与组织,改变第二相质点的数量、尺寸、形状与分布,改善韧性相的含量与分布等,对提高钢的韧性,防止解理断裂和沿晶断裂,都是有效的。

钢的强韧性与位错行为密切相关。位错增殖、运动产生了塑性变形,而位错塞积、位错反应导致裂纹萌生[2],裂纹尖端发射位错与裂纹扩展行为密切相关[3-5]。因此,通过各种方式阻碍位错增殖和运动,可有效提高材料强度;而减小位错运动阻力,降低位错塞积程度,促进裂纹尖端发射位错,提高裂纹扩展的能量消耗,可有效提高材料韧性。变形与断裂过程中的位错行为决定了材料的强韧性,通过合金化、热处理和塑性变形等手段,对变形与断裂过程中的位错行为进行有效控制,是材料强韧化的关键。而变形与断裂过程中位错行为与微观组织、力学性能之间的相互关系,是强韧化机理的本质所在。

强韧性与强韧化是超高强度钢的基本性能指标和研究发展目标,强韧化机理则是超高强度钢发展的基础理论和决定因素。强韧化机理的突破将极大地推动超高强度钢的发展。超高强度钢的强化就是综合利用固溶强化、位错强化、沉淀强化和细晶强化等机制,通过合金化和热加工以获得理想的组织和结构,从而

实现超高强度。超高强度钢的韧化机理主要包括通过位错马氏体韧化、残余奥氏体韧化、细化组织韧化和纯净化合金的韧化等。此外,合金元素通过影响钢的相变和组织,从而对强韧性产生重要作用。

2.2 钢的强韧化理论

2.2.1 强化理论

2.2.1.1 固溶强化

固溶强化是钢最基本的强化机理。通过加热奥氏体化,溶质原子碳及合金元素固溶于 $\gamma - Fe$ 基体中,淬火冷却过程中发生马氏体相变,C 及合金元素固溶于 $\alpha - Fe$ 相中,处于过饱和状态。超高强度钢中 C 含量一般在中、低碳范围,合金元素主要包括 Ni、Co、Cr、Mo、W、V、Si、Mn 等。其中碳原子进入 $\alpha - Fe$ 体心立方点阵的扁八面体间隙中,产生间隙固溶强化;而合金元素则替代 $\alpha - Fe$ 体心立方点阵中的铁原子,产生置换固溶强化。

溶质原子与位错间的相互作用主要包括弹性相互作用、模量相互作用、层错相互作用、电相互作用、短程相互作用和长程相互作用等[6]。其中溶质原子与位错间的弹性交互作用是最主要的固溶强化机制。

溶质原子进入基体晶体点阵中,将使晶体点阵发生畸变,点阵畸变产生了弹性应力场。该应力场与位错周围的弹性应力场产生强烈的作用。在马氏体基体中,碳原子的间隙固溶造成了晶体点阵的不对称畸变,不对称畸变所产生的应力场包括正应力场和切应力场;合金元素 Ni、Co、Cr、Mo、W、V、Si、Mn 等在 $\alpha - Fe$ 中的置换固溶造成点阵对称畸变,而对称畸变的弹性应力场是正应力场。由于刃型位错的弹性应力场既有正应力分量也有切应力分量,而螺型位错的弹性应力场只有切应力分量,因此,碳原子间隙固溶所产生的应力场与刃型位错的应力场间弹性交互作用形成 Cottrell 气团,与螺型位错的应力场间弹性交互作用形成 Snoek 气团;而置换固溶所产生的应力场与刃型位错的应力场间弹性交互作用形成 Cottrell 气团[7]。Cottrell 气团和 Snoek 气团对位错具有很强的钉扎作用。可见,固溶强化本质上是利用溶质原子与运动位错的相互作用,阻碍位错运动,引起流变应力增加,从而产生固溶强化的效果。

控制固溶强化的主要因素是固溶度和点阵错配度,间隙固溶产生的点阵错配度远大于置换固溶,且与刃型位错和螺型位错间均可产生较强的弹性交互作用,因此,碳原子的间隙固溶强化是钢中最主要的固溶强化手段,其强化效果比置换固溶强化高出一两个数量级。

α – Fe 的屈服强度与间隙固溶的碳原子含量间的关系如图 2 – 2 所示[8]。

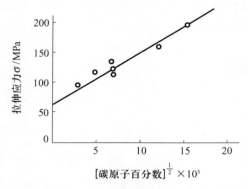

图 2 – 2 α – Fe 的屈服应力与 C 含量的关系

间隙固溶强化所产生的屈服强度增量与碳原子含量的平方根呈线性关系，其计算公式为

$$\Delta\sigma_s = K_c [C]^{1/2} \tag{2 – 17}$$

合金元素置换固溶对 α – Fe 的屈服强度的影响如图 2 – 3 所示[8]。

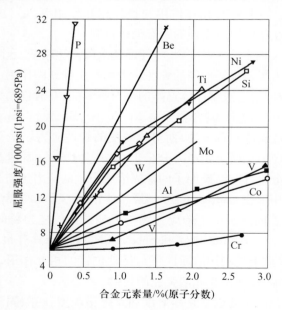

图 2 – 3 置换固溶元素对 α – Fe 屈服强度的影响

置换固溶强化所产生的屈服强度增量计算公式为

$$\Delta\sigma_s = K_m [M] \tag{2 – 18}$$

34

式(2－17)、式(2－18)中,K_c,K_m为固溶强化比例系数,是由溶质原子性质、基体点阵类型、基体弹性性能、溶质和溶剂原子的尺寸大小及二者的化学性质差别等因素决定的;[C],[M]为固溶于 α－Fe 中的 C 和合金元素的原子分数(%)。

应该注意,淬火马氏体在回火过程中,随温度升高和时间延长,过饱和 α－Fe 中的 C 和合金元素将逐渐脱溶析出,形成各种碳化物和金属间化合物,导致固溶强化作用减弱。

2.2.1.2 位错强化

金属经过塑性变形在内部产生大量位错,在其后的塑性变形过程中,运动位错与其他位错间将产生弹性交互作用,使位错运动受阻,从而提高了金属的流变应力。

钢中的位错是由固态相变和外力引起的塑性变形产生的。马氏体相变时的剪切变形产生了大量相变位错,从而使马氏体产生冷作硬化而具有很高的强度。通过冷变形加工,在金属基体中产生大量位错,从而显著提高其强度。目前冷拉态钢丝的位错密度最高可达到 $5 \times 10^{10}/mm^2$,钢丝的抗拉强度突破 5000MPa,其中由位错强化产生的强度增量高达 4500MPa。

金属材料发生塑性变形时,在外加应力的作用下,Frank－Read 位错源开动,易于运动的大量刃型位错首先滑移,产生屈服现象。在钢中,间隙固溶的碳原子与刃型位错形成 Cottrell 气团,钉扎了位错。在外加应力作用下位错脱钉后才能发生滑移运动,由此产生非均匀屈服。继续增大应力,不易运动的螺型位错以多重交滑移机制增殖,增殖速率大于刃型位错的 Frank－Read 机制,从而使螺型位错密度迅速增加,大量螺型位错的交滑移引起了金属的流变。钢在室温变形时,当变形量小于 1% 时,位错线基本是平直的;变形量大于 1% 以后,交滑移普遍发生,运动位错与其他位错交截时产生割阶,使位错弯曲。运动受阻的位错开始相互连接形成位错缠结和位错锁,或产生位错塞积;当变形量达到 3.5% 时,可以看到胞状结构;当变形量达到 9% 时,胞状结构大量形成,胞壁为缠结的位错,位错密度远高于胞内,约为平均位错密度的 5 倍。胞尺寸随变形量增大而逐步减小,至 1.5μm 后基本保持稳定[7,9]。

位错间的交互作用主要包括以下几种方式[7,10]:

(1)平行位错间的交互作用。平行位错间弹性应力场相互作用,增加了位错运动的阻力。当位错分布不均匀时,位错聚集成许多平行的塞积群,阻碍了位错的运动。

(2)滑移位错与穿过滑移面的林位错间的交互作用,产生如下作用过程:①绕过林位错。滑移位错在两根林位错间弓成弧形,以 Frank－Read 源的方式越过林位错。②和林位错弹性交互作用。滑移位错和林位错相遇时,通过位错反应形成回合位错以降低能量。欲使滑移继续进行,必须增加外力。③形成割阶。滑移位错与林位错的交截会在两位错线上分别形成割阶,形成割阶需要能量,故引起位错运动阻力。④割阶的非保守运动。带有刃型割阶的螺型位错继续运动,割阶便被迫发生攀移。攀移涉及原子的迁移,是一种非保守运动。攀移的结果是在割阶走过的位置留下空位,因此,螺型位错的运动受到割阶的严重牵制。

(3)位错胞状结构胞壁与壁外位错的交互作用。胞状结构的胞壁具有长程应力场,与壁外位错相互作用,增加了位错运动的阻力。

α – Fe 的塑性变形试验表明,流变应力与平均位错密度间的关系如图 2 – 4 所示[1]。

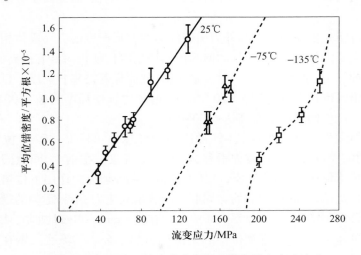

图 2 – 4 α – Fe 流变应力与平均位错密度的关系

Bailey – Hirsch 关系式表达了均匀分布状态位错的密度 ρ 与流变应力 τ 之间的关系

$$\tau = \tau_0 + \alpha Gb\rho^{1/2} \qquad (2 – 19)$$

式中:α 为一系数;G 为切变模量;b 为位错柏氏矢量的模;τ_0 为位错以外因素造成的流变应力或位错运动阻力。

2.2.1.3   沉淀强化

淬火马氏体在回火过程中发生脱溶沉淀相变,产生与母相共格、半共格或非共格的沉淀相。超高强度钢中典型的沉淀强化相有 ε 相、Mo_2C 等碳化物和 Fe_2Mo、Ni_3Mo、Ni_3Ti、$NiAl$ 等金属间化合物。

塑性变形时,位错与沉淀相相互作用,产生两种强化机制:位错切过沉淀相和位错绕过沉淀相,如图 2 – 5、图 2 – 6 所示[10]。

36

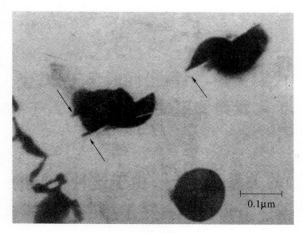

0.1μm

图 2 – 5　位错切过沉淀相

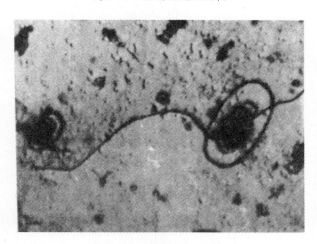

图 2 – 6　位错绕过沉淀相

1. 位错切过沉淀相强化[1,2,11]

当沉淀相与母相共格,尺寸较小时,运动位错可切过沉淀相粒子使合金强化。其主要强化机制包括:

(1) 由于沉淀相与母相晶体结构和点阵常数不同,当位错切过沉淀相时,在滑移面上造成错配原子排列,从而增大位错运动阻力。另外,沉淀相周围的不均匀应力场使位错通过时的阻力增大。点阵常数差异造成的临界分切应力增量为

$$\Delta \tau = k\delta^{m}f^{n}r^{1/2} \qquad\qquad (2-20)$$

式中:k,m,n 为常数;f 为沉淀相的体积分数;δ 为点阵常数差值;r 为沉淀相粒子平均半径。

（2）沉淀相共格应变场与位错应变场交互作用而产生的强化效应：

$$\Delta\tau = k\varepsilon^{3/2}f^{1/2}\left(\frac{r}{b}\right)^{1/2} \qquad (2-21)$$

式中：ε 为原子尺寸错配度；b 为柏氏矢量值。可见，随 ε 增大，共格应变增大，强化效应增强。

（3）沉淀相为有序相时，位错切过有序相将在滑移面上形成界面能更高的反相畴，从而引起强化：

$$\Delta\tau = 0.28\frac{\gamma_{sp}^{3/2}f^{1/3}}{G^{1/2}b^3}r^{1/2} \qquad (2-22)$$

式中：γ_{sp} 为反相畴界能；G 为切变模量。

（4）位错切过沉淀相后形成滑移台阶，增加了界面能，消耗了位错运动能量。其强化效果为

$$\Delta\tau = \frac{\gamma}{2b}\Big[\left(\frac{4\gamma r_i f}{\pi T}\right)^{1/2} - f\Big] \qquad (2-23)$$

式中：γ 为界面能，包括沉淀相被切成两瓣移动一个原子间距所形成的表面和沉淀相内部生成界面所消耗的能量；r_i 为沉淀相在滑移面上的平均半径；T 为位错线张力。

（5）位错切过沉淀相粒子破坏原子键合，增大了 $P-N$ 力，增加了位错运动阻力，所产生的切应力增量为

$$\Delta\tau = \frac{\sqrt{6}}{\pi}\frac{f\gamma_{sg}}{r} \qquad (2-24)$$

式中：γ_{sg} 为沉淀相与基体间的界面能。

（6）沉淀相与母相弹性模量不同，增加了位错运动阻力，即

$$\Delta\tau = \frac{0.4Gb}{\lambda_p}\Big[1 - \left(\frac{E_1}{E_2}\right)^2\Big]^{1/2} \qquad (2-25)$$

式中：E_1，E_2 为母相和沉淀相的弹性模量；λ_p 为沉淀相粒子间距。

综合以上强化效应可知，随沉淀相尺寸 r 和体积分数 f 的增大，位错切过沉淀相产生的强化效应增强。

此外，位错切过沉淀相后不会大量增殖位错，因而不会明显提高加工硬化率，也就减小了均匀真实应变。

2. 位错绕过沉淀相强化[1,2,11]

当沉淀相粒子硬度较高、尺寸较大，与母相部分共格或非共格时，位错不能切过而只能绕过沉淀相，位错绕过后在粒子周围留下一个位错圈，而后恢复平直，继续前进。位错的能量与其长度成正比，故当位错绕过沉淀相时，必须增高

外加切应力以克服由于位错弯曲而引起的位错线张力的增加。

Orowan 提出,位错绕过沉淀相所需的临界切应力增量为

$$\Delta\tau = \frac{Gb}{\lambda_{\mathrm{p}}} \qquad (2-26)$$

Asbby 对 Orowan 公式进行了改进,即

$$\Delta\tau = \frac{AGb}{2\pi\lambda_{\mathrm{p}}}\ln\frac{\lambda_{\mathrm{p}}}{b} \qquad (2-27)$$

式中:A 为常数,对刃型位错而言,$A=1$,对螺型位错而言,$A=\dfrac{1}{1-\nu}$。

Glodman 等假设屈服强度 $\sigma_{\mathrm{s}} = 2\tau$,得出位错绕过沉淀相所导致的屈服强度增量为

$$\Delta\sigma_{\mathrm{s}} = \frac{10Gbf^{1/2}}{5.72\pi^{3/2}r}\ln\frac{r}{b} \approx \frac{0.314Gbf^{1/2}}{r}\ln\frac{r}{b} \qquad (2-28)$$

可见,随沉淀相尺寸 r 减小和体积分数 f 增大,位错绕过沉淀相产生的强化效应增强。

此外,位错绕过沉淀相后可导致位错大量增殖,明显提高加工硬化率,推迟塑性失稳。但由于沉淀相粒子提供了微孔形核位置,因而降低了断裂应变和断裂韧度。

3. 沉淀强化与沉淀相尺寸的关系

根据位错切过沉淀相和位错绕过沉淀相所产生的强化增量表达式可知,沉淀强化效果与沉淀相体积分数 f 和沉淀相尺寸 d(d 相当于直径)密切相关。切过强化时,其强化增量正比于 $f^{1/2}$ 并大致正比于 $d^{1/2}$;而绕过强化时,强化增量基本正比于 $f^{1/2}$ 并大致反比于 d。即切过强化效果随沉淀相尺寸增大而增大,绕过强化效果随沉淀相尺寸增大而减小。由于位错总是试图在较小的外加应力下越过沉淀相粒子,因此,当沉淀相尺寸较小时,切过机制起主导作用,而沉淀相尺寸较大时,绕过机制起主导作用;当沉淀相在某一临界尺寸时,将同时存在两种强化机制,强化效果最大。该尺寸也是强化机制发生转化时的沉淀相临界尺寸。沉淀强化效应与沉淀相尺寸的关系如图 2-7 所示。由于沉淀相体积分数对切过强化和绕过强化的作用基本相同,因此对临界尺寸没有影响。

沉淀相临界尺寸 d_{c} 可由下式求得:

$$d_{\mathrm{c}} = \frac{4Gb^2}{\pi\gamma} \qquad (2-29)$$

式中:γ 为沉淀相和基体间的界面能。沉淀相类型不同,界面能、弹性模量和硬度等性质不同,因而其临界尺寸 d_{c} 也不同。

通过控制沉淀相形核和长大动力学,在一定的温度和时间内回火,使大量沉

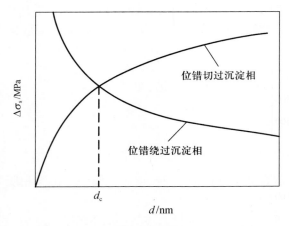

图 2 – 7　屈服强度增量与沉淀相尺寸的关系

淀相脱溶析出并长大到临界尺寸 d_c，并且具有高的体积分数 f，则可获到最佳的沉淀强化效果。

　　贺自强等[12]研究了新型超高强度不锈钢中沉淀强化与沉淀相尺寸的关系。通过计算，钢中 Fe_2M 沉淀相的临界尺寸 d_c 约为 10nm，而经过 560℃，4h 回火后，钢中 Fe_2M 沉淀相的尺寸在 5nm ~ 20nm 之间。位于临界尺寸上下，切过强化和绕过强化共同作用，产生强烈的沉淀强化作用。

2.2.1.4　细晶强化

　　晶界对塑性变形的影响可以归结为两点：①由于晶界两侧晶粒的取向不同，一侧晶粒中的滑移带不能直接进入另一侧，要使相邻晶粒产生滑移必须激发它本身的位错源。②要满足晶界上形变的协调性，需要多个滑移系同时动作。

　　金属多晶体中，晶粒间保持大角度晶界，各晶粒取向不同。在外力作用下，在 Schmid 因子（$\cos\varphi\cos\lambda$）大的晶粒内，位错源首先启动，并沿一定的晶面滑移和增殖。由于相邻晶粒取向不同，以及晶界包含刃型位错和异质原子，且有一定厚度，滑移至晶界前的位错便被晶界所阻挡。这样，一个晶粒内的滑移变形就不能直接传播至相邻晶粒。在外力作用下，位错源继续增殖出的刃型位错就在晶界前塞积。于是，相邻晶粒的塑性变形就只能依靠其内部位错源的重新启动。在外力作用下，晶界上位错塞积产生的应力场就可能成为激发相邻晶粒内位错源开动的驱动力。塞积位错应力场的强度与塞积位错的数目和外加应力场大小有关，而塞积位错的数目随晶粒尺寸增大而增加。因此达到相同强度的应力场时，细小晶粒中塞积的位错数目少，所需的外加切应力就大，这便是细晶强化作用。

　　实验表明，在低碳钢中，下屈服应力与晶粒直径的关系如图 2 – 8 所示[13]。

　　金属的屈服应力 σ_y 与有效晶粒尺寸 d 之间的关系符合 Hall – Petch 公式

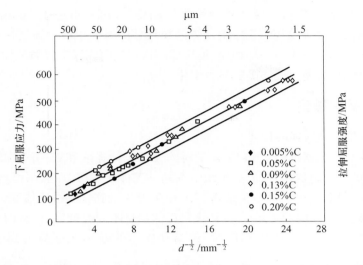

图 2-8　低碳钢(C 含量 0.005% ~0.20%)中下屈服应力与晶粒直径的关系

$$\sigma_y = \sigma_i + k_y d^{-1/2} \qquad (2-30)$$

式中：σ_i 为位错运动的摩擦力，包含了除细晶强化以外的其他所有强化因子；k_y 为比例系数；d 为有效晶粒尺寸，是指材料中对位错的滑移运动起阻碍作用而使之产生位错塞积的界面所构成的最小晶粒尺寸。对于铁素体—珠光体钢，有效晶粒尺寸为铁素体晶粒尺寸；对低碳马氏体钢，有效晶粒尺寸为板条马氏体束的尺寸；而对高碳钢，有效晶粒尺寸为奥氏体晶粒尺寸。

　　影响比例系数 k_y 的主要因素包括①位错被溶质原子，特别是碳、氮原子的钉扎程度。钉扎作用越强，k_y 越大；②塑性变形时参与滑移的滑移系的数目。滑移系数目越少，k_y 越大。面心立方点阵结构金属的滑移系多，k_y 较小；密排六方点阵结构金属的滑移系少，k_y 较大；而体心立方点阵结构金属的滑移系数目介于两者之间。但实际上体心立方点阵金属的 k_y 最大，这与碳、氮原子强烈钉扎位错有关。

　　Hall - Petch 公式不仅适用于表达上、下屈服应力，也适用于表达流变范围内的流变应力，以至断裂强度。只是 σ_i 和 k_y 的物理意义和数值有所不同。将 Hall - Petch 公式进行修正，可用于说明胞状亚结构尺寸 d 对材料强化的作用，如下式所示：

$$\sigma_y = \sigma_i + k_y' d^{-1} \qquad (2-31)$$

式中：k_y' 为反映位错胞壁对位错阻碍能力的系数。

　　细晶强化可以取得较好的强化效果。目前在钢铁材料中通过低温大塑性变形(SPD)工艺，如等截面转角挤压、高压扭转变形、累积叠轧及特殊控制轧制工艺(如动态再结晶控轧)、应变诱导铁素体相变等,可获得小于1μm的有效晶粒[9]。此外,热处理是控制钢中奥氏体晶粒尺寸的有效手段。通过快速加热奥氏体化、奥氏体—马氏体循环相变、奥氏体—铁素体两相区交替循环加热淬火和形变热处理等,可使奥氏体晶粒显著细化[14]。

2.2.2 韧化理论

2.2.2.1 位错马氏体的韧化

图 2-9 表示铬钢中 C 和 Cr 含量对淬火马氏体强度和韧性的影响[15]。可见,随 C 和 Cr 含量的增加,淬火组织中孪晶马氏体量增多,屈服强度增加,断裂韧度降低。图 2-10 表示 C 含量 0.17% 和 0.35% 的铬钢的马氏体亚结构、屈服强度和断裂韧度之间的关系[15]。淬火马氏体经过不同温度回火,从而得到不同的强度和韧性。可见,强度相同时,位错马氏体的断裂韧度显著高于孪晶马氏体。

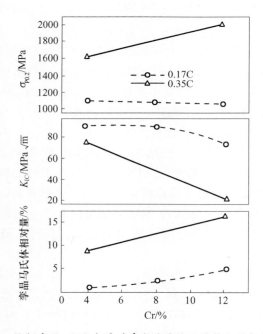

图 2-9　铬钢中 Cr 及 C 含量对淬火马氏体亚结构和强韧性的影响

钢中马氏体的韧性主要取决于亚结构,而亚结构取决于钢的化学成分。马氏体相变时的不均匀切变以及界面附近的塑性变形在马氏体晶体内造成大量缺陷,其中包括位错、孪晶和层错等。当 C 含量较低时,马氏体亚结构以位错为

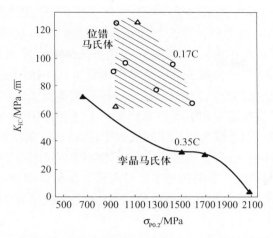

图2-10　C含量0.17%和0.35%的铬钢中马氏体亚结构对韧性的影响

主,具有良好的韧性和塑性。C含量较高时,形成以孪晶亚结构为主的马氏体,强度和硬度很高,但韧性和塑性很差。因此,通过合金化、热处理等各种手段,在保证强度和硬度的前提下,尽量减少淬火组织中孪晶马氏体的含量,是提高材料强韧性的有效途径。

位错马氏体具有高韧性的原因可从以下几个方面进行分析:

(1)位错马氏体的滑移系比孪晶马氏体多,因此位错亚结构的可动性较孪晶大。位错运动可缓和局部应力集中,延迟裂纹形核。此外,在有裂纹存在的情况下,位错运动可消弱裂纹尖端的应力场,从而抑止裂纹扩展。

(2)孪晶马氏体形成时,高速长大的马氏体片相互撞击,或与原奥氏体晶界相撞,产生很高的局部应力场,难以通过塑性变形松弛,故易产生显微裂纹。位错马氏体的形态一般呈板条状,马氏体相变时,各板条间不发生相互冲撞,一般不出现这种显微裂纹。

(3)位错马氏体的M_s和M_f温度比较高,马氏体转变完成后,会发生自回火,使韧性和塑性有所恢复。

2.2.2.2　残余奥氏体的韧化

低碳钢、中碳钢经过淬火、回火处理,在马氏体板条间存在机械稳定性高的残余奥氏体薄膜时,可显著提高钢的韧性。

理论计算和实验研究表明[15],低碳马氏体相变时存在间隙碳原子向奥氏体中的扩散,因此,残余奥氏体的C含量大大高于钢的平均C含量。此外,马氏体相变时的体积效应使残余奥氏体产生冷作硬化。这些因素导致残余奥氏体的M_s和M_d温度降低,稳定性提高。

残余奥氏体对韧性的作用包括[12]：①当裂纹扩展至塑性良好的奥氏体相时，裂纹尖端（裂尖）的应力场使残余奥氏体发生塑性变形，从而缓解了裂纹尖端应力集中，抑止了裂纹扩展；②裂纹遇到残余奥氏体时将形成分枝，使扩展所需消耗的能量增大；③裂纹尖端少量残余奥氏体发生马氏体相变，产生"形变诱发相变—相变诱发塑性"效应，抑制裂纹扩展；④马氏体板条间以逆转变奥氏体代替沉淀相，抑制了裂纹萌生和沿板条界扩展。上述四条中第一条是最主要的韧化机制。应当注意，如果残余奥氏体的机械稳定性较低，则在塑性变形过程中发生形变诱发马氏体相变，产生较多淬火马氏体组织，从而损害韧性。

残余奥氏体抑制裂纹扩展的物理本质可用裂尖发射位错理论进行解释[12]。裂纹尖端残余奥氏体塑性变形从而发射位错，已发射的位错在裂尖前方塞积所产生的应力强度因子为

$$K_{\text{Id}} = -\frac{3Gb}{2(1-\nu)\sqrt{2\pi r}}\sin\theta\cos\left(\frac{\theta}{2}\right) \qquad (2-32)$$

式中：G 为剪切模量；b 为位错柏氏矢量；ν 为泊松比；r 为位错距裂纹尖端的距离；θ 为滑移面与裂纹面的夹角。

因此，裂尖有效应力强度因子 K_{Itip} 等于外力引起的应力强度因子 K_{I} 和已发射位错产生的应力强度因子 K_{Id} 之和：

$$K_{\text{Itip}} = K_{\text{I}} + K_{\text{Id}} \qquad (2-33)$$

由于 K_{Id} 为负值，故 $K_{\text{Itip}} < K_{\text{I}}$。可见，位错发射使裂尖有效应力强度因子降低，对裂纹尖端产生屏蔽效应，从而抑制了裂纹扩展，提高了材料韧性。

2.2.2.3 细化组织的韧化

1. 马氏体束细化的韧化

由于每个奥氏体晶粒内形成的马氏体束的数量基本不变[16]，因此，奥氏体晶粒细化将导致马氏体束尺寸减小。马氏体束是低碳马氏体钢的有效晶粒，马氏体束的细化，将使钢的断裂韧度提高，韧—脆转变温度降低。

根据裂纹形成的断裂理论，裂纹扩展临界应力 σ_{fc} 与马氏体束尺寸 d 的关系为[17]

$$\sigma_{\text{fc}} = \frac{2G\gamma}{k_{\text{s}}}d^{-\frac{1}{2}} \qquad (2-34)$$

式中：γ 为产生单位断裂面积所需的表面能和所消耗的塑性功；k_{s} 为 Hall - Petch 切应力公式的斜率。可见，马氏体束尺寸越小，裂纹扩展临界应力越大，材料断裂韧度越高。

韧—脆转变温度 T_{c} 与马氏体束尺寸 d 的关系为[17]

$$T_c = \frac{1}{C} \times \ln \frac{Bk_s d^{1/2}}{\alpha G\gamma - k_y k_s} \qquad (2-35)$$

式中：T_c 为裂尖附近垂直于裂纹面的应力等于裂纹扩展临界应力时的温度；B，C 为试验常数；α 为应力状态软性系数；k_y 为 Hall-Petch 正应力公式的斜率。可见，d 越小，T_c 越低。

图 2-11 表示马氏体板条和马氏体束对裂纹扩展的影响[18]。可见，马氏体板条界和马氏体束界使裂纹扩展方向改变，扩展阻力增大。

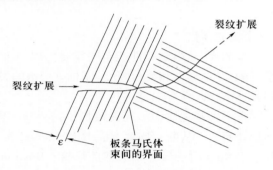

图 2-11　板条马氏体束内裂纹扩展示意图

2. 沉淀相细化的韧化

沉淀相在产生沉淀强化的同时，往往导致材料韧性降低。位错在沉淀相与基体界面处塞积到一定程度后，将诱发微裂纹萌生。减小沉淀相尺寸，使其保持在纳米尺度，可降低沉淀相对韧性的危害，相当于提高了韧性[9]。

Smith 研究了晶界碳化物尺寸对解理裂纹形成及扩展的影响，推导出裂纹扩展所控制的断裂判据：

$$\sigma_f \geqslant \left[\frac{4E\gamma_p}{\pi(1-\nu^2)C_0} \right]^{1/2} \qquad (2-36)$$

式中：γ_p 为有效比表面能。式(2-36)表明，碳化物片层厚度 C_0 增加将导致解理断裂应力 σ_f 降低。

Krafft 研究了微孔聚合型韧性断裂模型，提出了断裂韧度与第二相粒子平均间距的关系式：

$$K_{IC} = nE \sqrt{2\pi\lambda} \qquad (2-37)$$

可见，随沉淀相平均间距 λ 增大，断裂韧度 K_{IC} 增加。

式(2-36)、式(2-37)表明，减小沉淀相尺寸和体积分数，有益于断裂韧度的提高。由于体积分数降低会减弱沉淀强化效果，故细化沉淀相尺寸成为提高韧性的主要途径之一。

减小沉淀相临界尺寸,对提高钢的强韧性具有重要意义。根据式(2－29)可知,通过改变沉淀相和基体间的界面能 γ,可改变沉淀相的临界尺寸,而界面能 γ 与沉淀相类型有关。因此,通过合金设计和相变控制,使回火时析出与基体间具有较高界面能,亦即具有较小临界尺寸的沉淀相。通过热处理工艺控制使基体中析出大量的接近临界尺寸的沉淀相,则可获得最大的沉淀强化效果,并且具有较好的韧性,即获得良好的强韧性配合。

沉淀相的形状对韧性也有影响。针状和尖角状沉淀相对韧性的损害作用明显大于球状沉淀相。

2.2.2.4 纯净化合金的韧化

冶炼对保证合金的成分、组织和性能至关重要。提高合金的纯净度不仅有效提高超高强度钢的塑性、韧性和疲劳强度,而且改变钢的失效机制。纯净化包括杂质元素控制和夹杂物改性等内容。

钢在冶炼过程中不可避免地会形成夹杂物。夹杂物起着缺陷源的作用,初始裂纹多在夹杂物处萌生。从断裂韧度方面考虑,Kiedssling[19]认为在纯净钢中只有夹杂物尺寸小于 $5\mu m$ 时裂纹才不会在此形核。Brooksbank 等[20]通过系统研究提出用镶嵌应力(Tessellated Stresses)理论来解释各种夹杂物对钢性能的不同影响,认为夹杂物与钢构成镶嵌结构,在加热或冷却过程中,由于热膨胀系数不同,在夹杂物周围产生镶嵌应力,与外加载荷叠加可使应力大于材料的屈服强度而导致局部塑性变形产生裂纹源。

采用高纯熔炼技术,可降低杂质元素含量、减少杂质元素种类,并使钢中非金属夹杂物的含量和尺寸明显减小,间距增大,从而有效提高钢的韧性和塑性。非金属夹杂物含量和间距对断裂韧度的影响如图2－12[21]和图2－13[22]所示。

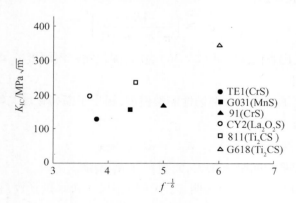

图 2－12 AF1410 钢 510℃回火后断裂韧度与夹杂物体积分数的关系

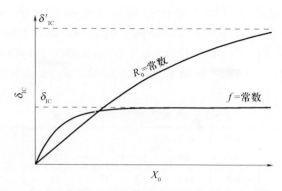

图 2-13　临界裂纹尖端张开位移 δ_{IC} 与夹杂物间距 X_0 的关系

(R_0—夹杂物平均半径；f—夹杂物体积分数。)

冶炼时加入微量元素,对夹杂物变质处理,可以改变其类型、形状和间距。如加入适量稀土元素 La 和 Ce,形成稀土夹杂物 La_2O_2S 和 Ce_2O_2S,增大夹杂物间距,提高韧性和塑性[23-25]。Iorio 等[26]在 AF1410 钢中加入微量 Ti,形成 Ti_2CS 以取代 CrS 夹杂物,增强微孔形核抗力,提高断裂韧度。对这些微量元素含量的控制以及对微量元素冶金物理化学反应的研究是夹杂物改性处理的关键。

关于延性断裂过程中断裂韧度与微观组织和夹杂物的关系,Garrison 等[27,28]在 20 世纪 80 年代到 90 年代初做出了一系列具有代表性的工作,提出断裂时的空穴尺寸是延性断裂模型中一个有用的参数,与断裂韧度具有正相关性的临界裂纹尖端张开位移 δ_{IC} 可写成下式

$$\delta_{IC} \sim X_0(R_V/R_I)\,|_{R_0} \qquad\qquad (2-38)$$

式中:X_0 为夹杂物间三维空间平均最近邻距离,可由 $X_0 = 0.89R_0f^{-1/3}$ 计算,f 为夹杂物体积分数;$(R_V/R_I)|_{R_0}$ 为当夹杂物平均半径为 R_0 时,空穴半径 R_V 与空穴形核处夹杂物半径 R_I 的比值,称为空穴长大程度(Void Growth Extent)。可见,空穴长大程度越大,材料断裂韧度越高。

2.3　超高强度钢的强韧性能

超高强度钢的强韧性能主要包括强度、韧性和塑性。强度指标包括抗拉强度、屈服强度、断裂强度和硬度等,韧性指标包括缺口冲击功和断裂韧度,塑性指标包括断后伸长率和断面收缩率。通过静拉伸试验,可评价材料抵抗变形和断裂的能力;通过缺口冲击试验,可反映材料的缺口敏感性和裂纹形成与扩展所消耗的能量;通过断裂韧度试验,可评价材料抵抗裂纹失稳扩展的能力。

典型的航空超高强度钢主要包括低合金超高强度钢 40CrNi2Si2MoVA（300M）、40CrMnSiMoVA（GC-4）、30CrMnSiNi2A、38Cr2Mo2VA（GC-19）等，高合金超高强度钢 23Co14Ni12Cr3MoE（AerMet100）、16Co14Ni10Cr2MoE（AF1410）等，以及马氏体时效钢 C250、C300 等。典型力学性能如表 2-1 所列[29-31]。

表 2-1　超高强度钢的力学性能

合金[②]	σ_b /MPa	$\sigma_{P0.2}$ /MPa	δ_5/%	ψ/%	硬度 /HRC	a_{KU}/ (kJ/m²)	K_{IC}/ MPa$\sqrt{m}$
40CrNi2Si2MoVA	1965	1630	12	49	53	755	83
40CrMnSiMoVA	1925	1550	11	42	53	696	71
30CrMnSiNi2A	1718	1416	12	52	48	749	96
38Cr2Mo2VA	1725	1530	13	57	44	640	59
16Co14Ni10Cr2MoE	1705	1580	14	69	49	1570	181
23Co14Ni12Cr3MoE	1965	1758	14	65	54	996	126
C250	1892	1819	10	61.3	52	39[①]	129
C300	2020	2000	11	57	55	23[①]	77
Ferrium S53	1986	1551	15	57	54	24[①]	71

① 夏比 V 形缺口冲击功（J）。
② 表中各钢种的热处理工艺如下：
　40CrNi2Si2MoVA：870℃，油冷淬火 +300℃，空冷回火，回火两次。
　40CrMnSiMoVA：920℃，油冷淬火 +250℃，空冷回火。
　30CrMnSiNi2A：900℃，油冷淬火 +260℃，空冷回火。
　38Cr2Mo2VA：1000℃，油冷淬火 +600℃，水冷回火，回火两次。
　16Co14Ni10Cr2MoE：860℃，油冷淬火 +（-73℃）冷处理 +510℃，空冷回火。
　23Co14Ni12Cr3MoE：885℃，油冷淬火 +（-73℃）冷处理 +482℃，空冷回火。
　C250：820℃，空冷淬火 +480℃，空冷回火。
　C300：820℃，空冷淬火 +480℃，空冷回火。
　Ferrium S53：1085℃，油冷淬火 +（-73℃）冷处理 +501℃，油冷回火 +（-73℃）冷处理 +482℃，空冷回火

由表 2-1 可知，钢的强度和韧性呈此消彼涨的关系。上述超高强度钢中，16Co14Ni10Cr2MoE 钢的韧性最好，但强度偏低；C300 钢的强度最高，但韧性偏低；23Co14Ni12Cr3MoE 钢的强度和韧性均比较高，是目前强韧性匹配最好的超高强度钢。

超高强度钢的强韧性是由其强韧化机理决定的。前面所述的强化机理（固溶强化、位错强化、沉淀强化和细晶强化）和韧化机理（位错马氏体、残余奥氏体、细化组织和纯净合金）在超高强度钢中均起作用，只是作用程度有所不同。下面将针对不同类型超高强度钢，重点阐述其关键的、具有主导作用的强韧化机理。

2.4 低合金超高强度钢的强韧化机理

低合金超高强度钢一般经过淬火和低温回火处理，钢中碳含量较高，合金元素含量较低，如 40CrNi2Si2MoVA（300M）、40CrMnSiMoVA、30CrMnSiNi2A 等。40CrNi2Si2MoVA 钢是强韧性较好的低合金超高强度钢，广泛应用于飞机起落架。下面对其强韧化机理进行分析。

2.4.1 强化机理

40CrNi2Si2MoVA 钢 C 含量为 0.38% ~ 0.43%，是在 AISI4340 钢基础上加入 1.6% 的 Si 和 0.1% 的 V 而发展起来的。40CrNi2Si2MoVA 钢的主要强化机理包括固溶强化、位错强化、ε - 碳化物沉淀强化和贝氏体对马氏体组织的细化强化。

40CrNi2Si2MoVA 钢经 870℃ 奥氏体化后油淬得到"板条马氏体 + 下贝氏体（10% ~ 15%） + 残余奥氏体（约 5%）"的混合组织，马氏体呈均匀板条状，孪晶和部分孪晶不超过 5%，还有一些（M - A）组织。C 及合金元素固溶于 α - Fe 基体中，产生碳原子间隙固溶强化和合金元素置换固溶强化，强化效果显著。

在 300℃ 回火过程中，在马氏体和贝氏体基体上沿位错线析出细小、弥散分布的 ε - 碳化物，如图 2 - 14 所示。ε - 碳化物与基体共格，产生沉淀强化效应。

合金元素的作用，使钢具有较高的回火稳定性，回火马氏体中仍保持高密度的位错亚结构。图 2 - 15 表示经 870℃ 油淬、300℃ 二次回火处理后，暗场像显示回火马氏体板条内存在高密度的位错亚结构。在外力作用下发生塑性变形时，位错间发生弹性交互作用，阻碍位错运动。

随着回火过程中 ε - 碳化物的析出，马氏体中固溶 C 含量有所降低，固溶强化作用减弱，但 ε - 碳化物的沉淀强化作用增强，总的结果是与淬火状态相比，300℃ 回火后，钢的强度和硬度基本不变，如图 2 - 16 所示[1]。

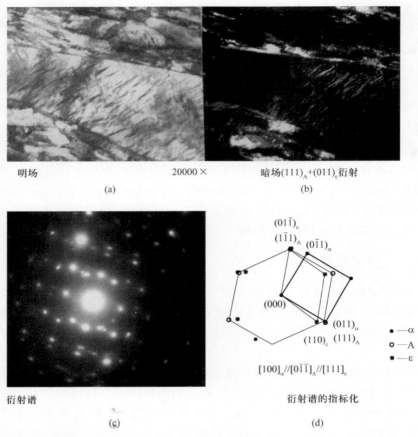

明场   20000×   暗场$(111)_A+(011)_\varepsilon$衍射

(a)   (b)

$(01\bar{1})_\varepsilon$
$(1\bar{1}1)_A$ $(0\bar{1}1)_\alpha$

(000)

$(011)_\alpha$
$(110)_\varepsilon$ $(111)_A$

● ——α
○ ——A
✳ ——ε

$[100]_\alpha//[0\bar{1}\bar{1}]_A//[111]_\varepsilon$

衍射谱   衍射谱的指标化

(c)   (d)

图 2 – 14   40CrNi2Si2MoVA 钢回火组织中的 ε – 碳化物

（a）TEM 明场像；（b）暗场像；（c）衍射谱；（d）标定。

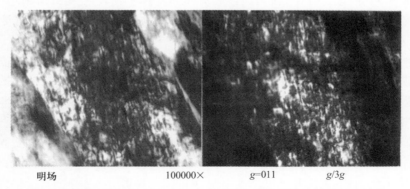

明场   100000×   g=011   g/3g

图 2 – 15   40CrNi2Si2MoVA 钢回火马氏体板条内高密度的位错亚结构

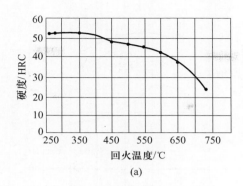

(a)

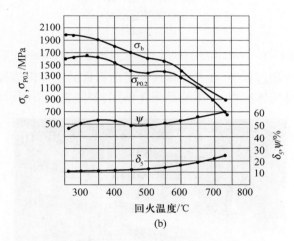

(b)

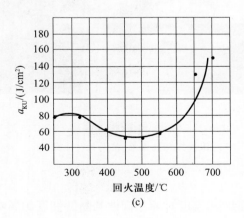

(c)

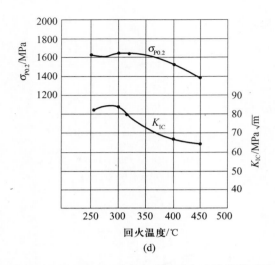

图 2 - 16　40CrNi2Si2MoVA 钢回火温度与力学性能的关系

此外,淬火冷却过程中,在马氏体转变之前形成的下贝氏体板条分割奥氏体晶粒,从而细化马氏体组织,产生细晶强化作用,如图 2 - 17 所示。

20000×

图 2 - 17　40CrNi2Si2MoVA 钢 900℃油淬 + 300℃回火两次,
贝氏体横穿马氏体束,使马氏体束细化

2.4.2　韧化机理

40CrNi2Si2MoVA 钢回火温度对冲击韧性和断裂韧度的影响见图 2 - 16。可见,300℃回火,钢的韧性良好。400℃ ~ 500℃回火,韧性明显降低,产生回火脆性。

如图 2 – 15 所示,40CrNi2Si2MoVA 钢淬火后形成具有位错亚结构的板条马氏体组织,使钢基体具有较好的韧性和塑性。

40CrNi2Si2MoVA 钢热处理后含有 5% 左右的残余奥氏体,呈薄膜状分布在马氏体和下贝氏体板条间,如图 2 – 18 所示。机械稳定性高的薄膜状残余奥氏体降低裂纹尖端应力集中,抑止裂纹扩展,有效提高韧性。

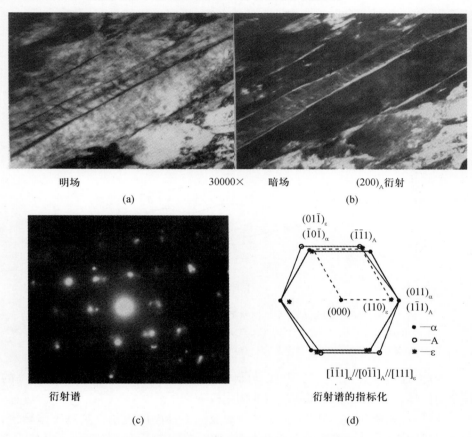

图 2 – 18　40CrNi2Si2MoVA 钢回火组织中的残余奥氏体薄膜
(a) TEM 明场像;(b) 暗场像;(c) 衍射谱;(d) 标定。

40CrNi2Si2MoVA 钢热处理对残余奥氏体机械稳定性的影响如图 2 – 19[1] 所示。可见,直接淬火或等温淬火状态,钢中残余奥氏体的机械稳定性较差,易发生形变诱发马氏体相变(曲线 1 和曲线 4);经过 300℃回火,残余奥氏体机械稳定性增加,不易发生形变诱发马氏体相变(曲线 2 和曲线 5);经过 425℃回火,残余奥氏体含量降低,机械稳定性较差(曲线 3)。胡光立等[32]在 40CrMnSiMoVA 钢中也发现了这一变化规律。可作如下解释[32,33]：在淬火状态下，残余奥氏体的 M_s 温度低于室温，而其 M_d 点却高于室温，故在变形过程中易于形成形变诱发马氏体；随回火温度升高（300℃回火），在残余奥氏体中会形成一定数量的碳钉扎位错，提高了马氏体相变的切变阻力，使 M_d 温度降至室温以下，从而导致残余奥氏体机械稳定性提高；如回火温度过高（425℃回火），由于碳原子扩散速度显著增大而脱离位错区，加之此时残余奥氏体也发生显著分解，析出碳化物，使自身的含碳量降低，故残余奥氏体的 M_d 温度又上升至室温以上，从而导致其机械稳定性降低。

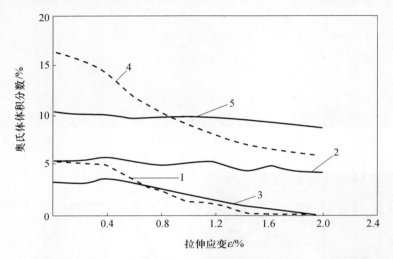

图 2-19　40CrNi2Si2MoVA 不同热处理状态残余奥氏体的机械稳定性
1—870℃淬火；2—870℃淬火＋300℃回火；3—870℃淬火 ＋ 425℃回火；
4—870℃加热＋270℃等温淬火；5—870℃加热＋270℃等温淬火＋300℃回火。

因此，通过淬火和回火处理，使马氏体板条间分布薄膜状的机械稳定性高的残余奥氏体，是 40CrNi2Si2MoVA 钢的韧化机理之一。

此外，如前所述，在马氏体转变之前形成的下贝氏体板条分割奥氏体晶粒，细化马氏体组织，从而产生细晶韧化作用，如图 2-17 所示。合金纯净化对低合金超高强度钢韧性的提高起到重要的作用。该部分内容将在第 6 章结合 40CrNi2Si2MoVA 钢的研制详细论述。

2.4.3　合金元素的作用

40CrNi2Si2MoVA 钢的主要化学成分（质量分数）为 1.45% ~ 1.80% Si, 1.65% ~ 2.0% Ni, 0.70% ~ 0.95% Cr, 0.3% ~ 0.5% Mo, 0.05% ~ 0.10% V, 其余为 Fe。各元素对强韧性的作用如下。

1. C

C 在 40CrNi2Si2MoVA 钢中的作用主要体现在:①奥氏体化时固溶于马氏体基体中,起固溶强化作用,保证钢具有超高强度。经过 300℃ 回火,随着 ε - 碳化物析出,钢中固溶 C 含量有所降低,但仍保持很高的固溶强化效应。研究表明[1],低碳钢、中碳钢经过低温回火后,马氏体中固溶 C 含量在 0.2% ~ 0.5% 范围内时,抗拉强度与碳原子质量分数间保持线性关系:$\sigma_b(\text{MPa}) = 2940 \times [\text{C}] + 820$。C 原子的间隙固溶强化(如淬火)在显著提高强度的同时,也危害材料的韧性和塑性,必须经过回火处理,使过饱和马氏体中析出一部分碳原子,在适当降低固溶强化效果的同时,显著提高材料的韧性和塑性。②回火时形成细小的 ε - 碳化物,产生沉淀强化作用。

2. Si

Si 在 40CrNi2Si2MoVA 钢中具有极其重要的作用。Si 是缩小 γ 区的元素,但它却增加过冷奥氏体的稳定性。Si 作为主要合金元素加入钢中,在较高温度下增大碳原子在奥氏体中的活度,促进碳在奥氏体中的扩散,而在较低温度下,Si 增加碳原子与铁原子的结合力,使碳在奥氏体中的扩散激活能增大,从而抑制了碳在奥氏体中的扩散。

Si 在钢中的一个重要作用,就是强烈阻碍渗碳体的析出,对其阻碍机制仍有争议[34]。一种观点认为 Si 扩散进入 ε - 碳化物,提高其稳定性,从而难以形成渗碳体;另一种观点则认为,Si 不溶于渗碳体,长大中的渗碳体片将向外推出硅原子,而 Si 在低温下的扩散又相当困难,从而形成动力学障碍,阻碍渗碳体的进一步长大。不论机制如何,其结果是 Si 将第一类回火脆性推向高温方向,使钢得以在较高温度(300℃)下回火,从而改善了其塑性、韧性和缺口敏感性。Si 含量对回火过程中渗碳体形成温度的影响见图 2 - 20[1]。可见,Si 含量在 3%(原子百分数)以下时,随含量增加,渗碳体形成温度显著升高。

Si 使钢保持较强的固溶强化作用。一方面,硅原子本身对马氏体基体产生较强的置换固溶强化作用(图 2 - 3);另一方面,Si 降低 C 在铁素体中的扩散速度,抑止 Fe_3C 的形成,并使回火析出的碳化物不易聚集,因此提高了回火抗力,使较多碳原子固溶于马氏体基体中,保持较强的碳原子间隙固溶强化作用。Si 对 0.4% C - 3Ni 钢硬度的影响见图 2 - 21[2]。可见,随 Si 含量增加,钢的淬火和回火硬度均增加。淬火状态 Si 具有一定的固溶强化作用。在回火状态,Si 抑制马氏体基体软化的作用比较明显,含 2.18% Si 和 1.47% Si 的合金在 200℃ ~ 300℃ 范围内回火时,硬度基本不降低。

此外,由于 Si 抑止渗碳体的析出,从而使残余奥氏体中保持较高的 C 含量,提高了回火过程中残余奥氏体的热稳定性,延缓残余奥氏体的分解,使马氏体板

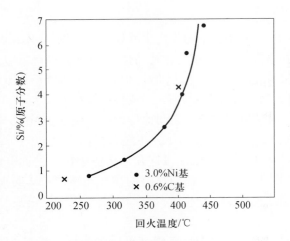

图 2 - 20　Si 含量对回火时渗碳体形成温度的影响

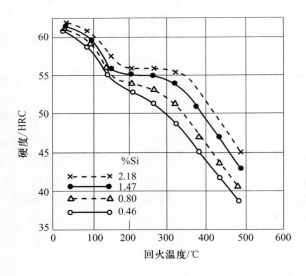

图 2 - 21　Si 含量对 0.4% C - 3Ni 钢回火硬度的影响

条间存在较多的机械稳定性高的残余奥氏体,增加了韧性。

　　师昌绪等研究了添加 1.5% Si 元素对 AISI4340 钢力学性能的作用[1]。图 2 - 22、图 2 - 23 表示回火温度对 AISI4340 钢和 AISI4340 + 1.5% Si 钢强度和冲击功的影响。可见,添加 1.5% Si 使 AISI4340 钢在 300℃ 左右回火后具有更高的强度和较好的韧性,但回火温度更高(或硬度小于 50HRC)时,Si 对韧性产生不利影响。

56

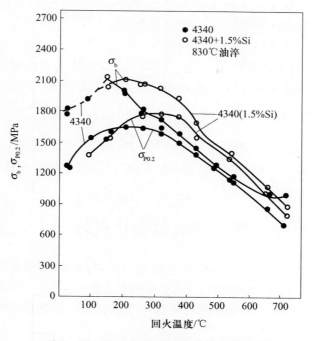

图 2-22 Si 对 4340 钢回火力学性能的影响

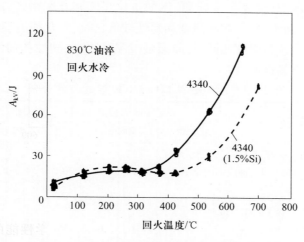

图 2-23 Si 对 AISI4340 钢冲击功的影响

3. Ni

Ni 是扩大奥氏体区的元素,在奥氏体化后的冷却过程中,强烈抑制奥氏体向珠光体和贝氏体的转变,提高马氏体的淬透性;Ni 降低了过冷奥氏体向马氏体转变的温度,增加了残余奥氏体含量,对韧性有益;Ni 能提高钢基体的层错能,使螺型位错易于产生交滑移,从而提高韧性。

4. V

V 是强碳化物形成元素,形成稳定的 VC 相,在淬火加热过程中阻止奥氏体晶粒的长大,从而细化马氏体组织,在提高强度的同时,改善回火马氏体的韧性,提高解理断裂应力。

5. Cr、Mo

Cr、Mo 在淬火冷却过程中推迟过冷奥氏体向珠光体转变,提高钢的淬透性;在回火过程中,进入碳化物中形成合金碳化物,增加碳化物的稳定性,提高了钢的回火抗力。

2.5　高合金超高强度钢的强韧化机理

航空用高合金超高强度钢主要有 16Co14Ni10Cr2MoE（AF1410）和 23Co14Ni12Cr3MoE（AerMet100）。23Co14Ni12Cr3MoE 是目前强韧性配合最好的高合金超高强度钢,是新型飞机起落架的首选材料。下面对其强韧化机理进行分析。

23Co14Ni12Cr3MoE 钢淬火状态和淬火、回火状态的力学性能如表 2 – 2 所列。可见,淬火状态(油淬 + 冷处理)钢的抗拉强度和硬度很高,冲击韧性和断裂韧度也保持较高水平,但屈服强度和塑性较低,应变硬化能力良好。经 482℃回火后,在保持高抗拉强度的同时,屈服强度显著提高,塑性和韧性也进一步升高,具有优异的强韧性配合。

表 2 – 2　23Co14Ni12Cr3MoE 钢的力学性能

状态	热处理制度	拉伸性能				硬度 /HRC	a_{KU}/ (kJ/m^2)	K_{IC}/ MPa$\sqrt{m}$
		σ_b/MPa	$\sigma_{P0.2}$/MPa	δ_5/%	ψ/%			
淬火	900℃/1.5h, 空冷 + 680℃/16h,空冷 +885℃/1h,油冷 + (−73℃)/1h	2081	1341	10.1	30.7	54.9	862	100.4
淬火 + 回火	900℃/1.5h,空冷 +680℃/16h,空冷 +885℃/1h,油冷 + (−73℃)/1h +482℃,5h,空冷	1965	1758	14	65	54	996	126

2.5.1　强化机理

23Co14Ni12Cr3MoE 钢淬火状态组织为具有高密度位错亚结构的板条马氏

58

体,C 及合金元素 Ni、Co、Cr、Mo 固溶于马氏体中,产生间隙固溶强化和置换固溶强化效应。在塑性变形过程中,这些固溶原子同时与运动位错之间发生弹性交互作用,强化了钢的应变硬化能力,宏观表现为低屈服强度和高抗拉强度。

经过 482℃ 回火,在马氏体中沉淀析出细小弥散的 M_2C 相,产生二次硬化。由于钢中含有较多 Co、Cr 和 Mo 元素,马氏体组织回火抗力高,故在 482℃ 回火后,马氏体基体中仍保持高的位错密度和过饱和固溶度,并维持较强的位错强化和固溶强化效应。与淬火状态相比抗拉强度略有降低,屈服强度显著提高,韧性和塑性增加,综合力学性能提高。马氏体相变强化(其主要强化机制为固溶强化和位错强化)和 M_2C 相沉淀析出产生的二次硬化是 23Co14Ni12Cr3MoE 钢最重要的强化机理。

不同回火温度下 AerMet100 钢的强韧性变化趋势如图 2-24 所示[35]。应该指出的是,与二次硬化峰对应的回火温度点存在不同的研究结果。在 AerMet100 钢研制初期,认为回火温度在 454℃ 出现抗拉强度和硬度峰值,因此,钢的回火温

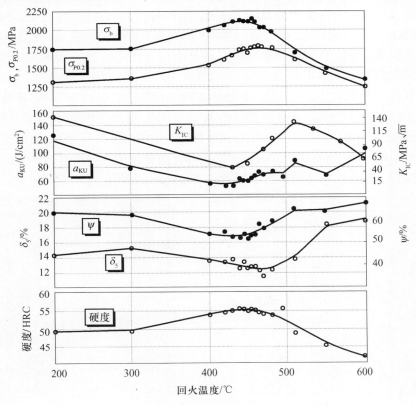

图 2-24　回火温度对 AerMet100 钢力学性能的影响

59

度初步定在 468℃;随着该钢冶金工艺技术的进步与成熟,其在二次硬化回火温度点上也发生变化,不同回火温度对力学性能影响的试验结果表明,抗拉强度和硬度峰值对应的回火温度为 468℃,因此,钢的最佳回火温度确定为 482℃。

Ayer 等[36,37]研究了 AerMet100 钢不同温度回火时的沉淀析出相,结果表明:①427℃回火,在马氏体{110}面上析出了较粗大的 Widmanstatten 渗碳体,在马氏体板条间及孪晶界析出条状渗碳体。②454℃回火,马氏体板条内的渗碳体溶解,渗碳体以单个形式出现在原奥氏体晶界,数量较少。马氏体基体中,沿 <100> 方向析出非常细小的针状物,具有共格应变衬度。Hu 等[38]通过 HREM 研究表明,这种针状物为溶质原子偏聚形成的原子团簇,尚无独立的晶体结构。③482℃回火,晶界渗碳体全部消失,前述的针状物已经长大,其周围仍存在共格应变衬度。采用萃取复型方法发现部分针状物为 M_2C 型碳化物,大部分针状物无法得到清晰的衍射斑点。薄膜试样中未得到任何析出相斑点。因此,回火沉淀产物包括 Cr、Mo 偏聚区和 M_2C 碳化物。Lee 等[39]和 Hu 等[38]采用 HREM 研究证实,482℃回火针状物为 M_2C 型碳化物,具有独立的晶体结构。④510℃回火,针状沉淀相继续长大,沉淀相与基体间的共格关系已经失去,采用 TEM 在复型样品和薄膜样品上均能清楚地鉴定出密排六方点阵结构的 M_2C 型碳化物。⑤随回火温度升高,M_2C 碳化物中 Cr 含量减少,Mo、Fe 含量增加。

李杰等[40]研究了 23Co14Ni12Cr3MoE 钢经 885℃油淬 + (−73℃)冷处理 + 482℃回火后的高分辨电子显微组织,发现除了 M_2C 型碳化物相外,还存在 Fe_2M 型金属间化合物相,如图 2 - 24、图 2 - 25 所示,图中下标 M 代表马氏体,下标 C 代表 M_2C 碳化物,下标 L 代表 Fe_2M 相。两种类型沉淀相的尺寸均小于 10nm。M_2C 和 Fe_2M 沉淀相共同作用,强烈阻碍位错运动,使钢达到超高强度水平。

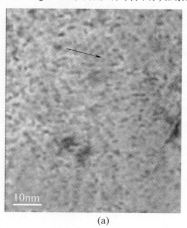

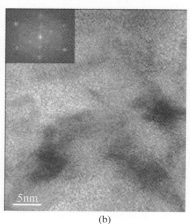

(a)   (b)

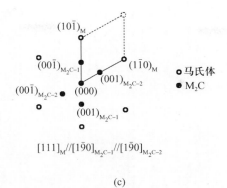

$$[111]_M // [1\bar{9}0]_{M_2C-1} // [1\bar{9}0]_{M_2C-2}$$

(c)

图 2 – 25　M₂C 沉淀相电子显微分析

（a）TEM 图像；（b）HREM 图像；（c）衍射谱标定。

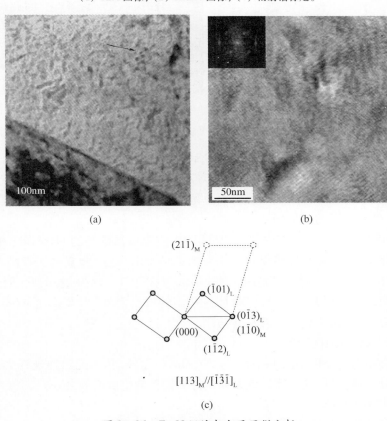

（a）　　　　　　　　　　　　　（b）

$$[113]_M // [\bar{1}\bar{3}\bar{1}]_L$$

(c)

图 2 – 26　Fe₂M 沉淀相电子显微分析

（a）TEM 图像；（b）HREM 图像；（c）衍射谱标定。

2.5.2 韧化机理

2.5.2.1 低碳高 Co – Ni 板条马氏体的韧化

23Co14Ni12Cr3MoE 钢淬火得到高 Co – Ni 低碳板条马氏体,其亚结构呈高密度位错组态,具有良好的本征韧性(表 2 – 2)。图 2 – 27 是典型的淬火板条马氏体组织及其位错组态。

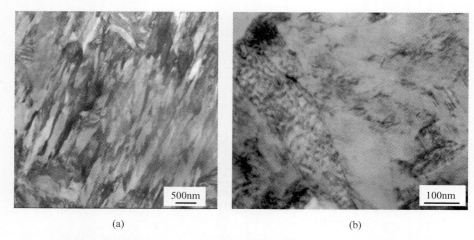

图 2 – 27　23Co14Ni12Cr3MoE 钢淬火板条马氏体(a)和高密度位错组态(b)

淬火组织中除了极少数球状 $M_{23}C_6$ 碳化物外,无其他第二相质点,因此马氏体板条内位错开始运动的阻力较小,塑性变形易于进行,钢的屈服强度较低。这样,裂纹尖端的应力集中通过裂尖微观塑性变形得以缓解,从而抑制了裂纹的扩展,材料具有较高的断裂韧度。

在480℃～510℃范围内回火,马氏体中弥散析出细小的 M_2C 强化相,产生沉淀硬化,固溶强化和位错强化效果有所减弱,韧性进一步提高。在高 Co – Ni 型马氏体中,Co 和 Ni 均以置换固溶的形式存在于 α – Fe 中,Co 抑止回火过程中位错亚结构的回复,使马氏体基体保持高的位错密度;Ni 提高了 α – Fe 的抗解理能力,使马氏体具有高的本征韧性。

2.5.2.2 高纯净化合金

高合金超高强度钢除 Fe、Cr、Co、Ni、Mo、C 之外,其他元素均被视为杂质元素而加以严格控制,这是保证该系列钢种高韧性的重要措施之一。

1. VIM + VAR 高纯熔炼

高合金超高强度钢采用 VIM + VAR 双真空熔炼技术,严格控制杂质元素和非金属夹杂物含量,钢的纯净度很高,如表 2 – 3 所列。以此降低非金属夹杂物的含量,减少杂质元素在晶界的偏聚,提高钢的韧性和塑性。

表 2 - 3　23Co14Ni12Cr3MoE 钢中杂质元素含量(10^{-6})

杂质元素	S	P	O	N	Al	Ti	Si	Mn
标准要求(≤)	50	80	20	15	150	150	1000	1000
实际含量	10	20	7	8	80	50	60	100

2. 稀土微合金化

稀土被称为工业"维生素"。从 20 世纪 50 年代开始,国内外对稀土在钢中的物理化学行为、冶炼技术、作用效果及机理等方面进行了大量的研究[44-46]。我国稀土资源丰富,研究稀土微合金化具有重要的理论和实践意义。稀土元素在钢中的主要作用表现为:

1) 改性夹杂物

稀土夹杂物有很低的形成自由能,因此添加 La、Ce 等稀土元素能使硫化物、铝化物变为表面积较小的球形或椭球形稀土硫铝化物或稀土硫铝氧化物,改变钢中夹杂物的分布、大小及形态,以改善韧性。20 世纪 80 年代末至 90 年代初,众多学者尝试在 AF1410 钢中添加稀土元素 La 以改良硫化物的形态,从而提高韧性。研究表明,添加稀土 La 可以使 CrS 夹杂转变为 La 的氧硫化物,增加了夹杂物的间距,改善了钢的韧性。稀土在钢中的作用很大一部分是通过对夹杂物形态和分布的控制来实现的。

郭峰等[41,42]研究了稀土夹杂物体积分数和平均间距对 23Co14Ni12Cr3MoE 钢断裂韧度的影响。微孔聚集延性断裂模式的 23Co14Ni12Cr3MoE 钢的断裂韧度受显微组织和夹杂物特征控制。影响断裂韧度的夹杂物特征包括夹杂物性质、大小、体积分数、平均间距和夹杂物抗空穴形核能力。在固定显微组织和夹杂物抗空穴形核能力因素的基础上,研究了夹杂物体积分数 f、夹杂物平均间距 X_0 对临界裂纹尖端张开位移 δ_{IC} 的影响,得出钢的临界裂纹尖端张开位移与夹杂物体积分数 $f^{1/3}$ 和平均间距 X_0 呈线性关系。结果表明,减小夹杂物体积分数、增大夹杂物平均间距有利于断裂韧度的改善。图2-28表明试验钢的断裂韧度与夹杂物间距的关系。

文献[42]研究了 23Co14Ni12Cr3MoE 钢中的稀土夹杂物在试样拉伸过程中的变形及断裂行为。图 2-29 为钢中稀土夹杂物的形貌以及 EDS 能谱分析结果,其中图 2-29(a)为试样抛光面上观察到的夹杂物,图 2-29(b)为断裂韧度试样断口上韧窝部位的夹杂物。可以看到,夹杂物呈球形或椭球形,直径在 2μm 左右,同时能谱分析结果表明夹杂物含有稀土元素(主要是 Ce 和 La)以及 O、S 等元素,为稀土氧硫化物,参考相关文献[43-46]推知,可能是 RE$_2$O$_2$S 类型的夹杂物。

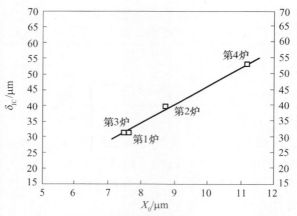

图 2 − 28　23Co14Ni12Cr3MoE 钢中临界裂纹尖端张开位移 δ_{IC} 与

稀土夹杂物平均间距 X_0 的关系

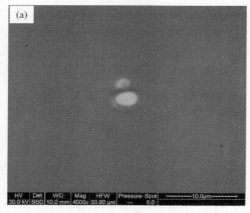

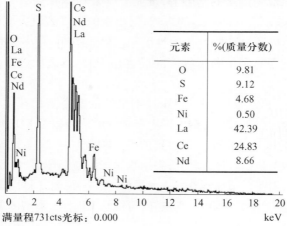

元素	%(质量分数)
O	9.81
S	9.12
Fe	4.68
Ni	0.50
La	42.39
Ce	24.83
Nd	8.66

满量程731cts光标：0.000

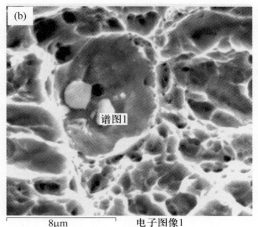

8μm   电子图像1

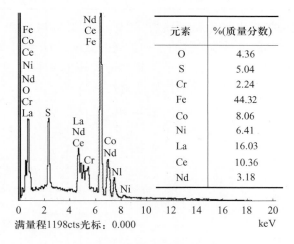

元素	%(质量分数)
O	4.36
S	5.04
Cr	2.24
Fe	44.32
Co	8.06
Ni	6.41
La	16.03
Ce	10.36
Nd	3.18

满量程1198cts 光标：0.000

图2-29 23Co14Ni12Cr3MoE 钢稀土夹杂物的形貌与成分

（a）金相试样抛光表面；（b）K_{IC}试样断口表面。

一般而言，夹杂物在钢基体中引起的应力集中的大小与夹杂物的形状有密切联系，夹杂物的棱角越尖锐，引起的应力集中越严重。球形或椭球形的夹杂物不易引起应力集中，对于改善材料的力学性能特别是横向力学性能十分有利。稀土夹杂物在热加工时不易拉长变形，仍保持细小的球形或椭球形，较均匀地分布在基体中。

从热膨胀系数来看，稀土夹杂物与基体差别不大，而 Al_2O_3 夹杂物比基体要小很多，在冷却时 Al_2O_3 夹杂物的收缩比金属基体要小很多，结果在 Al_2O_3 夹杂物周围基体中产生了拉应力，对性能造成危害。而稀土夹杂物的热膨胀系数与基体接近,在加热和冷却过程中因体积变化差异而产生的拉应力小,对基体韧性的危害比 Al_2O_3 夹杂物小。钢中非金属夹杂物与基体金属的基本性质列于表2-4。

表 2-4 钢中几种非金属夹杂物的基本性质[40]

夹　杂　物	Al_2O_3	Ce_2O_2S	La_2O_2S	基　　体
熔点/℃	2050	1950	1940	1498
密度/(g/cm^3)	3.96	5.99	5.77	7.89
热膨胀系数/℃	8×10^{-6}	11.5×10^{-6}	11.5×10^{-6}	11.3×10^{-6}
显微硬度 HV	1440	约500	约500	617
弹性模量 E/GPa	375			194.6
泊松比 ν	0.23			0.28

文献[41]利用扫描电镜原位观察技术,研究了 23Co14Ni12Cr3MoE 钢在拉伸载荷作用下稀土夹杂物导致裂纹萌生和扩展的微观过程,结果如下。

根据拉伸过程中载荷—位移关系得到的应力—应变曲线示意图见图2-30,其中 a、b、c、d、e 分别表示不同的拉伸应力状态。

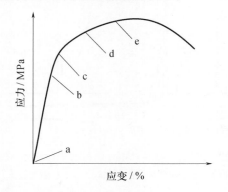

图 2-30 23Co14Ni12Cr3MoE 钢试样原位拉伸应力—应变曲线示意图
a—0MPa; b—1582MPa; c—1654MPa; d—1838MPa; e—1902MPa。

原位拉伸过程中稀土夹杂物的变化过程如图 2-31 所示。加载前(图2-30中 a 位置)稀土夹杂物形貌见图 2-31(a),为椭球形;加载后当应力增加到图 2-30 中(b)点时(拉伸应力 1582MPa),夹杂物内部在靠近短轴下端点位置出现微裂纹1,与加载方向近似45°,随着应力增加,微裂纹呈锯齿状扩展,长度和宽度增加,见图 2-31(c);当应力增加到图 2-30 中(d)点时(拉伸应力 1838MPa),出现第二条微裂纹2;当应力增加到图 2-30 中(e)点时

（拉伸应力1902MPa），微裂纹1侧面出现了二次裂纹，与加载方向近似45°角，夹杂物中还出现了微裂纹3和其他更小的微裂纹，裂纹起始方向和扩展路径与微裂纹1基本一致。随着应力继续增大，表面出现滑移痕迹，直至试样断裂，断裂后的夹杂物如图2-31(f)所示。可以看到，夹杂物已经破碎、脱落，基体呈现明显的塑性变形。单轴拉伸过程中，微裂纹均产生于稀土夹杂物内部。

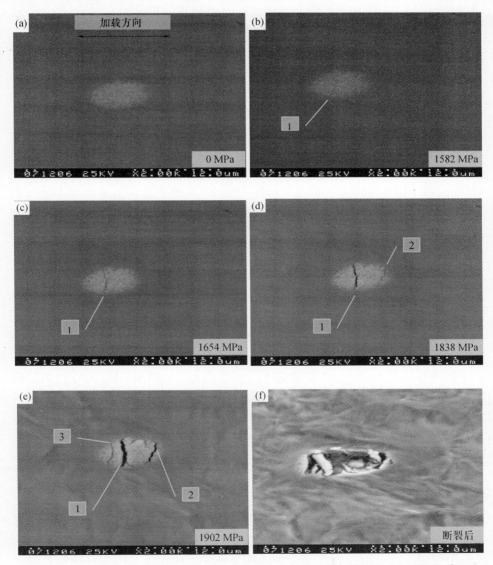

图2-31　23Co14Ni12Cr3MoE钢试样原位拉伸过程中稀土夹杂物的微观变形与断裂行为

随着外加载荷的增加,夹杂物内的裂纹数不断增加,但已形成的裂纹不易向基体扩展。

研究表明[40],夹杂物内部初始裂纹萌生应力 σ 与夹杂物表面积 S 有关 ($\sigma = 1800.85 - 9.58S$)。当外加应力达到材料的屈服强度 1736MPa 时,初始微裂纹萌生时的稀土夹杂物表面积临界值约为 $7.29\mu m^2$,等效球形稀土夹杂物的半径约为 $1.5\mu m$,即当夹杂物在试样表面半径小于该尺寸时,初始微裂纹萌生在基体塑性变形开始之后。

2) 净化晶界

研究指出,S、P 元素即使在含量很低时也会对晶界的结合力造成破坏。稀土和 S、P 相互作用,降低它们在钢中的活度,有利于降低晶界 S、P 元素的平衡偏聚浓度。同时稀土元素与 P 达到一定配比时将形成 ReP 化合物,降低钢中游离的磷原子。由 P、S 和 Sn 引起的脆化可由添加 La 完全消除。Mclean 和 North-cott 提出,溶质原子产生晶界偏聚的驱动力是溶质原子分布在晶内和晶界所引起的点阵畸变能之差,溶质和溶剂原子半径差越大,溶质原子在晶界区的溶解度就越大,稀土原子半径比铁原子半径约大 50%,固溶在晶内造成的畸变能远大于固溶在晶界区的畸变能,稀土元素将优先偏聚在晶界及附近区域。稀土净化晶界、强化晶界是改善韧性的重要原因。

3) 固溶强化

稀土元素的原子半径比铁约大 50%,可通过空位机制进行扩散,占据铁的点阵节点,在晶内形成置换固溶体,引起晶格畸变,对位错运动造成阻碍而达到强化效果。X 射线衍射分析结果表明,固溶稀土的存在,引起 $\alpha - Fe$ 和 Fe_3C 面间距的增大,其增加幅度随稀土固溶量的增加而增大,说明固溶稀土不仅存在于晶界,起到净化作用,也存在于晶内,起到固溶强化作用。

国外开展了 AerMet100 钢稀土微合金化研究。1993 年的美国专利中提到应在 AerMet100 钢中加入适量的稀土元素 Ce 和 La。AerMet100 钢稀土添加与 AF1410 钢不尽相同,由单一添加 La 改为同时加入 Ce 和 La 的混合稀土,Ce 可与 P、As 形成 Ce - As - P 化合物,减少晶界处游离的 P,有利于进一步提高钢的韧性。添加多元微量稀土元素进一步提高 AerMet100 钢的韧性是一个新的研究方向。

2.5.2.3 逆转变奥氏体

23Co14Ni12Cr3MoE 钢淬火组织在回火过程中,一方面,过饱和 $\alpha - Fe$ 基体中沉淀析出 M_2C 等二次硬化相;另一方面,还将发生马氏体—奥氏体逆转变,形成逆转变奥氏体,如图 2 - 32 所示。逆转变奥氏体的形态、分布和稳定性对钢的韧性及变形与断裂行为均有重要作用。

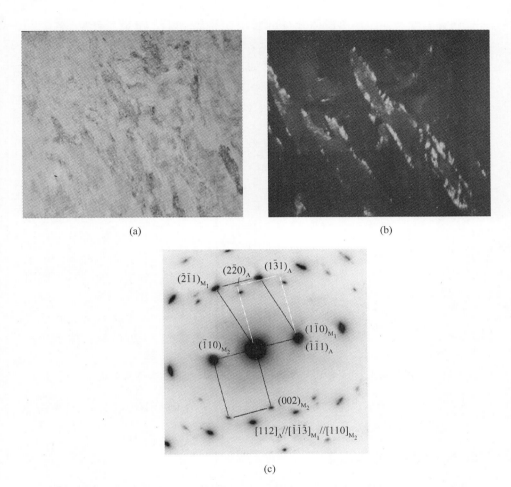

图 2 - 32　23Co14Ni12Cr3MoE 钢回火后马氏体板条间的逆转变奥氏体

(a) 明场像；(b) 暗场像；(c) 衍射谱与标定。

　　Ayer 等[36,47]研究了 AerMet100 钢回火时逆转变奥氏体的形成机制、形态与分布。482℃,5h 回火时,逆转变奥氏体薄膜在马氏体板条间形成,如图 2 - 32 所示。逆转变奥氏体中 Ni、C 含量很高,因而稳定性也高。无法确定逆转变奥氏体是由形核、长大机制形成还是由逆切变机制形成。510℃以上回火,逆转变奥氏体含量迅速增加,尺寸增大。逆转变奥氏体内无位错衬度,据此推测逆转变奥氏体可能是由形核、长大机制形成的。566℃回火时,在板条内也出现逆转变奥氏体。随回火温度增加,逆转变奥氏体中 Ni、C 含量降低,导致 M_d 温度升高,机械稳定性降低,易发生应变诱发马氏体转变,降低了钢的韧性。

回火温度对逆转变奥氏体含量的影响如图 2-33[31] 所示。可见,在 482℃ 以下,钢中逆转变奥氏体含量保持在 3% 以下,且无明显变化。高于 482℃ (900°F),逆转变奥氏体含量迅速增加,到 593℃(1100°F) 达到最大值(约 23%)。高于 593℃(1100°F),室温下钢中逆转变奥氏体含量急剧减小,原因在 于回火冷却过程中逆转变奥氏体发生了马氏体相变。

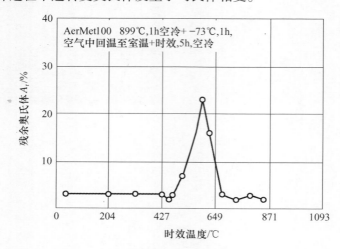

图 2-33 AerMet100 钢回火温度对逆转变奥氏体含量的影响

482℃ 回火后形成的逆转变奥氏体在马氏体板条间呈薄膜状分布,体积分数 在 3% 以下,机械稳定性高,因而提高了钢的韧性。

2.5.3 合金元素的作用

23Co14Ni12Cr3MoE 钢的化学成分为:0.21% ~ 0.25% C、11.0% ~ 12.0% Ni、13.0% ~ 14.0% Co、2.9% ~ 3.3% Cr、1.10% ~ 1.30% Mo,其余为 Fe。各元 素对强韧性的作用如下。

1. C

C 在 23Co14Ni12Cr3MoE 钢中的作用主要体现在:①奥氏体化时固溶于奥 氏体基体中,具有间隙固溶强化作用。从 AF1410、AerMet100 到 AerMet310,C 含 量的高低直接决定了钢的强度水平。C 含量对高 Co-Ni 钢硬度的影响见图 2-34。②回火时与 Mo、Cr 沉淀析出细小、弥散的 M_2C 型析出相,产生强烈的二 次硬化作用。C 含量提高,增加了孪晶马氏体的数量,对韧性不利。

2. Ni

Ni 是 23Co14Ni12Cr3MoE 钢重要的合金元素,其主要作用表现为:①扩大

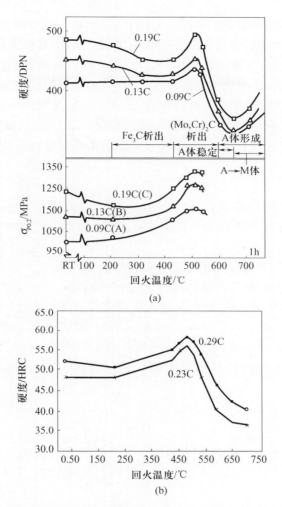

图2-34 高Co-Ni钢中碳含量、回火温度与硬度和强度的关系

(a) Fe-10Ni-8Co-2Cr-1Mo-xxC；(b) Fe-10Ni-14Co-4Mo-xxC。

奥氏体区,稳定奥氏体,提高淬透性。②降低钢的韧—脆转变温度和解理断裂倾向。③Ni降低A_s点,促进逆转变奥氏体的形成。④Ni-Co交互作用,促进Fe_3C回溶和M_2C形成,增强韧性和二次硬化作用。⑤产生置换固溶强化作用。

3. Co

Co也是23Co14Ni12Cr3MoE钢重要的合金元素,其主要作用有:①提高M_s点,保证钢淬火后得到完全马氏体组织。高Co-Ni板条马氏体是高合金超高强度钢具有高强韧性的最重要的基础。②Co 的加入使 Fe 产生短程有序,降低 Fe 的自扩散系数,回火时延缓马氏体位错亚结构的回复,提高回火抗力,并保证在位错处形成大量细小、弥散的沉淀相,从而增强了固溶强化、位错强化和沉淀强化效应。③Co 降低 Mo 在钢中的溶解度,促进含 Mo 的碳化物(Mo_2C)和金属间化合物(Fe_2Mo 等)析出,增强沉淀强化效应。Co – Mo 交互作用机理尚不清楚,可能是由于 Co 稳定密排六方结构,降低马氏体层错能,从而促进层错区中密排六方点阵结构的形成与扩大[39]。④对马氏体基体具有置换固溶强化作用。随 Co 含量增加,强度升高。

4. Cr、Mo

Cr、Mo 为碳化物形成元素,形成 M_2C 型碳化物产生沉淀强化。为了保证 M_2C 碳化物析出并保持细小的尺寸,必须提高 M_2C 析出的化学驱动力以及抵抗粗化的能力。

Cr 在高 Co – Ni 钢超高强度钢中具有重要作用。Cr 含量增加可降低回火组织中渗碳体的稳定性,促进渗碳体回溶,提高钢的韧性。Cr 含量增加可加快时效动力学,促进 M_2C 的形成,使二次硬化峰向较低温度移动,如 AF1410 钢的二次硬化峰值温度是 482℃,而 AerMet100 钢则为 468℃。Cr 含量增加降低了 M_2C 中的 Mo 含量,从而降低了碳化物与马氏体界面的共格应变,如图 2 – 35 所示[47]。共格应变减小导致钢的强度降低。Cr 对高 Co – Ni 钢力学性能的影响如图 2 – 36 所示[47]。

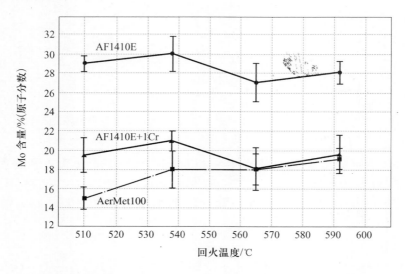

图 2 –35   Cr 含量及回火温度对 M_2C 碳化物中 Mo 浓度的影响

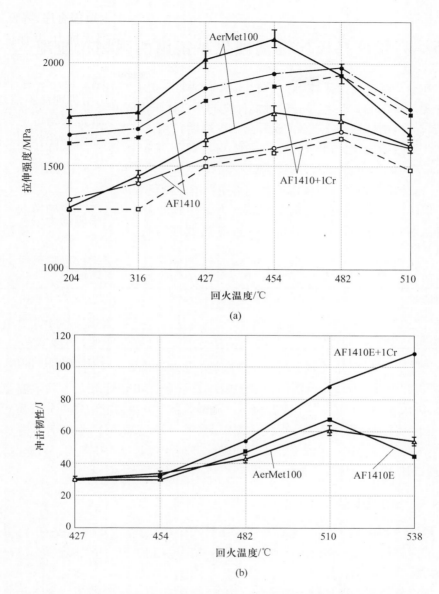

图 2 - 36 Cr 含量及回火温度对高 Co - Ni 钢力学性能的影响

（a）拉伸强度；（b）冲击韧性。

Mo 是形成 M_2C 的主要元素，Mo 含量的增加提高了二次硬化峰值硬度，同时提高屈服强度。AerMet100 钢中 Cr/Mo 是 2.4，既保证 M_2C 的正常析出，同时又不导致粗化。

2.6 高强度马氏体沉淀硬化不锈钢的强韧化机理

航空用高强度马氏体沉淀硬化不锈钢主要有 PH13 - 8Mo、15 - 5PH、17 - 4PH 等。PH13 - 8Mo 钢是一种性能优良的马氏体沉淀硬化不锈钢,具有优良的强度、韧性、耐蚀性和工艺性(成形性和焊接性),用于飞行器中重要的耐蚀承力构件。通过合金化与相变控制,可使马氏体不锈钢达到超高强度水平。如 AFC - 77 和 Ferrium S53,但尚未在航空工业中广泛应用。下面以 PH13 - 8Mo 为代表,分析高强度马氏体沉淀硬化不锈钢的强韧化机理。

PH13 - 8Mo 钢固溶及时效状态的力学性能见表 2 - 5。可见,固溶状态钢的强度较低,韧性和塑性很高。经过时效处理,强度显著提高,韧性和塑性降低。

表 2 - 5 PH13 - 8Mo 钢固溶及时效状态的强韧性能[1]

热处理状态	σ_b/MPa	$\sigma_{P0.2}/MPa$	$\delta_4/\%$	$\psi/\%$	A_{KV}/J
固溶(A)	1103	827	17	65	81.4
时效(H540)	1482	1413	13	55	40.7

PH13 - 8Mo 钢热处理工艺对强韧性能的影响如图 2 - 37 所示[48]。可见,固溶温度在 900℃ ~935℃ 范围内,钢的强度、塑性和冲击韧性较好。固溶温度过高时,奥氏体晶粒粗大,影响冲击韧性。随时效温度升高,强度、硬度先升高后降低,冲击韧性先降低后升高,断裂韧度在 510℃ ~560℃ 范围内呈上升趋势。在 500℃ ~560℃ 范围内,出现强烈的沉淀硬化效应。经过 925℃ 淬火,540℃ 时效,钢的强韧性能配合优异。

2.6.1 强化机理

PH13 - 8Mo 钢固溶处理后得到板条马氏体组织,经过不同温度时效,得到不同的强韧性配合。钢的主要强化机理为马氏体相变产生的固溶强化、位错强化和时效产生的沉淀强化。

钢固溶处理后得到超低碳马氏体组织,亚结构为高密度的位错。合金元素 Cr、Ni、Mo 置换固溶于马氏体基体中,产生一定的固溶强化效果,由于 C 含量很低(≤0.05%),因此,固溶强化作用较小。马氏体相变产生的高密度位错具有应变硬化效应,提高了马氏体的强度。

Guo 等采用三维原子探针技术研究了 PH13 - 8Mo 钢时效过程中沉淀相的精细结构[49]。结果表明,在 510℃ 保温 40min 或 593℃ 保温 6min,在 α - Fe 基体

74

中可观察到沉淀相。沉淀相中聚集 Ni 和 Al。随着时效时间延长,Ni 和 Al 含量增加,但其成分与 NiAl 相仍有较大差距。时效温度不同,沉淀相的形状不同。未发现在沉淀相和马氏体界面存在 Mo 的偏聚。

NiAl 是具有 B2 型结构的有序相,具有一般沉淀相的形成规律,即形核、共格析出和聚集长大失去共格三个阶段。即使在 525℃ 长期回火,NiAl 仍与基体保持共格。这是因为 NiAl 与基体的点阵错配度很低,按照 Brooks 共格几何模型,NiAl 尺寸长大到 150nm 时仍保持共格[1]。600℃,4h 回火,NiAl 沉淀相的电子显微组织如图 2-38 所示[50]。

NiAl 相产生强烈的沉淀强化效应,如图 2-37 所示[48]。由表 2-5 可知,PH13-8Mo 钢固溶状态屈服强度为 827MPa,540℃ 时效状态屈服强度为 1413MPa,NiAl 相的沉淀强化使钢的屈服强度增加了 586MPa。

Seetharaman 等研究表明[50],PH13-8Mo 钢中 NiAl 相的沉淀强化效应包含了共格强化、模量强化和有序强化三种强化机理。

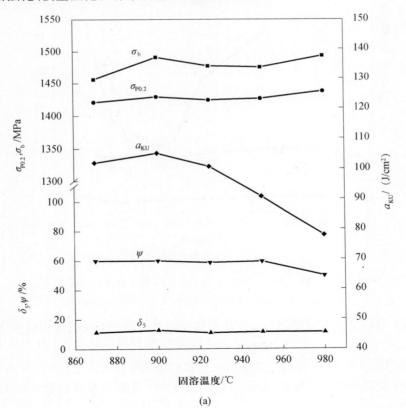

(a)

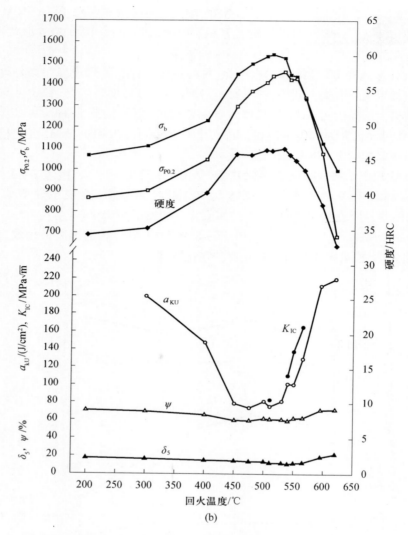

图 2 - 37　热处理工艺对 PH13 - 8Mo 钢强韧性的影响

(a) 固溶温度对强韧性的影响；(b) 时效温度对强韧性的影响。

(1) 共格强化。沉淀相与马氏体基体间的共格效应引起的剪切应力增量为

$$\Delta\tau_{coh} = 4.1G\varepsilon^{3/2}f^{1/2} \qquad (2 - 39)$$

式中：G 为剪切模量；ε 为错配度；f 为沉淀相的体积分数。

(2) 模量强化。沉淀相与马氏体基体切变模量的差异引起剪切应力增量 $\Delta\tau_{Mod}$ 为

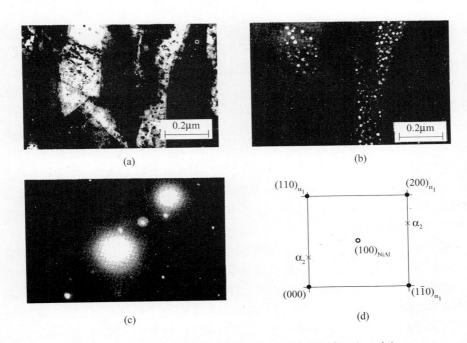

图 2 – 38　PH13 – 8Mo 钢中的 NiAl 沉淀相(600℃,4h 回火)

(a) 明场像;(b) 暗场像;(c) 衍射谱;(d) 标定。

$$\Delta\tau_{\text{Mod}} = \frac{\Delta G}{4\pi^2}\left(\frac{3\Delta G}{Gb}\right)\left\{0.8 - 0.143\ln\left(\frac{r}{b}\right)\right\}r^{\frac{1}{2}}f^{\frac{1}{2}} \qquad (2-40)$$

式中:$\Delta G = G_{\text{基体}} - G_{\text{沉淀相}}$;$b$ 为位错柏氏矢量;r 为沉淀相平均半径。

(3) 有序强化。沉淀有序结构引起的剪切应力增量为

$$\Delta\tau_{\text{order}} = A\gamma^{\frac{3}{2}}T^{-\frac{1}{2}}b^{-1}f^{\frac{1}{2}}r^{\frac{1}{2}} - \frac{\gamma f^{\frac{1}{2}}}{2b} \qquad (2-41)$$

式中:A 按照 Brown 和 Ham 计算值为 0.51;γ 为位错切过沉淀相所形成的新表面的比表面能;T 为位错的线张力。对于非常细小的沉淀相质点,剪切应力增量可表示为

$$\Delta\tau_{\text{order}} = 0.2\gamma^{\frac{3}{2}}T^{-\frac{1}{2}}b^{-1}f^{\frac{1}{3}}r^{\frac{1}{2}} \qquad (2-42)$$

因此,NiAl 相析出所产生的的剪切强度增量为

$$\Delta\tau_{\text{tot}} = \Delta\tau_{\text{coh}} + \Delta\tau_{\text{Mod}} + \Delta\tau_{\text{order}} \qquad (2-43)$$

2.6.2　韧化机理

PH13 – 8Mo 钢固溶处理后形成超低碳高 Ni 型位错马氏体。众所周知,碳

原子在马氏体中具有强烈的间隙固溶强化作用,但同时也会降低钢的韧性和塑性。将 PH13 – 8Mo 钢中 C 含量控制在 0.05% 以下,保证钢中存在大量的可动位错,在产生应力集中时,可通过局部塑性变形使应力得以松弛。因此,超低碳马氏体韧性和塑性良好,可以抵抗较大的应力集中。经过时效处理后,弥散析出的沉淀相阻碍了位错的长程运动,但可动位错的短程运动仍然是可能的,因而时效硬化后仍具有良好的韧性和塑性[51]。过渡族金属元素 Ni、Cr、Mo、Al 的置换固溶强化作用虽弱,但对韧性危害也小,在提高强度的同时,对韧性降低不大。高密度位错亚结构一方面产生位错强化,另一方面由于滑移系较多,且无碳原子钉扎,塑性变形能力优良。此外,Ni 是提高钢韧性必不可少的元素,高的 Ni 含量具有明显的抑制解理断裂的作用,Ni 的作用将在下节中详细列出。总之,PH13 – 8Mo 钢超低碳高 Ni 型位错马氏体是钢具有良好韧性的重要保障。

　　Garrison 等[52]研究了 PH13 – 8Mo 钢中奥氏体的热稳定性和机械稳定性,如图 2 – 39 所示。淬火组织中残余奥氏体含量约为 7%,残余奥氏体热稳定性很高,在时效过程中不易分解。在 500℃ 以下时效,钢中未发现逆转变奥氏体。高于 500℃ 时效,奥氏体含量增加,说明时效过程中形成了逆转变奥氏体。随时效时间延长(1h ~ 100h),逆转变奥氏体含量增加,机械稳定性增强。510℃ ~ 620℃ 时效后,钢中的残余奥氏体包括淬火残余奥氏体和时效逆转变奥氏体。图 2 – 39 还表明,应变导致奥氏体向马氏体转变。逆转变奥氏体的机械稳定性高于淬火残余奥氏体。逆转变奥氏体的形成,提高了钢的韧性。

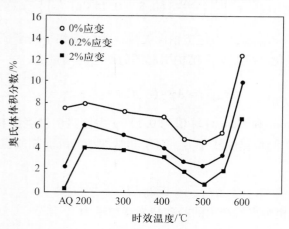

图 2 – 39　时效温度和应变量对 PH13 – 8Mo 钢中残余奥氏体含量的影响

2.6.3　合金元素的作用

　　PH13 – 8Mo 钢的主要化学成分为:12.25% ~ 13.25% Cr、7.5% ~ 8.5% Ni、

2.0% ~2.5% Mo、0.90% ~1.35% Al、≤0.05% C,其余为 Fe 和杂质元素。

Cr:①Cr 是提高不锈钢耐蚀性的基本元素。②Cr 稳定铁素体,降低 M_s 点,提高淬透性。Cr、Ni 当量的合理配合可保证淬火得到完全马氏体组织。③提高回火抗力,以保持位错强化和固溶强化效应。④长时间回火过程中 Cr 可进入 Laves 相和 Chi – 相($Fe_{36}Cr_{12}Mo_{10}$)中,起沉淀强化作用,但效果较弱。

Ni:①稳定奥氏体,提高淬透性,降低 M_s 温度。②形成 NiAl 沉淀强化相。③形成超低碳 Fe – Ni 马氏体,Ni 提高层错能,减小位错宽度,使交滑移易于进行,同时 Ni 降低位错与杂质间交互作用的能量,使马氏体中存在更多的可动螺型位错,从而改善塑性和韧性,降低解理断裂倾向[7]。④Ni 降低 A_s 点,促进回火时逆转变奥氏体的形成。⑤产生固溶强化作用。

Mo:①稳定铁素体,增加淬透性。②产生固溶强化作用。③在高温回火时形成 Ni_3Mo 或 Ni_4Mo 相,提高抗软化能力。是否形成 Fe_2Mo 相产生沉淀强化作用,有待进一步研究。

Al:①回火时形成细小弥散的 NiAl 沉淀相,产生沉淀强化效应。②形成 AlN 相,细化奥氏体晶粒,产生细晶强韧化。

参 考 文 献

[1] 赵振业. 合金钢设计[M]. 北京:国防工业出版社,1999.

[2] 哈宽富. 金属力学行为的微观理论[M]. 北京:科学出版社,1983.

[3] Rice J R,Thomson R. Ductile versus brittle behaviour of crystals[J]. Phil. Mag. ,1974,29(1):73 –93.

[4] Rice J R. Dislocation nucleation from a crack tip:an analysis based on the peierls concept[J]. J. Mech. Phys. Solids,1992,40(2):239 –271.

[5] Ohr S M. An electron microscope study of crack tip deformation and its impact on the dislocation theory of fracture[J]. Mater. Sci. Eng. ,1985,72(1):1 –35.

[6] 黄孝瑛. 材料微观结构的电子显微学分析[M]. 北京:冶金工业出版社,2008.

[7] 俞德刚. 钢的强韧化理论与设计[M]. 上海:上海交通大学出版社,1990.

[8] 俞德刚. 钢的组织强度学[M]. 上海:上海科学技术出版社,1983.

[9] 雍岐龙. 钢铁材料中的第二相[M]. 北京:冶金工业出版社,2006.

[10] 冯端. 金属物理学 第三卷. 金属力学性质[M]. 北京:科学出版社,1999.

[11] Gladman T. Precipitation hardening in metals[J]. Mater. Sci. Tech. ,1999,15:30 –36.

[12] 贺自强. 超高强度不锈钢强韧化与相变控制[D]. 北京:北京航空材料研究院,2008.

[13] 胡赓祥,钱苗根. 金属学[M]. 上海:上海科学技术出版社,1980.

[14] 安运铮. 热处理工艺学[M]. 北京:机械工业出版社,1988.

[15] 徐祖耀. 马氏体相变与马氏体[M]. 2 版. 北京:科学出版社,1999.

[16] 刘云旭. 金属热处理原理[M]. 北京:机械工业出版社,1981.

[17] 周惠久,黄明志. 金属材料强度学[M]. 北京:科学出版社,1989.

[18] Naylor J P, Blondeau R. The respective roles of the packet size and the lath width on toughness[J]. Metall. Trans. A,1976,7:891 – 894.

[19] Kiedssling R. Non – metallic inclusions in steel[M]. London:Metal Society,1978.

[20] Brooksbank D, Andrews K W. Thermal expansion of some inclusions found in steels and relation to tessellated stresses[J]. Journal of the Iron and Steel Institute,1968,6:595 – 599.

[21] Garrison Jr W M. Controlling Inclusion Distributions to achieve high toughness in steels[J]. Iron & Steel Technology,2007,4(5):132 – 139.

[22] 上海钢铁研究总院. 国外超高强度钢[M]. 上海科学技术情报研究所,1992.

[23] Garrison Jr W G, Maloney J L. Lanthanum additions and the toughness of ultra – high strength steels and the determination of appropriate lanthanum additions[J]. Mater. Sci. Eng. A,2005,403:299 – 310.

[24] Handerhan K J, Garrison Jr W G, Moody N R. A comparison of the fracture behavior of two heats of the secondary hardening steel AF1410[J]. Mater. Trans. A,1989,20:105 – 123.

[25] Handerhan K J, Garrison Jr W M. Effects of rare earth additions on the mechanical properties of the secondary hardening steel AF1410[J]. Scripta Metall,1988,22:409 – 412.

[26] Iorio L E, Garrison W M. The effects of Titanium additions on AF1410 ultro – high – strength steel[J]. Metall. Mater. Trans. A,2006,37:1165 – 1173.

[27] Garrison W M, Mooky N R. The influence of inclusion spacing and microstructure on the fracture toughness of the secondary hardening steel AF1410[J]. Metallurgical Transactions,1987,18A(7):1257 – 1265.

[28] Handerhan K J, Jr Garrison W M. Effects of rare earth additions on the mechanical properties of the secondary hardening steel AF1410[J]. Scripta Metallurgica,1988,22(3):409 – 412.

[29] 中国航空材料编辑委员会. 航空材料手册:结构钢不锈钢[M]. 北京:中国标准出版社,2000.

[30] 中国材料工程大典编委会. 中国材料工程大典:钢铁材料工程:下册[M]. 北京:化学工业出版社,2006.

[31] Cunderson A, Setlak S T, Brown W F. Aerospace Structural Metals Handbook[M]. 40th ed. West Lafayette:Cindas LLC,2007.

[32] 胡光立,康沫狂,华文君. 回火对40CrMnSiMoV钢贝氏体等温淬火后参与奥氏体稳定性的影响[J]. 西北工业大学学报(增刊),1990:112 – 120.

[33] 胡光立,刘正堂,康沫狂. 几种结构钢的回火贝氏体脆性[J]. 西北工业大学学报(增刊),1990:127 – 132.

[34] 贺自强. 准贝氏体钢的渗碳特性及渗碳工艺[J]. 热加工工艺,2002,(1):15 – 17,20.

[35] 凌斌. 高合金超高强度钢的微观组织及强韧化机制的研究[D]. 北京:北京航空材料研究院,1996.

[36] Ayer R, Machmeier P M. Transmission electron microscopy examination of hardening and toughening phenomena in Aermet 100[J]. Metall. Trans. A,1993,24:1943 – 1955.

[37] Ayer R, Machmeier P. On the characteristics of M_2C carbides in the peak hardening regime of AerMet100 steel[J]. Metallurgical and Materials Transactions A,1998,29:903 – 905.

[38] Hu Z, Wu X. High resolution electron microscopy of precipitates in high Co – Ni alloy steel[J]. Micron,2003,34:19 – 23.

[39] Lee H M, Sohn H, Yoo C H. Isothermal M_2C carbide growth in ultrahigh strength high Co – Ni steels[J].

Scripta Materialia,1997,37(12):1931 – 1937.

[40] 李杰. 高 Co – Ni 超高强度钢的微观组织与强韧化[D]. 北京:北京航空材料研究院,2008.

[41] 郭峰. 稀土夹杂物对高 Co – Ni 超高强度钢断裂韧度和微观力学行为的影响[D]. 北京:北京航空材料研究院,2008.

[42] 郭峰. 夹杂物体积分数和平均间距对高 Co – Ni 超高强度钢断裂韧度的影响[J]. 航空材料学报,2008,28(4):17 – 21.

[43] Garrison Jr W M,Moody N R. The influence of inclusion spacing and microstructure on the fracture toughness of the secondary hardening steel AF1410[J]. Metallurgical Transactions,1987,18A(7):1257 – 1265.

[44] Handerhan K J,Garrison W M,Jr. ,Moody N R. A comparison of the fracture behavior of two heats of the secondary hardening steel ĀF1410[J]. Metallurgical Transactions,1989,20A(1):105 – 123.

[45] Garrison Jr W M,Maloney J L. Lanthanum additions and the toughness of ultra – high strength steels and the determination of appropriate lanthanum additions[J]. Materials Science and Engineering,2005,403(8):299 – 310.

[46] Nabeshima S, Ando K, Nakato H, et al. Effect of aluminum and rare – earth metal concentration on the composition of inclusion in Si – Mn killed steel[A]. 84th Steelmaking Conference Proceedings[C],Warrendale:Iron and Steel Society,2001.

[47] Ayer R,Machmeier P M. Microstructure basis for the effect of Chromium on the strength and toughness of AF1410 – based high performance steels[J]. Metall. Mater. Trans. A,1996,27:2510 – 2517.

[48] 刘天琦,支敏学,朱杰远,等. 热处理制度对 0Cr13Ni8Mo2Al 钢组织和性能的影响[J]. 材料工程,2002,(5):1 – 4.

[49] Guo Z,Sha W,Vaumousse D. Microstructural evolution in a PH13 – 8 stainless steel after aging[J]. Acta Materialia 2003,51:101 – 116.

[50] Seetharaman V,Sundaraman M,Krishnan R. Precipitation hardening in a PH13 – 8Mo stainless steel[J]. Materials Science and Engineering,1981,47:1 – 11.

[51] 章守华,吴承建. 钢铁材料学[M]. 北京:冶金工业出版社,1992.

[52] Garrison Jr W M,Brooks J A. The thermal and mechanical stability of austenite in the low carbon martensitic steel PH 13 – 8[J]. Materials Science and Engineering A 1991,149(1):65 – 72.

第3章　航空超高强度钢的冶金技术

3.1　概述

随着航空超高强度钢向强韧化方向发展,人们对塑性、韧性的要求不断提高。强韧化理论和合金设计技术的进步构成了超高强度钢发展的基础,冶金技术进步也是支撑航空超高强度钢发展的重要技术。本章着重介绍精钢材的制备过程、真空感应熔炼技术和真空自耗熔炼技术等,这些既是航空超高强度钢冶金技术近些年来发展的主要方面,也是未来航空超高强度钢技术发展的重点之一。

关于纯净钢的概念,目前主要有两种看法:一种是指钢中全氧含量和夹杂物水平很低的钢;二是指钢中 H、O、N、S、P(有时包括 C)含量很低的钢,钢中 $[O]$ + $[H]$ + $[N]$ + $[P]$ + $[S]$ < $80 \times 10^{-6[1,2]}$。对于高纯净度的航空用钢,其他杂质元素应满足 Sn < 0.0005% ~ 0.001%,Sb < 0.0005% ~ 0.001%,As < 0.0005% ~ 0.001%,Pb < 0.0001% ~ 0.0002%,Bi < 0.0001%,夹杂物总量小于或等于 0.015%[3]。随着冶金工艺和设备的进步,目前,不少学者将超纯净钢定义为 $[C]$ + $[O]$ + $[H]$ + $[N]$ + $[P]$ + $[S]$ < 40×10^{-6},并提出了"零夹杂钢"的概念和制备工艺[4,5]。

20 世纪 70 年代,我国仅有电炉和转炉,钢的冶金质量处于较低水平。随着国内钢厂从国外引进新的设备与技术,试生产出我国第一炉超高强度钢 30CrMnSiNi2A,棒材全部达到了技术标准要求,S、P 能够达到小于 0.010% ;90 年代以来,我国航空优质轴承齿轮钢 M50NiL、高合金超高强度钢和马氏体时效系列不锈钢试制成功,杂质元素含量满足 $[O]$ + $[H]$ + $[N]$ + $[P]$ + $[S]$ < 50×10^{-6}。

3.2　超纯净钢的冶炼

在 20 世纪 80 年代我国一般采用电炉生产低杂质含量的纯铁,到了 90 年代逐步采用电炉 + 炉外喷粉技术生产低 S、P 的纯铁。在电炉中通过氧化期和还原期进行脱 S、P 操作,达到较高的纯净度水平。随着冶金技术与设备水平的不断提高,到 90 年代末期,采用电炉 + 炉外精炼工艺,生产出了 $[O]$ + $[H]$ + $[N]$ + $[P]$ +

$[S] \leq 60 \times 10^{-6}$ 的工业纯铁。

3.2.1 电炉初炼

碱性电弧炉氧化法冶炼是最基本的冶炼方法,它可以使用各种废钢冶炼出高质量的合金钢。氧化法冶炼可以脱 P、脱 C,降低钢中的 H 和 N,脱 O、脱 S,降低钢中的氧化物和硫化物夹杂。电炉炼钢的基本流程是:配料—补炉—装料—熔化期—氧化期—还原期—出钢。

(1)配料。废钢是炼钢生产中的基本原料。配料不准会造成不应有的损失,从生产实践得出的计算废钢配入量的关系式为:钢液重量(t) = 钢铁料 + 各种铁合金 + 铁矿石 × 46% - 熔损。

(2)补炉。炉衬是指炉壁、炉底和炉顶,寿命最低的是炉壁,因为它的工作条件最差,距电弧近、温度高,又受炉渣的严重浸蚀。在补炉时关键是要高温薄补,一般厚度在 30mm 左右。

(3)装料。装料对熔化时间、合金元素烧损和炉衬寿命有很大的影响。装料应做到快和密实,以缩短冶炼时间和减少热损失。装料次序为:首先装入石灰,为料重的 1% ~ 2%,石灰块度应小于 60mm。然后加入小料和轻薄料,上面加入大废钢(在电极下方的高温区内),大废钢周围放中型废钢,在炉壁处和大料上面放小料。

(4)熔化期。主要目的是将固体炉料熔化成液体,以便在氧化期和还原期改变钢液的成分,去除有害的杂质 H、O、N、S、P,并清除钢中的非金属夹杂物。在熔化期还应减少钢液吸收气体,去掉部分 P 和 S,去掉料中的 Si、Mn、Al 等元素。

熔化期操作主要是合理供电,适时吹氧和尽快造渣,这些操作是互相配合的,以达到快速熔化,并保证钢液成分达到氧化期的要求。

(5)氧化期。其目的是:①去除钢液中的 P;②去除钢液中的气体;③去除钢液中氧化物夹杂;④升高钢液温度;⑤氧化调整钢液的 C 含量。氧化期采用矿石氧化法,在加矿石前应充分搅拌钢液,取样分析全元素,并根据 C 含量估算氧化期应脱的 C 量;氧化期应脱的 P 含量。钢液温度大于或等于 1475℃,加入干燥的矿石进行氧化,并造较高碱度的氧化渣,控制 C 含量,并完成脱 P、脱气、脱除非金属夹杂、升温等任务。

(6)还原期。氧化末期钢液内还有较多的氧,去掉扒除的氧化渣外,在炉底、炉壁和渣线附近都有大量的氧化渣,在还原初期,炉渣加热时几乎全部都熔化进入还原渣内,这些钢渣中残存的不稳定氧化物的氧(FeO、Fe_2O_3、MnO)妨碍脱 S 和钢液调整成分,使还原期脱氧任务加重,因此脱氧是还原期的主要任务。

还原期的目的是:①脱除钢液中的 O;②去除钢液中的 S;③调整钢液成分到规定范围;④调整钢液温度到出钢温度。

还原期主要采用白渣法操作,对于超高强度用精钢材,一般采用电石渣法操作来完成脱 O、脱 S 的任务。白渣法操作主要是以碳粉、硅铁粉为主要还原剂,还原炉渣中的不稳定氧化物,渣中氧化铁(FeO)小于 1%,冶炼时间短;电石渣法操作是以碳粉作主要还原剂,它在炉内高温下和 CaO 起反应,为 CaO + 3C = CaC$_2$ + CO↑,溶在渣中的(CaC$_2$)脱 O 能力比 Si 大,所以炉渣的脱 O 能力强。

(7)出钢。只有满足以下条件才可以出钢:①化学成分均需要进入指标要求范围,补加的铁合金必须在熔融后才能出钢;②炉渣在出钢前,流动性良好,炉渣要白,出钢前 5min 不得向渣中加碳粉、硅粉,以防止出钢过程中增碳增硅。

3.2.2 炉外精炼

炉外精炼,就是把常规炼钢(转炉、电炉)时初炼的钢液倒入钢包或专用容器内,进行脱 O、脱 S、脱 C、去气、去除非金属夹杂物并调整钢液成分及温度,以达到进一步冶炼的炼钢工艺。国外称为二次冶炼、二次精炼和钢包冶金。

3.2.2.1 精炼方法种类

虽然各种炉外精炼方法各不相同,但是无论哪种方法都力争创造完成某种精炼目标的最佳热力学和动力学条件,使得现有的各种精炼方法在采用的精炼手段方面有共同之处。炉外精炼方法主要有:渣洗、真空(或气体稀释)、搅拌、喷吹和加热(调温)等五种。

(1)渣洗:将事先配好的合成渣倒入钢包内,借出钢时的钢流冲击作用,使钢液和合成渣充分混合,从而完成脱 O、脱 S 和去除夹杂等精炼任务。

(2)真空:将钢水置于真空室中,真空作用使反应向生成气体的方向移动,达到脱气、脱 O 和脱 C 等目的。

(3)搅拌:通过搅拌扩大反应界面,加速反应过程,提高反应速度。搅拌方法主要有吹氩搅拌、电磁搅拌。

(4)加热调节钢水温度是一种重要手段,加热方法主要有电弧加热法、化学热法。

(5)喷吹:将反应剂加入到钢液内的一种手段,喷吹的冶金功能取决于精炼剂的种类。可以完成脱 C、脱 S、脱 O、合金化和控制夹杂物形态等精炼任务。

一般精炼设备通常分为两类:一类是基本精炼设备,在常压下进行冶金反应,如 LF、AOD、CAS - OB 等,适用于大多数钢种;另一类是特种精炼设备,在真空下完成冶金反应,如 RH、VD、VOD 等,只适用于某些特殊要求的钢种。目前国内一般采用 LF + VD(LF + VHD/VOD)生产纯净钢或超纯精钢材。

3.2.2.2 LF 法

LF 法是日本大同特殊钢公司在 1971 年研发的,是在非氧化性气氛下,通过电弧加热、造高碱度还原渣,进行钢液的脱 O、脱 S、合金化等冶金反应,以精炼钢液。为了使钢液与精炼渣充分接触,简化精炼反应,除去夹杂,同时促进钢液温度和合金成分的均匀化,通常从钢包底部进行吹氩搅拌。

LF 炉的主要设备包括钢包、电弧加热系统、底吹氩系统、测温取样系统、控制系统、合金和渣料添加系统、扒渣炉位、喷粉及喂线工位、炉盖及冷却水系统。

LF 工艺在各个钢厂有各自不同的操作,形式多种多样。一般 LF 法的操作工艺流程是:初炼炉出钢—加造渣材料—钢包到准备位—测温—取样—加热造渣—扒渣—合金化—取样—测温—加保温剂—出钢转入下一工序。LF 精炼过程的主要操作有:吹氩操作,造渣操作,加热操作,脱 O,脱 S 操作,合金化操作等。

3.2.2.3 钢包真空脱气法

钢包真空脱气法简称 VD 法,它是向放置在真空室中钢包里的钢液吹氩精炼的一种方法。日本又称为 LVD 法。

VD 炉的主要设备有水环泵、蒸汽喷射泵、冷凝器、冷却水系统、过热蒸汽发生系统、窥视孔、测温取样系统、合金加料系统、吹氩搅拌系统、真空盖与钢包盖及其移动系统、真空室底坑、充氮系统、回水箱。

VD 炉的一般精炼工艺流程是:吊包入罐—吹氩—测温取样—盖真空盖—开真空泵—保持真空—破真空—测温取样—吹氩—吊包浇注。以下是工业纯铁的生产实例。

(1)LF 工艺。LF 到位按 0.12% 喂 Al 线,加 Fe – Si 块 2kg/t。采用 Si – C 粉或 SiC 脱 O,扩散脱 O 全程用 C 粉或 Si 粉进行以保持白渣,根据全分析结果,调整化学成分,出钢条件是:S≤0.001% ,喂 Al 线(考虑炉中)0.06% 。

(2)VD 精炼工艺。入罐前扒渣,渣厚≤80mm,入 VD 炉温度为 1650℃ ~ 1680℃ ;抽真空时真空度:≤ 100Pa,保持时间在 10min 以上;出罐温度为 1550℃ ~1580℃ ,取气体样;采用 Ar 气保护浇注 ϕ430mm、ϕ450mm 电极棒,取气体样。

由于常规 LF 法没有真空处理手段,如需要进行真空脱气处理,可在其后配备 VD 等真空设备。LF + VD 炉外精炼组合,LF 在常压下对钢水进行电弧加热、吹氩搅拌、合金化及碱性白渣精炼。VD 法进行钢包真空冶炼,其作用是钢水去气、脱 O、脱 S、去夹杂,促进钢水温度和成分的均匀化。采用 LF + VD 的精炼方法生产的超纯净工业纯铁水平如表 3 – 1 所列。

表 3 – 1　LF + VD 生产的超纯净工业纯铁水平(%)

元素	C	Mn	Si	S	P	Al	Ti	Cu
	0.235	0.02	0.040	0.001	0.0032	0.003	0.001	0.04
	0.255	0.02	0.050	0.001	0.0025	0.005	0.002	0.04
含量	0.30	0.04	0.035	0.001	0.0030	—	0.002	0.04
	0.20	0.04	0.013	0.001	0.0030	—	0.003	0.04
	0.29	0.025	0.020	0.001	0.0034	—	0.002	0.04

3.2.3　真空感应熔炼技术

3.2.3.1　感应炉的基本原理

1. 感应炉的基本电路

利用交变电流作用到感应线圈产生交变磁场,交变磁场在炉料上感应出交变的电流——"涡流",炉料就是靠"涡流"加热并熔化的。真空感应加热的基本模型示意图如图 3 – 1 所示。

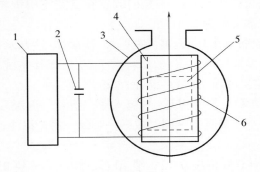

图 3 – 1　真空感应加热基本模型
1—电源;2—电容器;3—真空室;4—坩埚;5—金属材料;6—感应器。

感应炉按感应方式可以分为:有芯(铁芯)感应炉和无芯感应炉;按电源工作频率可以分为:工频(50Hz 或 60Hz)感应炉、中频(150Hz～10000Hz)感应炉和高频(10kHz～300kHz)感应炉;按气氛可以分为:真空感应炉和非真空感应炉。

在特殊钢冶炼感应炉中发展最为活跃的是无芯感应炉,尤其是中频无芯感应炉,无芯感应炉没有电弧、等离子等高温热源接触加热。相同标定容量的电炉(EAF)冶炼的金属损失为 5%,而无芯感应炉仅有 1%。无芯感应炉的噪声很小,远低于 EAF 和其他冶炼设备,这是由其加热特点决定的。无芯感应炉的非接触加热方式不但可以空出炉顶的工位,而且加热不受钢表面状况的影响,其温

86

度控制精确。使用无芯感应炉冶炼，在加热、冷却、加合金料等操作过程中，一直可保持有电磁搅拌，这就保证了均匀的物理化学条件，这是电弧加热和等离子加热及吹氧所不能及的。

感应炉加热和熔化金属的方法是利用电磁感应在金属内部形成的感应电流来加热和熔化金属。感应炉由变频电源、电容器、感应线圈和坩埚中的金属炉料等组成基本电路。

变频电源将工频电增频到 150Hz ~ 200000Hz，并把这种电流输送到由感应圈与电容器组成的回路中。感应线圈是用铜管绕成的螺旋形线圈，铜管通水进行冷却。变频电流通过感应线圈时使坩埚中的金属炉料因电磁感应而产生感应电流。利用这种电流把炉料加热、熔化。

感应线圈设计时应考虑以下几个方面：①感应器应满足电工要求、机械要求、水冷要求、绝缘要求；②感应器都是采用空心紫铜管绕制而成，空心中通冷却水。紫铜管的断面形状采用轧制管；③对感应器进行绝缘处理，目前多采用有机硅绝缘漆和玻璃丝布带、聚四氯乙烯带进行包裹和涂漆；④感应器安放位置：因电动力较小，所以感应器要尽量往上提，以加强其搅拌作用，为此感应器上缘应在钢液面之上，感应器下缘要处于坩埚底之下，一般把坩埚置于感应器最下面的 1 匝 ~ 2 匝之间的位置。由电容器和感应线圈组成的振荡回路是感应炉电路中的重要组成部分。

2. 感应炉的基本工作原理

感应炉工作的基本原理是基于电磁感应原理和电流热效应原理。也就是说，电磁感应使金属炉料内产生感应电流，感应电流在金属炉料中流动时因电阻而产生热量，使金属炉料加热和熔化。

法拉第电磁感应定律是描述电磁之间关系的重要物理学定律，是感应加热的理论基础。

法拉第电磁感应定律的数学表示形式为

$$E = (\Delta\Phi / \Delta t) N \times 10^{-8}$$

式中：E 为闭合回路中的感应电动势（V）；N 为螺旋线圈匝数；$(\Delta\Phi / \Delta t)$ 为磁通量变化率，每秒钟切割磁力线数目，$\Delta\Phi = HS \times 79.57$；$H$ 为磁场强度（A/m）；S 为螺旋线圈包围的空间的横断面面积（cm^2）。

当感应电流在闭合回路内流动时，自由电子要克服各种阻力，于是，必须消耗一部分能量做功，就是要克服导体的电阻，使一部分电能转换成热能。感应电流具有的这种热效应，可使闭合回路中导体的温度升高，进而熔化金属炉料。

电流的热效应——焦耳楞次定律：电流通过导体所散发的热量与电流的平

方、导体的电阻和通电时间成正比。用公式表示为

$$Q = I^2 Rt$$

式中：I 为通过导体的电流（A）；R 为导体的有效电阻（Ω）；t 为通电时间（s）。

感应电流在炉料中的分布服从集肤效应。交变频率的电流通过导体时，电流沿导体的横断面分布是不均匀的。电流密度由表面向中心依次减弱，即电流有趋于导体表面的现象，这种现象称为电流的集肤效应。

钢液处于交变磁场中时所产生的感应电流也是沿金属熔池的外侧聚集分布的。交变电流通过感应线圈的某一瞬间会产生磁场，从熔池中心纵断面看，由于两侧感应线圈上的电流方向相反，在熔池内形成的磁力线方向是同向的。金属熔池中央的磁通量最大，向侧面依次减弱。因此产生的感应电动势是中央最高，向两侧依次降低，金属熔池的感应电流则从中央向外侧流动，于是就出现了感应电流集聚到外侧的集肤效应。

3.2.3.2　真空感应炉介绍

真空感应炉的发展可以追溯到 20 世纪 20 年代，大约在 1926 年，德国安装了两台 4t 的真空感应炉，并投入工业应用。50 年代末以后，在军工尤其是航空工业的需求牵引下，要求大量的高强度耐高温合金材料，真空感应炉得到了较快的发展。到 60 年代，已有最大容量约 15t 的庞大的真空感应炉安装在美国[6]。目前国内最大的真空感应炉容量为 12t，最大的钢锭直径是 ϕ920mm。各种典型的真空炉的相关情况如表 3 – 2 所列[7]。

表 3 – 2　典型真空感应炉参数

序号	炉容量/t	电源主要参数	建造年份	国家
1	10	1500kW 150Hz	1966	英国
2	6/12	1500kW 150Hz	1968	英国
3	15	4200kW 60Hz	1969	美国
4	12	3000kW 180Hz	1975	美国
5	30/15/7.5	6000kW 50Hz	1976	俄罗斯
6	10	3600kW 180Hz	1980	美国
7	25	6000kW 50Hz	1980	俄罗斯
8	15	3000kW	1983	美国
9	10	1700kW 250Hz	1997	日本
10	25	3000kW 60Hz	1994	日本
11	18	2400kW 250Hz	1994	德国
12	20	5000kW 180Hz	1996	美国
13	12	3500kW 150Hz ~ 400Hz	2005	中国

真空感应炉是生产特殊钢、精密合金、高温合金、耐蚀合金的重要冶炼设备。根据用途的不同可分为以下三种类型。

（1）铸造用真空感应炉。利用初炼母合金在真空下重熔，并浇注成铸件。这种炉子要求熔化速度快、真空度高，通常容量在50kg以下，功率配置高。

（2）冶炼用真空感应炉。利用原材料直接熔化精炼合金，并浇注成钢锭或供二次精炼或重熔用的自耗电极棒。这类炉子是真空感应炉的主导炉型。炉子容量从10kg至几十吨，操作和冶炼功能要求比较高，是重要的真空冶炼工具。

（3）精炼用真空感应炉。将熔化任务分离给非真空炉完成，把初炼钢液转注到真空感应炉内，继续进行合金化、精炼和浇注等工序。

3.2.3.3　真空感应炉用原材料

真空感应炉冶炼用原材料主要有精钢材、铁合金、纯金属等。选用合格的原材料对控制真空感应炉的冶金质量是至关重要的环节。真空感应炉冶炼对原材料的要求有：①化学成分应准确而稳定。化学成分是进行配料计算和控制成品质量的基础。对购入的原材料应按照规定的方法进行取样分析。②清洁、少锈蚀、无油污。锈蚀和油污是钢中气体的来源之一。对有油污和锈蚀的、含有水分的原材料应进行相应处理。③合适的料块尺寸。添加的料块尺寸与坩埚尺寸和电源频率相关，一般地，合金料块尺寸与电源频率的对应关系如表3－3所列。

表3－3　合金料块尺寸与电源频率的关系

电源频率/Hz	50	150	400	1000	2500	4000	8000
料块直径/mm	219~438	126~252	77~154	48~96	30~60	24~48	18~36

3.2.3.4　真空感应炉冶炼的特点

真空感应炉冶炼是在负压条件下进行加热、熔化、精炼、合金化和浇注的冶炼方法。由于全部冶金过程是在与大气隔离的条件下进行的，因此就避免了大气对钢液的污染。钢液在真空下精炼，能显著地提高其纯度并能准确控制钢的化学成分。真空感应炉冶炼与其他冶炼方法对比，具有以下优势和特点。

1. 精确控制化学成分

真空感应炉冶炼的重要功能就是能够精确控制钢的化学成分，特别是 Al、Ti、B、Zr 等合金元素的含量可控制在很窄的范围之内，包括对百万分之一数量级易蒸发微量元素的控制。材料性能波动范围的大小，取决于化学成分的波动范围。目前，重要的钢与合金都要求得到理想的目标成分。只有采用真空感应炉熔炼，才能准确地控制其含量范围，以满足一些特殊产品的性能要求。

真空感应熔炼某钢种的化学成分统计结果如表 3-4 所列。冶炼真空度为 0.5Pa ~ 2Pa,从中可以看出,元素 C 含量波动范围小于 ±0.01%,Al、Ti 的波动范围小于 0.005%,这种控制精度是其他冶炼方法难以达到的。

表 3-4　真空感应熔炼某钢种的化学成分统计结果(%)

成分	含量		
	最大值	最小值	平均值
Al	0.015	0.008	0.010
Ti	0.015	0.005	0.009
C	0.165	0.154	0.161
Ni	10.11	10.07	10.08
Cr	2.04	1.98	2.00
Mo	1.01	1.05	1.03

2. 冶炼具有较高的纯净度

材料的纯净度同样是决定材料工艺性能和使用性能的重要因素。真空感应炉冶炼的钢中气体、非金属夹杂物和微量有害杂质的含量水平低于其他冶炼方法生产的钢。

(1) 真空感应炉冶炼钢中气体含量水平。由于真空感应炉内冶炼,O、N 等气体的分压很低,溶解在钢液中的气体会自钢液逸出并被抽出炉外除去,因而降低了钢中气体含量。表 3-5 中列举了真空感应炉、电炉生产 300M 钢的气体含量,对比结果可以看出,真空感应炉冶炼钢中的气体含量最低。

表 3-5　不同冶炼方法生产300M 钢气体含量(10^{-6})

冶炼方法	O	N
炉料	34	46
电炉 + 炉外精炼	17	22
真空感应炉	10	12

采用在真空条件下进行浇铸,避免了钢水的二次氧化和气体再吸附,有效地保证了钢材的质量。

(2)真空感应炉冶炼钢中非金属夹杂物水平。在真空条件下,碳具有很强的脱氧能力,其产物 CO 被抽至系统之外,克服了采用脱氧剂所产生的脱氧产物的污染,钢中不会有沉淀脱氧残留的氧化物夹杂。因此,真空感应炉冶炼的钢中非金属夹杂物数量低于其他冶炼方法。表 3-6 给出了不同冶炼方法生产钢中非金属夹杂物含量,数据表明,真空感应炉比其他方法冶炼钢中非金属夹杂物数量低。通过真空感应 + 真空自耗重熔制备的 23Co14Ni12Cr3MoE 钢中氧化物含量如表 3-7 所列。

表 3-6 不同冶炼方法生产钢中非金属夹杂物含量

视场个数	A		B		C		D	
	细	粗	细	粗	细	粗	细	粗
EAF + VAR	2	0	2	0	0	0	5	0
	2	0	2	0	0	0	6	0
VIM + VAR	1	0	2	0	0	0	2	0
	2	0	2	0	0	0	3	0

表 3-7 23Co14Ni12Cr3MoE 钢中氧化物夹杂的含量

种类	Al_2O_3	TiO_2	CaO	FeO
含量/%	0.000038	0.000002	0.000062	0.000063

（3）真空感应炉冶炼钢中有害杂质含量水平。真空感应炉内利用高真空下杂质元素的蒸发性，可以将有害杂质，如 Pb、Bi、Sn、As 等，降低至较低水平，减轻其危害程度。表 3-8 列举了真空感应炉生产 300M 钢时有害杂质的控制水平。

表 3-8 有害杂质含量的控制（%）

冶炼方法	有害杂质					
	As	Sn	Sb	Pb	Cu	Bi
电炉	0.003	0.003	0.0015	0.001	0.00024	0.08
真空感应炉	0.002	0.002	0.0010	0.0005	0.00024	0.02

（4）冶炼工艺的可调性强。真空感应炉冶炼的工艺条件，如真空度、温度、精炼时间、高真空保持时间、炉内气氛等，能够在较大的范围内进行调整，从而达到不同要求的效果。真空感应炉为冶金反应创造了良好的热力学和动力学条件。

① 真空提高了碳的脱氧能力。由于真空下碳氧反应，提高了碳的脱氧能力，为生产洁净钢、超低碳钢、还原金属氧化物等创造了条件。

② 在高温和高真空下脱氮和去除有害杂质的能力得到提高。利用高真空和高温度的匹配，可以使钢液中 Cr_2N、VN、NbN、AlN 等氮化物分解，从而降低了钢中的 N 含量。同时可以使钢中微量有害杂质蒸发去除。

③ 调整炉内压强以减少合金元素蒸发和氧化损失。利用炉内充入保护气体如氩气等，可以减少 Mn、Al、C 等元素的蒸发和氧化损失，精确控制这些元素在钢液中的氧化损失。

（5）低熔点有害杂质、微量元素及气体可被去除，还可以消除二次氧化；强

91

烈的搅拌速度可以加快反应速度,并使熔池内液态金属的温度和成分均匀。

(6)熔炼与铸造操作可控性强。

(7)不同熔炼批次的材料成分的再现性好,使材料的性能稳定一致。

(8)存在熔炼过程中坩埚耐火材料污染金属问题。

(9)合金铸锭或铸件的凝固组织不容易控制。这个问题可通过电磁冶金来解决。

3.2.3.5　真空感应冶炼的基本工艺

整个冶炼的基本工序有装料、熔化、精炼、合金化、出钢浇注等。详述如下。

1. 装料

目前我国真空感应炉的装料方式均采用冷料装炉,即采用由电炉初炼生产的纯净精钢材经过轧制成真空感应炉所需的尺寸的炉料。

对炉料的基本要求是:①化学成分清楚。②不得有锈蚀、油污,炉料要干燥。③金属料一般要求以纯金属为主,表面要经过除锈处理。装料要按照精钢材—金属料—精钢材的顺序,装料之后进行熔化。

2. 熔化

熔化期最基本的任务是使炉料顺利熔化,在此基础上实现脱 H、去除夹杂元素和有限的脱 C、脱 N。熔化初期在大功率下加热炉料,直到炉料开始熔化为止。在此期间炉料温度逐渐升高,炉料表面吸附的气体释放后进入炉气中并被排除至炉外。熔化初期的操作重点是保持最大功率供电加热炉料。熔化中期是指坩埚底部炉料开始熔化起,到大约80%炉料熔化为止,期间最重要的操作是:保持合理的熔化速度,维持钢液轻微的沸腾,避免钢液喷溅和防止炉料架桥。熔化末期的操作要点是:保证炉料全部熔化,提升钢液的温度,为冶炼进入精炼期创造条件。

真空感应熔炼的关键在于去气(N_2、H_2、O_2)。对于某些含有强氮化物形成元素(如 Al、Ti、Zr 等)的合金,冶炼时要求气体(主要是 N_2)含量低。实际工作表明,炉料中气体的绝大部分是在熔化期去除的[8]。所以熔化期的主要任务除了使炉料熔化外,另一个就是去除气体。熔化期开始时,熔池很浅,新的金属液面不断裸露在真空下,非常有利于气体的排除,从这个意义上来讲,熔化期熔化速度应缓慢,但在实际熔炼工作中,只能根据经验进行电能的输入,而无法知道去气程度与熔化速度的关系。如果熔化期供电功率过高,将导致熔化速度过快。由于炉料中气体未充分排除干净,在熔化过程中会造成合金液的大量喷溅,而且熔化期去气不彻底,则精炼期真空度较低,影响精炼效果。当供电功率小时,熔化速度缓慢,虽然能保证一定的去气量,但由于熔炼期时间过长,必然导致更大能耗损失,这在实际生产中也是行不通的。所以应选择适宜的供电制度,以保证炉料充分去气而又使炉料平稳快速熔化,达到既节能又保证质量的目的[11]。

3. 精炼

精炼期的主要任务是提高钢液的纯净度,为加入易氧化元素和微量有益元素创造条件。精炼期重点操作是:降低 C、O、N;去除微量有害杂质;调整钢的化学成分等,并为合金化创造必要的条件。为了实现精炼期的目的,必须选择合适的精炼工艺参数,包括精炼温度、真空度、保温时间、搅拌强度等。

4. 合金化

精炼后期结束后,钢液中 O、N、H 和微量元素的含量下降到最低水平,冶炼转入合金化阶段。合金化的主要任务是加入活泼元素和微量的有益元素并使其均匀化,精确调整化学成分和钢液温度;调整炉内氩气强度等,使其达到出钢的要求。

5. 出钢浇注

目前真空感应炉炉内钢液的浇注基本采用上注方法,在浇注时采用合适的挡渣坝,并采用低温中速进行浇注,避免电极棒的成分偏析出现。

3.2.3.6 真空感应炉冶炼的化学成分控制

真空感应冶炼的主要任务是获得理想的化学成分、提高钢的纯净度和得到致密的铸锭组织。理想的化学成分有以下几个方面:

(1)使合金化元素达到最佳成分范围。为了保证钢的性能要求,每一个钢种都规定了化学成分和每一种元素的含量范围。钢的性能会随着合金元素的上下限含量的波动而变化。为了使棒材的性能稳定,要求钢的化学成分控制尽量达到最佳的控制范围,最苛刻时甚至要求化学元素含量的点成分控制。

(2)使合金元素以有效的形式进入钢中。合金元素在钢中存在的形式有固溶状态、碳化物、氧化物、硫化物、氮化物、金属间化合物等形态。不同功能和用途的钢要求合金在钢中的存在形式不同。使合金元素有效进入钢中,涉及了很多的冶金技术问题。

(3)使钢中常规元素得到合理的控制。钢中常规元素 C、Si、Mn、P、S 应该得到合理控制。在低含金、中合金超高强度钢中,C、Si、Mn 是主要的强化元素,而 P、S 则是钢中的杂质元素,对钢的性能影响很大,应最大限度地从钢中去除。对于高合金超高强度钢,Si、Mn、S、P、Al、Ti 等则是钢中的杂质元素,要求含量越低越好;对于马氏体时效钢,C、Si、Mn、P、S 等是钢中的有害杂质元素,需要去除。

(4)控制有害元素的含量。一般而言,有害元素 Pb、Sn、Sb、As、Bi 在超高强度钢中没有明确的要求,但随着近年来产品质量要求越来越高,对材料的质量稳定性要求也越来越高,钢中的有害元素含量对钢的性能影响凸现出来,因此部分高端产品的配料已对五害元素规定了要求。

（5）在真空下冶炼，各合金元素的收得率不同，因此应采取相应的措施减少损失。各元素收得率控制要点是：

① C。作为钢中的主要元素，在配料时，应预先按照各钢种的不同要求进行配料，在熔化时，熔化期越长，其烧损量越大，因此在生产过程中可以通过取样，随时掌握钢中 C 含量，其差值可以进行同构补加的方式调整到要求的最佳范围。

② Ni。该元素是超高强度钢的主要元素之一，在钢中主要以原子状态溶解于固溶体中。Ni 是扩大 γ 相区的奥氏体形成元素。Ni 在钢中主要呈固溶状态，在 Ni 基合金中可形成 NiS、$Ni_3(Al,Ti)$ 化合物。Ni 在 $\gamma - Fe$ 中可无限固溶，在 $\alpha - Fe$ 中溶解度约为 10%。Ni 在钢中能够提高钢的强度、韧性和耐蚀性能。Ni 是以金属 Ni 加入钢中，在真空感应加料时，往往是在加入部分精钢材后再加入金属 Ni。

③ Co。其主要以原子状态溶解于 $\gamma - Fe$、$\alpha - Fe$ 中。Co 是扩大 γ 相区的奥氏体形成元素。Co 对钢主要起固溶强化作用，Co 在 $\gamma - Fe$ 中可以无限固溶，在 $\alpha - Fe$ 中溶解度也很高。Co 在钢中可以提高钢的强度和韧性，特别是提高高温热强性。在冶炼过程中加入的是金属 Co 板，一般在加入一部分精钢材后，再加入金属 Co。

④ Mo。它是扩大 α 相区的铁素体形成元素，Mo 能溶于 $\gamma - Fe$、$\alpha - Fe$ 中形成固溶体。Mo 在钢中主要以 MoC、Mo_2C、$M_{23}C_6$、M_6C（M 中含有 W、Mo、V、Cr）等碳化物的形态存在。

Mo 可以提高钢的热强性、高温韧性、耐蚀性、防止回火脆性等，在超高强度钢中有广泛的应用。Mo 在加热到 600℃ 时，就被氧化形成 Mo_3O 并开始蒸发。1150℃ 时 Mo_3O 的蒸气压达到了 0.1MPa，因此在熔化期 Mo 就开始蒸发，造成 Mo 的损耗。因此在真空感应炉装料时一般在熔化后期加入。

⑤ Cr。它是扩大 α 相区的铁素体形成元素，Cr 在 $\alpha - Fe$ 中可以无限溶解，在 $\gamma - Fe$ 中的溶解度为 12.8%，Cr 在钢中以固溶状态和碳化物形式存在。Cr 对钢起到固溶强化和碳化物的强化作用，从而提高了钢的强度。Cr 还能够改善钢的高温抗氧化性能和耐蚀性。低合金超高强度钢中 Cr 能够提高淬透性；在高合金超高强度钢中可以提高抗氧化性和屈服强度，Cr 是重要的、用途最广的合金元素。

在冶炼超纯净超高强度钢时，为了防止其固定钢中的 N 元素，一般在熔化末期加入 Cr。

⑥ Si。它是扩大 α 相区的铁素体形成元素，能固溶于 $\gamma - Fe$ 和 $\alpha - Fe$ 中，在钢中以固溶状态存在，对铁素体和奥氏体起固溶强化作用，能提高钢的强度，

改善抗氧化性和耐蚀性。Si 是钢中常规五元素之一。

一般在真空感应冶炼过程中，在装料时加入，一般加入 Si-Fe。

⑦ Mn。它是扩大 γ 相区的奥氏体形成元素，Mn 形成和稳定奥氏体的能力仅次于 Ni。Mn 与铁形成固溶体并使 γ-Fe、α-Fe 得到强化。Mn 的固溶强化作用比 C、Si 弱，强化作用不明显。Mn 的碳化物能溶入渗碳体，可以间接提高珠光体强度，增加其淬透性。

一般 Mn 以锰铁、金属 Mn 的形式加入钢中，由于 Mn 的蒸气压较低，因此在真空下应在出钢浇注前加入；或者在充氩的情况下加入，提高 Mn 的收得率。

⑧ V。它是扩大 α 相区的铁素体形成元素，V 同 α-Fe 形成连续固溶体。V 在钢中以碳化物的形态存在。VC 的作用是细化晶粒，抑制高温晶粒粗化。V 能同 N 形成 VN，对钢产生有害的作用。钢中的 V 能够提高钢的强度、耐磨性、红硬性。V 以钒铁形式加入钢中，一般在精炼后期、出钢前加入。

3.2.3.7 真空感应炉内钢液与坩埚材料之间的相互作用

真空感应炉冶炼时，坩埚使用的打结材料 CaO、MgO、ZrO 等耐火材料在高温、高真空下与钢液中的组元产生相互作用，其结果是钢液受到了污染，降低了纯净度，同时使坩埚受到了化学侵蚀，缩短了使用寿命[12]。

1. 坩埚材料向钢液的供氧反应

在精炼期高温和高真空的作用下，坩埚材料中的 CaO、MgO、Al_2O_3 等，将发生分解反应。反应产物中的氧将被钢液吸收，增加了钢液的 O 含量。

（1）Al_2O_3 的分解反应。Al_2O_3 来自于电熔刚玉、铝镁尖晶石坩埚材料。在高温和高真空下，坩埚材料中的 Al_2O_3 按 $Al_2O_3 = 2[Al] + 3[O]$ 和 $\Delta G^0 = 143780 - 44.6T$ 进行分解。

（2）MgO 的分解反应。MgO 主要来自于电熔镁砂、尖晶石坩埚材料。在高温和高真空下，MgO 按 $MgO_{(s)} = \{Mg\} + [O]$ 和 $\Delta G^0 = 146800 - 49.8T$ 进行分解。

（3）CaO 的分解反应。CaO 来自于高纯电熔 CaO 砂制成的坩埚材料。在高温和高真空下，CaO 按 $CaO = [Ca] + [O]$ 和 $\Delta G^0 = 162190 - 49.69T$ 进行分解。

以上坩埚材料在 1600℃、1.0Pa～0.1Pa 下发生分解反应。反应产物中 Ca、Mg 以蒸气状态从钢液中逸出，形成氧化物沉积在炉壁冷凝面上；生成物中的金属元素 Al 溶于钢中形成 Al_2O_3 夹杂物；反应产物氧即溶于钢液，使钢液含氧量增加。

从热力学分析看，在真空感应条件下上述反应均能发生。但氧化物的稳定性有较大的差别，坩埚材料在高温和高真空下的稳定性从高到低依次排序为 CaO、MgO、Al_2O_3、SiO_2。

在真空感应炉冶炼过程中,坩埚向钢液供氧,是使钢液 O 含量增长的重要途径之一,因此在冶炼超纯净超高强度钢时应重视这一环节,减少因坩埚材料给钢液带来的污染。

2. 钢液中碳与坩埚材料之间的反应

真空感应炉冶炼含碳量较高的高强度钢时,由于真空能够显著提高碳的脱氧能力,在常压下不能被还原的氧化物,在高温和高真空下将能够还原。坩埚材料中的 CaO、MgO、Al_2O_3 等均能被碳还原。

(1)碳与电熔镁铝尖晶石坩埚材料之间的还原反应为

$$Al_2O_{3(s)} + 3[C] = 2[Al] + 3CO,$$
$$\Delta G^0 = 311440 - 143.27T。$$

(2)碳与电熔镁砂坩埚材料(氧化镁)之间的还原反应为

$$MgO_{(s)} + [C] = [Mg] + CO,$$
$$\Delta G^0 = 141450 - 58.95T。$$

(3)碳与电熔氧化钙坩埚材料之间的还原反应为

$$CaO_{(s)} + [C] = [Ca] + [CO],$$
$$\Delta G^0 = 154600 - 55.56T。$$

3. 真空下坩埚供氧与碳脱氧的综合反应

坩埚向钢液的供氧反应不是发生在整个冶炼过程,而是当钢液含氧量较低时才发生,特别在精炼期后期更为显著。而碳脱氧过程发生在整个冶炼过程,特别在全熔后,当温度和真空度达到一定程度时将产生剧烈的碳氧反应,在精炼期内两个反应同时发生。

由于存在着坩埚供氧和碳脱氧,所以在精炼期内,钢液含氧量并不是随着时间的延长而降低的,而是取决于下面的两个反应

坩埚向钢液供氧反应为:

$$MgO_{(s)} = Mg_{(g)} + [O]$$

钢液中碳脱氧反应为

$$[C] + [O] = CO_{(g)}$$

当脱氧速度大于供氧速度时,含氧量降低;相反,脱氧速度小于供氧速度时,含氧量上升。

3.2.3.8 真空感应炉冶炼钢液的脱氧

由于碳脱氧反应的产物为不溶于钢液的 CO 气体,而且真空可以显著地提高碳的脱氧能力,因此碳是真空冶金最重要的脱氧元素,主要反应为

$$[C] + [O] = CO_{(g)} \text{ 和 } \Delta G^0 = -4100 - 10.16T。$$

碳氧反应式的平衡常数表达式为

$$K = P_{CO}/f_c[C]f_o[O] = P_{CO}/m$$

碳氧反应的脱氧常数(碳氧浓度积)为

$$m = 1/K \times P_{CO}$$

在真空下,真空度越高,即 P_{CO} 值越低,脱氧常数 m 值就越小,钢液中的含氧量也越少。

3.2.3.9　真空感应炉冶炼钢液的脱氮

真空脱气是利用钢液表面上体系总压的减少,而气体的分压强降低,根据西华特定律,钢液的溶解气体含量降低。但是氮在钢液的溶解量很少,不能依靠形成气泡的方式自钢液排除,而是通过向钢液表面吸附转为气体分子,再脱附向气相中逸去:$[N] = N_{吸}$,$2N_{吸} = N_2$。

因此,在真空下钢液中溶解氮气脱出的过程是由三个环节组成:

(1)钢液中溶解的气体原子向钢/气表面扩散;

(2)氮原子在钢液表面吸附:$[N] = N_{吸}$;

(3)吸附的原子结合成分子,向气相中扩散:$2N_{吸} = N_2$。

其中第(1)和(2)环节是扩散—吸附环节,它的速率为

$$v = -d[\%N]/dt = \beta \times A/V \times ([\%N]*-[\%N]) \qquad (3-1)$$

$$\lg\{[\%N]-[\%N]_{平}\}/\{[\%N]_0-[\%N]_{平}\} = -12.3 \times \beta \times A/V \times T$$
$$(3-2)$$

式中:$[\%N]_0$ 为钢液氮气的初始浓度;$[\%N]_{平}$ 为气—钢液面的平衡浓度;β 为氮气在钢液中的传质系数;A/V 为钢液的比表面积;A 为氮气—液反应界面积;V 为钢液的体积。

在真空条件下,$[\%N]_{平} < [\%N] < [\%N]_0$ 故式(3-2)简化为

$$\lg[\%N]/[\%N]_0 = -12.3 \times \beta \times A/V \times T \qquad (3-3)$$

式中:$[\%N]/[\%N]_0$ 为钢液中 N 的残留分数,随时间 T 的延长而减少,随 A/V 增大而减少,故延长时间和增大表面积都有利于脱 N。

以下是真空感应熔炼过程中钢液 N 含量变化的相关工艺试验结果。不同熔化时间对钢液 N 含量的影响见图 3-2,原材料分别经过 10h 和 8h 熔清,即合金完全熔化成钢液后,钢液中 N 含量随着熔化时间的延长而降低,在熔化 16h 后趋于稳定;不同原材料加入顺序对钢液 N 含量的影响见图 3-3,先加入合金料熔化 8h 时的 N 含量比后加入合金料的略高,而随着熔化时间延长,两种工艺的 N 含量都降低,但是差别不明显。

钢在真空感应冶炼时,从熔化期到浇注完毕的整个过程中都具有良好的脱 N 热力学和动力学条件,影响真空感应冶炼钢中 N 含量的因素很多,主要有以下几个方面。

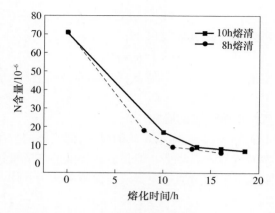

图 3 - 2　熔化时间对真空脱 N 的影响

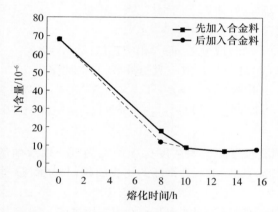

图 3 - 3　原材料加入顺序对真空脱 N 的影响

1. 熔清时间

真空感应冶炼的熔化期,主要任务是使炉料加热熔化。炉料在熔化过程中由于真空的作用可以去除一部分气体、高蒸气压的微量有害元素和 S 等。随炉料装入的碳块在熔化期还会产生碳氧反应,使钢中非金属氧化物夹杂被还原,从而使部分非金属夹杂物在熔化期被去除。熔化初期,由于感应电流的集肤效应,炉料的熔化过程是由表及里地逐层进行的,这种逐层熔化的方式对去除气体是非常有利的。图 3 - 4 是熔清时间对真空脱 N 的影响规律,通过控制供电功率,延长熔清时间到 24h 得到最低的 N 含量,其逐层熔化的过程进行得更充分。

2. 不同 C 含量对真空脱 N 的影响

从图 3 - 5 可知,C 含量的高低对脱 N 过程有一定的影响:在精炼期的高 C 含量,通过 C 和 O 生成的气泡改善了脱 N 动力学条件,在 CO 气泡上升过程

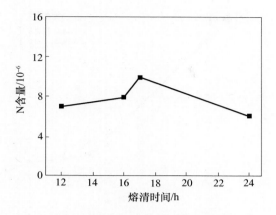

图 3 - 4 熔清时间对真空脱 N 的影响

中起到小真空的作用,在气泡界面上起到吸附氮的作用。因此加速脱 N 过程。

3. 搅拌对脱 N 的影响

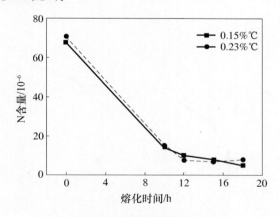

图 3 - 5 C 含量对真空脱 N 的影响

搅拌对脱 N 的影响不可忽视,由脱 N 动力学可知,真空过程中增加钢液搅拌的作用一方面可以增加比表面积(A/V),可以使脱 N 动力学条件得到改善;另一方面可以加大氮在钢液中的传质系数,加速脱 N 的速度。搅拌熔体,使表面不断更新,会大大加快脱 N 的过程,见图 3 - 6。搅拌有以下几种方式:

(1)从金属中放出大量气体,在大量气泡向上运动时强烈搅动金属液体,如碳氧反应放出的 CO 气体来强烈搅拌液态金属。

(2)通过钢液的热运动产生的对流作用。

(3)利用电磁力搅动钢液,能大大加速脱 N 的过程。

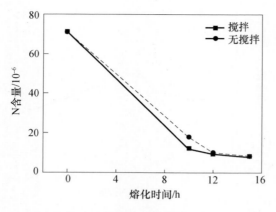

图 3 - 6　搅拌对真空脱 N 的影响

4. 冶炼真空度对脱 N 的影响

冶炼真空度是降低钢液 N 含量的关键,因为随着冶炼真空度的提高,气相中 N 的分压强降低,脱 N 效果明显,钢液中 N 含量逐渐降低,如图 3 - 7 所示。

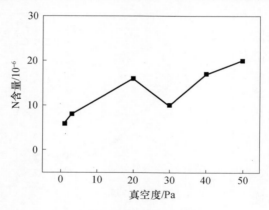

图 3 - 7　真空度对脱 N 的影响

5. 精炼温度对 N 含量的影响

为了降低钢液中的 N 含量,在真空感应冶炼时,精炼温度与真空度一样非常重要。提高精炼温度有利于改善脱 N 过程的动力学条件,通常随精炼温度升高,钢液的 N 含量降低,如图 3 - 8 所示。

通过真空感应冶炼之后,钢水中的 O、N 均可以达到 0.0015% 以下。

3. 2. 3. 10　真空感应炉冶炼微量有害杂质元素的去除

钢中的有害杂质元素一般是指 Pb、Sn、Bi、Sb、As,这些元素在基体中溶解度小、密度大、熔点低,并形成低熔点的共晶体富集在晶界区,尽管其在整个合金中

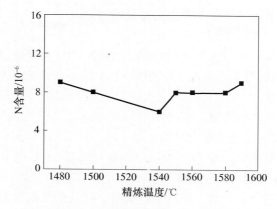

图 3-8　精炼温度对真空脱 N 的影响

的含量极微,但是在晶界处的浓度为平均含量的几倍甚至几十倍。所以即使百万分之几的含量,也会在晶界处富集,从而使晶界脆化,导致热塑性和热强性以及其他性能的下降。尽管在高强钢的生产过程中目前对此还没有明确的标准,但实际生产过程中,尤其在超纯净超高强度钢的生产中已经把其列为控制元素之中。

有害元素的去除主要是通过真空冶炼的高温真空蒸发进行。

1. 有害元素高温真空蒸发的条件

（1）有害元素的蒸气压应高于炉内的压强,这样有害元素才能顺利蒸发进入炉内,然后被抽出炉外。

（2）有害元素的蒸气压应高于熔体中主要元素的蒸气压,这样有害元素被蒸发去除时,主要成分才不会蒸发。

（3）有害元素与熔体中主要成分不形成化合物,否则将使有害元素的活度显著下降,严重时会导致有害元素不能蒸发,降低了去除效果。

在真空感应冶炼的条件下,通过真空度、温度等动力学要素的互相配合,可以取得良好的去除有害元素的效果。

2. 添加微量元素综合有害元素的危害

由于微量有害元素在钢中溶解度和熔点均低,所以在凝固过程最后沿晶界偏析,引起晶界脆化。为了改善这种状况,需要向钢液中加入微量元素,如 Ca、Mg、Ba、Zr、稀土元素等,与有害元素形成熔点较高的化合物,从而改变其析出条件,消除杂质元素沿晶界偏析所引起的脆性。

通常在真空感应冶炼时,首先通过精炼期蒸发去除大部分有害元素,之后再加入微量添加剂,这样可以得到最佳的效果。

3.2.3.11　真空感应熔炼钢中非金属夹杂物的来源

内生夹杂物及其来源有以下几个方面：

（1）钢中合金元素与大气之间的化学反应产物。在熔化、精炼、出钢及浇注过程中，液体钢中的合金元素与大气中的 O、N 反应所形成的氧化物、氮化物是内生夹杂物的来源之一。

（2）加入钢液中的合金元素与钢液中的 O、N、S 等反应所形成的氧化物、氮化物、硫化物以及其他复杂化合物。

（3）溶解在钢液中的 O、N、S 凝固时因温度降低、溶解度下降而从钢液中析出，与合金元素作用形成的化合物。

（4）钢液中的合金元素与炉渣、坩埚材料、浇注系统的耐火材料之间的化学反应产物。

残留在钢中的以上反应产物，构成了内生夹杂物。这种夹杂物比较分散，尺寸细小。

真空感应熔炼过程中 TiN 夹杂物对材料疲劳性能的影响明显，因此研究其溶解与析出机制是十分必要的。

钢液中的固态氮化物夹杂可引起连铸水口结瘤，导致铸件表面缺陷，对材料韧性、疲劳性能及持久性能不利。例如，氮化物（包括氮碳化物）夹杂物会严重地恶化不锈钢连铸坯的表面质量；轴承钢中平均尺寸为 6μm 的氮化钛夹杂物对疲劳性能的危害，与平均尺寸为 25μm 的氧化物夹杂的危害相当；钢帘线中的氮化钛（包括氮碳化钛）会导致钢丝断裂；微合金钢中在液态或凝固过程中析出的氮化物（包括氮碳化物），在热处理过程中不溶解，会在随后的热加工过程中保留下来，对钢材的加工性能及最终成品的韧性和疲劳性能产生不利影响[11-14]。为此，国内外冶金工作者在如何防止氮化物夹杂物的产生，如何去除钢液中氮化物夹杂，如何评定合金中氮化物夹杂等方面进行了大量工作，研究开发了一些专门技术和设备。结果指出：防止氮化钛夹杂物产生的有效措施是降低钢及合金中的 N、Ti 含量[11]；对液态金属进行过滤可去除钢液中固态氮化钛夹杂[15,16]。

钢中的氮化物（包括氮碳化物）在一定的条件下也能起到有利的作用，如可细化铸态组织、阻止奥氏体晶粒长大和实现沉淀强化。这些氮化物（包括氮碳化物）是在钢的固相线温度以下形成的，尺寸较小，通常为亚微米级或纳米级。有害的氮化物（包括氮碳化物）是指在钢及合金熔炼和凝固过程中自金属液或奥氏体中析出的、尺寸较大的非金属夹杂物。为使钢及合金熔炼和凝固过程中不产生钛氮夹杂物，必须保证 $a_{[Ti]}a_{[N]}$ 小于钢及合金固相线温度下的钛、氮平衡活度积[17]。

钢液中氮是以固态夹杂物形式存在还是溶解于钢液，对于许多重要的冶金过程具有决定性影响。根据钢或合金的［Ti］、［N］可以判断一定温度下在钢或合金液中能否析出固态钛氮夹杂物或原料中的固态钛氮夹杂物在该温度下是否会溶解。但是,热力学只解决过程进行的可能性及限度问题,不能回答过程进行的速度,后者属于动力学范畴。

外来夹杂物及其来源有以下几个方面:

（1）原材料带入的夹杂物;

（2）高温下钢液对坩埚材料、耐火材料的冲刷作用,使部分材料进入钢液成为夹杂物;

（3）渣钢混冲时被乳化的炉渣微粒在镇静时未能上浮除去,残留在钢中成为夹杂物;

（4）偶然原因进入钢液中的砂粒、炉渣、耐火材料等非金属物质。

以上各项构成钢中外来夹杂物。这种夹杂物数量少、颗粒大。

在真空感应炉冶炼过程中,减少非金属夹杂物的措施主要有:

（1）真空感应炉采用工业纯铁即精钢材进行配料;

（2）在合金化过程中尽量采用金属料;

（3）生产高纯净度超高强度钢尽量避免采用返回钢,应全部使用精钢材;

（4）真空感应冶炼时,控制加热真空度。在冶炼送电前,炉内真空度必须小于 0.5kPa,以减少合金元素与炉气的化学反应,降低钢中夹杂物数量;

（5）采用真空碳脱氧的工艺,生产低夹杂物的超纯净钢。

3.2.4　真空自耗重熔技术

从 1839 年至 1943 年,从实验室逐步走向工业生产,真空自耗炉经历了漫长的发展过程。自 1943 年派克和哈姆建成了第一台工业化生产的真空自耗（VAR）炉以后,形成了目前的大规模生产。美国在 20 世纪 60 年代初投产的真空自耗炉高达 12m,熔炼出直径为 800mm、重量为 25t 的钢锭。70 年代末,真空冶金进入发展高潮,在这段时间内,最大的真空电弧炉重熔的铸锭达到了 52t[18-20]。目前国内可生产真空自耗钢锭的最大直径达到 920mm,重量为 12t。图 3-9 为真空自耗炉及其工作示意图。

3.2.4.1　真空自耗炉的基本原理

真空电弧熔炼炉的主要特征是利用电弧热来熔化金属,它的熔炼过程是在低压状态下,或者在惰性气体保护气氛中进行。

真空自耗炉作为真空电弧熔炼炉一种主要的应用形式,有一个与炉体相连接的结晶器,承接由电极滴落下来的熔融金属液,又使这些金属液在它里面凝固成钢锭。所以真空自耗熔炼的另一个特征是熔炼和铸锭在同一个系统中完成,

图 3 – 9　真空自耗炉及工作示意图

1—电极送给装置；2—炉腔；3—电源；4—电流导线；5—电极杆；6—水冷结晶器；

7—真空系统接管；8—X – Y 轴调整装置；9—承载系统。

不需要另行设置浇注系统。

　　真空自耗熔炼采用大电流、低电压的供电方式，电极接负极，结晶器接正极。熔炼是正负极接触起弧。电弧的温度很高，使金属蒸发、电离，也使气体电离，当然也有部分杂质的蒸发电离。这样在电弧区存在大量的正负离子，它们各向相反的方向迁移，成为导电质，使电弧稳定。电弧的热量使电极加热，直至熔化，并滴入结晶器内，形成一定量的熔池，同时由于电弧的加热，熔池被过热，随着熔池量的增加，熔池底部便在水冷却的作用下逐渐凝固，形成铸锭。所以，真空自耗炉熔炼是电极加热—熔化—形成熔池—熔池过热—冷却凝固—铸锭，这样一个连续不断的过程，直至电极全部熔化完毕。在此过程中伴随着一定的物理化学作用。

　　真空自耗熔炼的电弧是一种弧光放电现象，电极熔化后形成熔滴，它克服与电极的粘合力，在重力的作用下逐渐伸长，最后断裂滴落。

3.2.4.2　冶炼特点

　　（1）真空自耗炉熔炼有炉体和结晶器相连的密封器，运行的料杆是通过特殊的装置由炉子的顶端深入到炉体内，熔炼前，由真空系统排除炉内气体，达到相对低的压力状态。所以熔炼是在低压状态下或充入惰性气体状态下进行，一般真空度在 0.01Pa～0.5Pa。

（2）由于熔炼是在电极熔化、溶液凝固这样一个连续不断的过程中，金属在液态时间较短。

（3）电极熔化和铸锭的凝固速率大体是恒定的，这种速率在一定范围内可随输入功率的大小变动，因此是可以人为控制的。

（4）在熔炼时由于电场的存在以及电弧的冲击，熔池产生较强的运动，当施加一个磁场后，可使这种运动有一定的规律。

（5）真空自耗熔炼过程是电极的重熔过程，一般不加新料，化学成分变化很小。

（6）由于熔炼完全隔绝了空气，因此溶液不会二次氧化，溶液在水冷结晶器内，也不受耐火材料和炉渣的污染。

因此采用真空自耗冶炼可以达到以下目的：

（1）有效去除材料中的气体；

（2）有效去除材料中的夹杂物；

（3）均匀成分，减少偏析；

（4）控制凝固状态和减少缩孔，使铸锭组织致密；

（5）可以获得大规格钢锭。

3.2.4.3　真空自耗熔炼的提纯

真空自耗熔炼过程提纯效果主要有三个：脱气、杂质元素的蒸发、夹杂物的排除。

1. 脱气

当含有过多的气体时，会降低金属材料的性能。因此脱气是真空自耗熔炼的一个主要目的，由于熔炼是在低压状态下进行，熔炼过程是十分有利的脱气条件。主要有三种脱气方式：

（1）溶解气体的去除。电极中的气体以游离态形式单独溶解在金属中。真空自耗熔炼时，溶解气体的脱气作用发生在电弧区，在电极熔化端面或熔池表面，也发生于熔滴穿越电弧期间。

熔池中溶解气体的排除，是与熔炼工艺有密切关系的。主要是电极本身含气量多、熔化速率的大小、熔池深度及结晶状态。这几种因素又是相互影响的。

氧气、氢气和氮气是金属的主要有害气体，熔炼过程中的脱气就是要脱除这些气体以提高金属的纯度和改善合金的质量。

O 是一个活泼元素，常以氧化物形态存在于钢中，因此它只能以脱氧产物

（氧化物夹杂）形式排除，或在少数情况下以 C、O 反应形式脱除，所以熔炼过程中的脱气实际上主要是指脱 H 和脱 N，其中氮气的脱除也只包括钢中溶解的氮，对于形成氮化物的氮，靠氮化物夹杂在熔池中的升浮或热分解去除。

真空自耗炉中脱气过程分两个阶段：固体电极脱气和液态金属的脱气。固体电极脱气指电极熔化前，靠电极被加热时内部溶解的气体向低压气氛中扩散逸出。这部分脱气量一般为总脱气量的 25% 左右。其余气体量将在金属熔化过程中特别是从熔池中逸出。

脱气过程的理论主要是建立在物理化学平衡定律和气体溶解定律基础上的脱气过程热力学，而在实际中起更重要作用的动力学因素还很多，如脱气表面积大小、气泡核的形成速度、熔池的搅拌作用、扩散过程的发展程序等。

气态的氢和氮在纯铁液或钢液中溶解时，气体分子先被吸附在气/钢界面上，并分解成两个原子，然后这些原子被钢液吸收，因而其溶解过程可写成化学反应式为：$1/2H_2 \longrightarrow [H]$，$\lg K_H = -1670/T - 1.68$ 和 $1/2N_2 \longrightarrow [N]$，$\lg K_N = -564/T - 1.095$。

在小于 10^5 Pa 的压力范围内，氢和氮在铁液（或钢液）中的溶解度都符合平方根定律，即 $a_H = f_H[H\%] = K_H p_{H_2}^{1/2}$ 和 $a_N = f_N[N\%] = K_N p_{N_2}^{1/2}$。钢液中氢的溶解度随着 H_2 分压的降低而降低，见图 3-10。

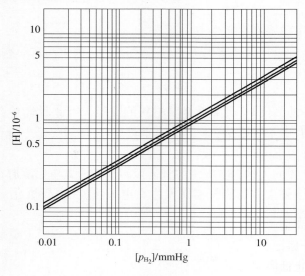

图 3-10 [H]溶解度和 p_{H_2} 的关系

表 3-9 是不同温度下，气体在铁中的溶解度。可见，当铁液凝固时，在相同的温度下（1534℃），溶解度急剧减小，且随温度的继续降低溶解度进一步减小。

106

这是因为气体原子在铁中形成间隙固溶体,凝固后,固态铁的原子间距要比液态时紧密得多,造成了溶解度的急剧下降。

表 3-9　不同温度气体在铁中的溶解度

状态	液态			δ - Fe			γ - Fe			α - Fe		
温度/℃	1650	1590	1534	1534	1470	1390	1390	1250	910	910	620	410
[H]/10⁻⁶	28.2	26.5	24.9	9.38	8.72	7.89	10.3	8.43	4.24	3.26	1.2	0.34
[N]/10⁻⁶	409	400	391.6	131.3	128	110.4	206.8	219	266.3	45.6	16.8	4.8

氮在 γ - Fe 中的溶解度是例外,它随温度的降低而升高。这是因为此时有氮化物(Fe_4N)的析出,所以增加了氮的溶解度,又因为该反应是放热的,所以随温度降低溶解度增大。

(2)生成化合物气体的上浮。氧气、氮气常常与合金元素生成化合物,存在于钢中,如 Al_2O_3、TiO_2、TiN、NbN 等,这些化合物有的熔点高,有的十分稳定,因此很难靠分解来去除,而是在真空自耗熔炼时,靠它们自身在钢液中的上浮去除,去除的条件是密度较小、熔池温度高、翻动较多并在熔炼时有足够的时间上浮。

(3)蒸发气体和脱 O 反应。熔炼高熔点的金属,如 W、Mo 等难熔合金时,由于有高的电弧温度和低的蒸气压,非常有利于脱气,通常,任何杂质的蒸气压都要比基体金属高,因此在熔炼难熔金属时氧化物的蒸发脱 O 是存在的。

2. 元素的蒸发

真空熔炼的特点之一,是利用蒸发现象去除某些有害夹杂,提高金属纯度和改善金属质量。例如 As、Sn、Sb 和 Cu 等能显著降低钢的质量,并在一般冶炼方法中不能去除,采取真空熔炼是减少这些杂质的唯一方法。

为了有效利用蒸发过程去除某些有害杂质,还应创造一定的条件以减少由蒸发进入气相的杂质质点再返回到熔池中的可能性。在真空自耗炉的特定条件下,由蒸发去除的有害杂质大部分附着在熔池表面以上的结晶器上形成锭冠。显然在锭冠中富集了各种蒸发去除的有害杂质,锭冠的外观呈多孔状凝结层。当熔池上升时把锭冠埋入并大部分形成锭的外皮,少部分可能再行熔化返回到熔池中。为提高金属纯度,减少蒸发的杂质再次返回到重熔的金属中,在熔炼工艺上,必须保证熔池表面的加热宽度小于结晶器直径,即要使熔池的活跃表面周围有一定的静止低温层来保证锭冠不被熔化。

熔态金属中各组分的蒸发速度与它们的蒸气压、炉内压力以及金属表面附近的气相中该组分的浓度有关。在 1600℃ 时各种元素的蒸气压按下述次序递增:W、Mo、Zr、Ti、Co、Si、Cr、Cu、Sn、Al、Mn、Pb、Sb、Bi、Ca、Mg、Zn、Cd、As、S 和 P,

Ca、Mg、Zn 和 Cd 的沸点处于 750℃和 1450℃间,而 As、S 和 P 的沸点或升华点还要低得多,因此在真空熔炼中,Ca、Mg、Zn、Cd、As 和 S 的蒸发去除较明显,只有 P 例外。

一般讲比 Fe 蒸气压高的元素,在真空熔炼中有可能发生蒸发,蒸气压越高,蒸发的量越大。相反,比 Fe 蒸气压小的元素,则不可能蒸发。表 3 – 10 为 1600℃时几种元素的蒸气压和气化热。

表 3 – 10 1600℃时几种元素的蒸气压和气化热

元素	气化热 $\Delta H/(cal/g)$	1600℃时蒸气压/atm
Mn	52.540	7.0×10^{-2}
Al	70.700	2.5×10^{-3}
Sn	69400	1.1×10^{-3}
Cr	81280	6.6×10^{-4}
Cu	72000	1.5×10^{-3}
Si	113.000	3.1×10^{-6}
Fe	84.180	1.0×10^{-4}
Ni	89.600	5.2×10^{-5}
Co	91.400	4.7×10^{-5}
Ti	102.500	2.5×10^{-6}
V	109.600	6.6×10^{-7}
Mo	142.000	3.2×10^{-11}

注:1cal = 4.18J,1atm = 101kPa

真空自耗熔炼中元素的蒸发过程一般为:
(1)合金溶液内部的蒸发组分向溶液表面迁移;
(2)蒸发组分扩散到溶液/气相界面;
(3)在溶液/气相界面层发生液态溶质转变为气体的反应;
(4)气态分子通过电弧区扩散到气相中;
(5)气态分子由气相向结晶器迁移;
(6)冷凝。

因此元素的实际蒸发速度和程度与它们在溶液中的浓度有关。当某些杂质元素已经是微量时,其去除量不是很明显;当某些元素含量很高时,蒸发量也很大。

蒸发去除有害杂质是所希望的,但蒸发过程中还会使某些有益元素如 Mn、Cr 等发生蒸发损失。

蒸发速度或蒸发量则与炉内选定的真空度关系较大。炉内压强越低,其蒸发量越大。但在真空自耗炉中,熔区的真空度很难保持在低于 10^{-2} mmHg ~ 10^{-3} mmHg(1mmHg = 133Pa)的压强,在这样的真空条件下,总的蒸发速度并不很大。所以为保证产品质量,真空自耗熔炼时必须采用尽可能含有杂质少的原料,而不能把希望寄托在真空蒸发上。

Mn 在金属及合金中是一个固溶强化元素,在低合金、中合金超高强度钢中被广泛使用,在电炉及真空感应炉中加入 Mn 是比较容易的事情,蒸发损失较少。在真空自耗熔炼中,却是一个主要的蒸发元素,Mn 的蒸发会造成 Mn 成分的降低,不能满足合金成分要求。通常在生产中,采用的办法是预先估计好熔炼过程中的蒸发损失量,采用高出规格要求的 Mn 含量提供电极。一般来说,钢锭规格大的比小的 Mn 含量少,这是因为钢锭直径大,熔池的表面积大,金属溶液保持时间较长,因此 Mn 的蒸发损失总是随着钢锭直径的增大而增大(表 3 – 11)。相同钢锭随着熔化速率的增大 Mn 的蒸发损失减小。

表 3 – 11   Mn 收得率与钢锭直径的关系

直径/mm	$\phi660$	$\phi920$
Mn 的收得率/%	67	52

3. 夹杂物的排除

采用真空自耗冶炼的另一个主要目的是减少钢中的夹杂物含量,提高钢液纯净度,进而提高材料的性能,为提高零件的使用寿命奠定基础。

夹杂物的去除可以是化学方式的,也可以是物理方式的。化学方式是某些稳定性较差的化合物,在自耗的高温和低压下,发生分解反应,从而被蒸发去除。但是大部分夹杂物都是比较稳定的,它们的化合物如 Al_2O_3、TiN、Ti(C,N)、Cr_2O_3、Fe_2O_3 等都十分稳定,甚至还有更复杂的化合物和尖晶石,这些都不可能在熔炼条件下离解。它们与金属熔滴一起由电极落入熔池内。这些杂质的去除依靠物理方法,即在熔池内上浮的形式去除。

熔融金属液内部的对流,对去除夹杂物也有较好的效果。由于熔炼过程中的电磁力的作用,钢液呈现翻卷状转动,这种转动可使夹杂物从熔池内部推向熔池表面,还增加了夹杂物的相互碰撞的频率,使其易于上浮。被推向熔池表面的夹杂物会凝结于结晶器壁。电磁力作用、气泡的排除,都使溶液加快对流,从而有利于夹杂物的排除。

真空自耗熔炼的另一个处理夹杂物的方式是弥散作用,它也是物理作用之一。粗大的夹杂物会在电弧强烈的冲击下被击碎,成为较细小的颗粒弥散分布于钢液之中,因而最低限度地减少对材料性能的影响。

真空自耗炉中非金属夹杂物的去除途径有三个:①熔池中升浮去除;②借碳氧反应使某些氧化物还原去除;③借热分解使某些氧化物、氮化物和硫化物在熔池和电极熔端表面上通过热分解去除。三种去除夹杂的途径中以①熔池中升浮去除为主,而②只在重熔不脱氧或半脱氧的金属时,才有一定作用,至于③在真空自耗熔炼条件下,反应也不大。

熔池金属温度较高,流动性好以及自下而上的结晶顺序减少枝晶非金属夹杂的可能性等因素都对熔池升浮去除夹杂创造了有利条件。熔池升浮去除主要适用于氧化物和稳定的氮化物夹杂,对于硫化物,则因它以溶于钢中的状态存在,只能靠热分解或蒸发去除。

熔池中夹杂物升浮去除的必要条件是只有夹杂物在熔池中升浮速度大于熔池金属结晶的轴向线速度时才能完成。

熔池中球状夹杂物的升浮速度可用斯托克斯公式近似求出

$$u_{BKЛ} = K\frac{2}{9}g\frac{1}{\eta}r^2(d_m - d_{BKЛ}) \tag{3-4}$$

式中:K 为常数,对于钢水 $K \approx 1$;g 为重力加速度 $980(cm/s^2)$;η 为动力黏度 $(g/cm \cdot s)$;r 为夹杂物颗粒半径(cm);d_m,$d_{BKЛ}$ 为金属与夹杂物的密度(g/cm^3)。

重熔普通钢时,$u_{BKЛ}$ 的大小,可粗略采用下述数据进行似计算出来:

$\eta = 0.023(g/cm \cdot s)$ (1610℃时碳钢);

$d_m = 7.16(g/cm^3)$ (1600℃时纯铁密度);

$d_{BKЛ} = 3.6(g/cm^3)$ (30% SiO_2 +60% Al_2O_3 组成的硅酸盐)。

将上述数据代入式(3-4),得

$$u_{BKЛ} = 33700r^2(cm/s) \tag{3-5}$$

或用直径表示球状夹杂物尺寸的大小则

$$u_{BKЛ} = 8425D^2(cm/s) \tag{3-6}$$

换算成单位为(cm/min)时

$$u_{BKЛ} = 505500D^2(cm/min) \tag{3-7}$$

在真空自耗熔炼中,非金属夹杂物直径尺寸大部分在 $10\mu m \sim 20\mu m$ 之间波动,按式(3-7)计算 D 分别为 $5\mu m$、$10\mu m$、$15\mu m$ 和 $20\mu m$ 的夹杂物在钢水中的升浮速度分别为 $0.125cm/min$、$0.5cm/min$、$1.125cm/min$ 和 $2.0cm/min$。并用此组数据绘制各种尺寸夹杂物的升浮速度曲线,如图 3-11 所示。图中还粗略地标入了锭的轴向结晶线速度变化范围(阴影区),从这个图中可以看出:只有当熔炼过程中结晶轴向线速度 u_K 小于 $u_{BKЛ}$ 即在 A 区时,大于 $7\mu m$ 的夹杂物才能升浮去除。

建立在斯托克斯公式基础上计算的各种尺寸夹杂物的升浮速度 $u_{BKЛ}$ 要比

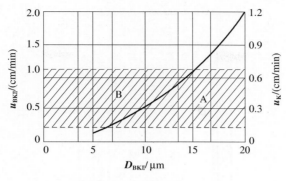

图 3 – 11　$u_{BK\Pi}$ 与 $D_{BK\Pi}$ 关系

实际的升浮速度小一些,这是因为夹杂物在升浮过程中会发生聚集和长大,以及有气泡发生时,又会加速其升浮。所有这些都会使其升浮加快。现无实验数据支撑实际的升浮速度比计算值快多少,但初步估计可能要快 1 倍以上,否则小于 5μm 的夹杂物是无法升浮去除的,而实际中小于 5μm 的夹杂物在熔池中升浮去除是能够发生的,否则不足以说明大量 2.54μm ~ 7.6μm 的夹杂物脱除的实际情况,也不能解释金相试片上大于 5μm 的夹杂物不多的现象[7]。表 3 – 12 是 GCr9(En31)轴承钢真空自耗重熔前后夹杂物含量和尺寸。

表 3 – 12　GCr9(En31)轴承钢真空自耗重熔前后夹杂含量和尺寸

状　态	各种尺寸的夹杂数目				夹杂物平均长度/μm
	2.54μm ~ 7.6μm	10μm ~ 15μm	28μm ~ 50μm	> 50μm	
自耗电极(电炉)	466	90	16	16	7.87
真空自耗重熔后	126	3	6	0	3.2

4. 真空自耗炉的结晶组织

在真空自耗炉冶炼过程中,电极棒是在电弧的作用下,并在高真空环境下所进行的边熔化边结晶过程。熔炼时,熔池同时受到加热和冷却的双重作用,加热的热量来自于熔池表面的电弧热,还有从电极上分离落下的熔滴带来的热量;冷却则来自于结晶器底部和侧面的冷却水作用。所以,真空自耗熔炼过程是电极加热—熔化—形成熔池—熔池过热—冷却凝固—铸锭,这样一个连续不断的过程,直至电极全部熔化完毕,图 3 – 12 和图 3 – 13 为真空自耗熔池和凝固组织的结构示意图。

5. 真空自耗炉的冶炼工艺流程

真空自耗熔炼主要分为引弧期、大电流期、主熔炼期和热封顶四个时期。

111

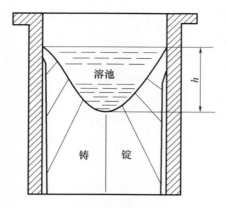

图 3 – 12 真空自耗熔炼的熔池结构示意图

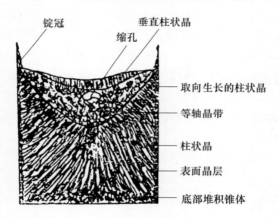

图 3 – 13 真空自耗重熔锭结构示意图

（1）引弧期。引弧建立熔池期是真空自耗熔炼的第一期,它的任务主要是引燃电弧和使电弧迅速过渡到稳定状态以及建立起一定深度的熔池。此外,在引弧期由于有部分电极金属熔化,这部分熔化的金属起着清除附于炉内各构件表面杂质的作用(金属吸附剂作用)。

为了完成引弧期的任务,要求引弧期的熔化速度尽可能低,以免大量金属充当金属吸附剂而被气体所玷污。为此,开始宜用小功率电弧操作。此时的小功率操作还可避免水冷模底被烧坏和由此引起的玷污。小功率电弧、低速熔化,还能防止气体猛烈析出而造成大量喷溅,而这种喷溅是恶化锭表面质量的重要因素之一。

另外,对于某些钢种,由于热敏感性强,自耗电极需要一个逐渐升温加热的过程,否则自耗电极在熔炼过程中易发生热炸裂。因此,引弧期也必须从小功率开始而后逐渐增大。

迅速建立起足够大的金属熔池实质是提供足够高温的阴极表面,借以减少阴极热损失和增加放电空间(两极之间)的温度来保证电弧稳定。因此,为了迅速建立起熔池,需在引弧中期逐渐增加电弧功率以增大熔化速度。只有建立起熔池后,电弧才能稳定而连续地进行。

实践表明,引弧期的供电功率比正常重熔期的功率要小得多。引弧期电弧电流一般仅为正常重熔期的50% ~60% 。

(2)大电流期。主要采用大电流,补足底板的冷却效果,同时调整工艺参数。

(3)主熔炼期。大部分钢锭在本阶段形成,直接与钢锭的质量有关,在本阶段须合理选择熔炼工艺参数,做好工艺参数的控制;在熔炼过程中,当参数出现变化时,必须进行微小的调整。该期的长短因锭重而异。它占整个重熔过程的绝大部分。其任务是去除气体、非金属夹杂物和各种有害杂质;均化成分、改善结晶质量、消除各种缺陷,获得表面光洁和结晶结构合理的高质量锭材。在某些情况下,在正常重熔期还附加超声波、电磁搅拌和机械振动等处理,以细化结晶结构。显然,正常重熔期是净化重熔—重注过程,是综合提高金属质量的关键时期。

为完成上述各项任务,其关键在于正确选择各种工艺参数和在重熔过程中保持各种工艺参数的恒定。这些工艺参数主要是电弧长度、电弧电压、电弧电流、真空度、冷却强度、稳弧安匝数等。在熔炼过程中,这些参数如有波动,应及时进行调节。另外,在熔炼前要依据产品要求和后部工序加工能力选定合适尺寸的结晶器以及相适应的电极直径尺寸和电极制造方法。

(4)热封顶期。本期主要是减少钢锭的缩孔,最大限度地提高钢锭可用率。它是真空自耗熔炼的最后一个阶段。其任务在于防止头部收缩和内部疏松,引导头部中的气体和夹杂物作最后的排除从而确保头部质量与锭本体在纯度和结晶质量上的一致性。为完成上述各项任务,必须在重熔结束前的一段时间里,采用尽可能小的电弧功率进行头部加热填充操作,使熔化速度尽可能小。实践证明:填充期的电弧电流仅占正常重熔期的30%左右。因为这个时期的电弧功率主要是以弥补热损失,保持熔池表面先行凝固为准则,而不是为了熔化电极。

当然,小功率电弧操作一方面可以保持熔池表面处于液态,另一方面也可以提供小量液态金属不间断地进入熔池来填充由于凝固和结晶所造成的体积收缩。与此同时,还可以保证锭材结晶方向不变,即保持锭头结晶方向与锭身的一致性——逐渐由下而上地减少熔池体积和深度,到停电时头部熔池减到最小。始终保持熔池表面处于液态而不先行凝固还有利于头部气体和夹杂作最后排除,这就保证了锭头纯度的提高。图 3 – 14 是 300M 钢的真空自耗工艺曲线。

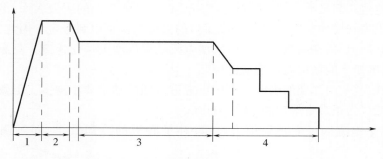

图 3 – 14   真空自耗重熔 300M 钢工艺曲线

1—引弧期;2—大电流期;3—主熔炼期;4—热封顶期。

6. 真空自耗熔炼的钢锭冶金质量

真空自耗熔炼的一大优点是能够精确控制合金元素含量,同时钢中气体得到大幅度降低,使钢锭锻造后棒材质量优良。$\phi 920mm$ 的 300M 钢锭的表面质量如图 3 – 15 所示。

图 3 – 15   真空自耗重熔 300M 钢锭

7. 新工艺技术进步

真空自耗炉的发展,很大一部分的注意力放在了电极的控制系统。实践证明,钢锭质量与电弧在熔炼过程中的稳定性有很大的关系。控制电弧的稳定性,实际上就是控制电弧的长度,而电弧的长度是由电极的熔化速度和电极进给速度决定的。

电极挂在料杆上,随着电极的不断熔化,电极也缓慢下降。在电极的控制系统中,最广泛、最常用的是电弧电压控制形式。其原理是利用弧长和电压的特定关系,即在一定弧长范围内弧长是与电弧电压相关的,因此熔炼过程中可以把电弧电压取出来与一个给定的电压值相比较,根据比较电压的大小,控制驱动机构,提升或下降电极,以达到控制弧长的目的。

由于电弧电压无法直接测量,实际中的电弧电压讯号包括了电极电压和一段网路电压,其中电弧电压仅占少部分,因此把电弧电压作为电极升降系统的控制讯号不能可靠控制熔炼操作。

电极控制系统的最大改进是由原来的电弧电压控制改为电弧脉冲控制系统(熔滴率控制)。电弧脉冲讯号是一种只与电弧长度有关的讯号,它类似于一般碳棒在空气中焊接时电弧的"嘶嘶"声,是在电弧等离子区存在的高频振幅和衰变,也称噪声。当电极接近熔池时,这种噪声的振幅和频率都会加强,于是把这种脉冲讯号取出来,用于控制系统,由于其对电弧变化很敏感,比电弧电压控制更有效。

3.2.5 锻造开坯技术

一般采用自由锻造的方法获得成品。对于航空用材料的钢锭,目前最大真空锭型为$\phi920mm$。常见的锻造流程:钢锭加热—锻造成形生产—成品退火—性能检验—表面精整处理等。

3.2.5.1 钢锭的加热

通常金属材料的强度会随着自身温度的升高而下降,塑性提高。因此,通过加热可以提高锻造坯料的塑性,降低变形抗力,改善其锻造性能,但加热温度过高,也会使棒材质量下降。

金属材料的锻造性能是以其锻造时的塑性和变形抗力来综合衡量的,其中以材料的塑性对棒材质量影响最大,塑性好且变形抗力小,不仅尺寸、形状发生变化,其内部组织也更加致密,内部的疏松组织以及气泡、微小裂痕等也被压实和压合。同时,晶粒得到细化,因而具有很好的力学性能。

加热主要是通过加热炉对钢锭进行热传导、对流和热辐射,促使钢锭吸收热量,使其温度升高到指定温度。根据加热使用的能源,加热炉可以分为燃料炉和电加热炉两大类。燃料炉主要是利用燃料(煤、燃气、燃料油等)在炉内燃烧产生热量,直接对钢锭进行加热。该加热方法在我国适用性广、成本低,但劳动条件差、炉温控制复杂,而且生产过程伴随污染;电加热炉是利用电流通过电阻产生热量,进而实现对钢锭进行加热。与燃料炉加热相比,电加热炉具有温度控制容易、污染小、劳动条件好、易于实现自动化等优点。

1）加热温度及范围的确定

金属的锻造温度范围指开始锻造温度（始锻温度）和结束锻造温度（终锻温度）之间的一段温度区间。

锻造温度范围的确定原则是：应能保证金属在锻造温度范围内具有较高的塑性和较小的变形抗力，并使制出的棒材获得所希望的组织和性能。在此前提下，锻造温度范围应尽可能取得大一些，以便减少锻造火次，降低消耗，提高生产效率，并方便操作。

确定锻造温度范围的基本方法是：运用合金相图、塑性图、抗力图及再结晶图等，从塑性、变形抗力和棒材的组织性能三个方面进行综合分析，确定出合理的锻造温度范围，并在生产实际中进行验证和修改。

（1）始锻温度。钢锭在加热炉内允许加热的最高温度称为始锻温度。从加热炉内取出钢锭送到快锻机上开始锻造之前，根据钢锭的大小、运送钢锭的方法以及加热炉与设备之间距离的远近，钢锭有几度到几十度的温降。因此，真正开始锻造的温度稍低，在始锻前，应尽量减少钢锭的温降。

始锻温度高，则金属的塑性高，抗力小，变形时消耗的能量少，可以采用更大变形量的工艺。但加热温度过高，不但氧化、脱碳严重，还会引起过热、过烧。一般来讲，随着含碳量增加，钢的熔点降低，其始锻温度也相应降低。

（2）终锻温度。终锻温度过高，停锻之后，锻件内部晶粒会继续长大，出现粗晶组织或析出第二相，降低棒材的力学性能；如果终锻温度低于再结晶温度，棒材内部会出现加工硬化，使塑性降低，变形抗力急剧增加，容易使棒材在锻造加工过程中开裂，或在棒材内部产生较大的残余应力，使棒材在冷却的过程中产生开裂。为了保证棒材内部为再结晶组织，终锻温度一般要高于金属的再结晶温度50℃～100℃。金属的变形抗力图通常作为确定终锻温度的主要依据之一。

2）加热时间的确定

（1）加热速度。钢锭一般采取冷锭进行加热。

钢锭加热速度是指加热时升温的快慢。通常指钢锭表面温度升高的速度，其单位为：℃/h，也可以用单位时间加热厚度来表示，其单位为：mm/min。

根据加热时钢锭表面与中心的最大允许温差确定的最大允许加热速度可按下式计算

$$[c] = 5.6a[\sigma]/\beta ER^2 \qquad\qquad (3-8)$$

式中：$[\sigma]$ 为许用应力（MPa），可近似用相应的抗拉强度计算；a 为热扩散率（m^2/h）；β 为线膨胀系数（$℃^{-1}$）；E 为弹性模量（MPa）；R 为钢锭的半径（m）。

式（3-8）表明，钢锭的热扩散率越大，抗拉强度越大，断面尺寸越小，则允

116

许的加热速度越大;反之,允许的加热速度越小。

（2）均热保温时间。钢锭一般采取多段加热规范。低温装炉温度下保温的目的是减少钢锭断面温差,防止因温度应力而引起破坏,特别是在 200℃ ~ 400℃时,钢很容易因蓝脆而发生破坏。800℃ ~850℃保温的目的是为了减少前段加热后钢锭断面上的温差,减少温度应力,并可缩短钢锭在锻造温度下的保温时间。对于有相变的钢种,在此阶段的均热保温是非常必要的,可以防止产生组织应力裂纹。锻造温度下的保温,是为了防止钢锭心部温度过低,引起锻造变形不均,并且还可以借助高温扩散作用,使钢锭组织均匀化。

钢锭的均质化热处理技术近年来受到重视。高合金超高强度钢和不锈钢中合金元素含量近30%,在钢锭中易形成较为严重的成分偏析,为了使真空自耗钢锭化学成分进一步均匀化,在钢锭锻造前预先对钢锭进行高温均质化热处理,使棒材的化学成分和低倍组织更加均匀化,使力学性能特别是韧性大幅度提高。

在相同温度下,不同均质化扩散时间对 23Co14Ni12Cr3MoE 钢锭开坯锻造后的力学性能影响见表 3 - 13。可以看出,随着扩散时间的延长,钢锭化学成分越来越均匀,与之对应的力学性能尤其是塑性和韧性越来越好。

表 3 - 13　均质化扩散时间对 23Co14Ni12Cr3MoE 钢锭开坯锻造后力学性能的影响

扩散时间/h	σ_b/MPa	$\sigma_{P0.2}$/MPa	δ_5/%	ψ/%	K_{IC}/MPa $\sqrt{m}$
20	1960	1750	11.0	57.5	114
40	1960	1775	13.3	78.5	148

锻造过程中最后一火的加热温度和变形量对最终成品棒材的晶粒度有较大的影响,因此应尽量降低加热温度并采用大变形,以便提高大尺寸棒材的晶粒度级别。

3.2.5.2　钢锭的开坯锻造

钢锭的开坯锻造过程一般需要经过镦粗和拔长这两个最基本的工序。

1）镦粗

使钢锭高度减少,横截面积增大的成形工序称为镦粗。如果仅使钢锭的局部截面积增大,则称为局部镦粗。其目的有以下几个方面:

（1）改变钢锭的尺寸,由截面积较小的钢锭得到截面积较大而高度较小的锻件;

（2）反复镦粗、拔长,可以提高钢锭的锻造比,更有效地破碎合金钢中的铸态组织,提高棒材的力学性能;

（3）提高棒材的横向力学性能并减小纤维组织的程度过大。

镦粗的变形程度常以钢锭镦粗前后的高度之比——镦粗比用 K_H 来表示,即

$$K_H = H_0/H$$

式中：H_0，H 为镦粗前后坯料的高度（mm）。

当高径比 $H_0/D_0 > 3$ 时，钢锭容易失稳而弯曲。尤其当坯料端面与轴线不垂直，或坯料有初弯曲，或坯料各处温度不均，或砧面不平时，更容易产生弯曲；当高径比 $H_0/D_0 = 0.5 \sim 2$ 时，钢锭只产生单鼓形，坯料变形均匀；当高径比 $H_0/D_0 < 0.5$ 时，钢锭内部的变形抗力急剧上升，锻造过程很难进行。

2）拔长

使坯料横截面积减少而长度增加的成形工序称为拔长。拔长时的变形程度用拔长前后的截面积之比（锻造比）来表示，即

$$K_L = F_0/F$$

式中：F_0 为拔长前的截面面积；F 为拔长后的截面面积。

拔长的目的有以下几个方面：

（1）由截面积较大的坯料获得截面积较小而轴向较长的轴类锻件；

（2）反复拔长与镦粗可以提高锻造比，使合金钢中的碳化物破碎，达到均匀分布，改善棒材内部组织，提高力学性能。

有关超高强度钢的开坯锻造详见第 6 章。随着超高强度钢合金元素的增多，对晶粒度和综合力学性能要求的提高，冶金技术需要不断取得进步。

参 考 文 献

[1] 上海宝钢集团公司. 宝钢纯净钢生产技术现状和发展[J]. 中国冶金，2000(3)：9-15.

[2] 赵先存. 关于特钢企业结构调整问题[J]. 中国冶金，2000(3)：6-8.

[3] 崔亚茹，刘环. VIM 法熔炼航空用奥氏体不锈钢的工艺探讨[J]. 铸造技术，2005(10)：865-868.

[4] Fukumoto S，Mitchell A. The Manufacture of Alloys with Zero Oxide Inclusion Content[A]. Proceedings of the 1991 Vacuum Metallurgy Conference on the Melting and Processing of Specialty Materials[C]. Pittsburgh，USA：I & SS Inc. ，1991：3-7.

[5] 李正邦. 超洁净钢和零非金属夹杂钢[J]. 特殊钢，2004(4)：24-27.

[6] 彭杰楼. 真空感应炉的进步与发展[J]. 上海金属，2000(3)：13-18.

[7] 王瑞，李志，王春旭，等. 飞机起落架用 300M 钢熔炼、开坯技术[A]. 中国航空学会 2007 年学术年会[C]. 深圳：中国航空学会，1-8.

[8] 傅杰，陈恩普，谢继莹，等. 特种冶炼[M]. 北京：冶金工业出版社，1982.

[9] 邓长辉，桑海峰，王福利，等. 真空感应炉熔化期工艺优化控制[J]. 控制理论应用，2005(1)：28-31.

[10] 薛正良，李正邦，张家雯，等. 用氧化钙坩埚真空感应熔炼超低氧钢的脱氧动力学[J]. 钢铁研究学报，2003(5)：5-8.

[11] 周德光，傅杰，王平，等. 轴承钢中钛与氮的控制及作用研究[J]. 钢铁，1999(34)：586.

［12］ 刘嘉禾. 钒钛铌等微合金化元素在低合金钢中的基础研究［M］. 北京:北京科学技术出版社,1992.

［13］ Turkdogan E T. Causes and effects of nitride and carbonitride precipitation in HSLA steels in relation to continuous casting［A］. Steelmaking Conference Proceedings（AIME）［C］. Pittsburgh, USA:Iron and Steel Society,1987（70）:399.

［14］ Shambler C E,Culp S L,Lober R W. Superalloy cleanliness evaluation using the EB Button melt test. In: Proceedings Vacuum Metallurgy Conference［C］. Pittsburgh, USA:Edited by Bhat G K,Iherbier L W., 1984:145.

［15］ Mitchell A. The production of high-quality materials by special melting processes［J］. J. Vac. Sci. Technology A,1987（4）:2672.

［16］ Domingue J A,Schweizer F A,Yu K O. Aerospace Continuing Motivator for Melting Technology［J］. J. Vac. Sci. Technology A,1987（4）:2665.

［17］ 傅杰. 钢冶金过程动力学［M］. 北京:冶金工业出版社,2001.

［18］ 李正邦. 钢铁冶金前沿技术［M］. 北京:冶金工业出版社,1997.

［18］ Winkver O,Bakish R. 真空冶金学［M］. 沈勇将,译. 上海:上海科学技术出版社,1982.

［20］ 傅杰. 中国现代电弧炉炼钢技术进展［A］. CONSTEEL 国际学术研讨会论文集［C］. 北京:冶金工业出版社,2004,110 – 116.

第4章 超高强度钢的疲劳与
轴承齿轮钢的接触疲劳

4.1 超高强度钢的疲劳

4.1.1 疲劳的基本概念与特征[1]

早在150年前,人们就开始认识和研究材料的疲劳问题,并在不懈地探究和实践中,不断修正和深化对疲劳的认识。什么是疲劳？美国材料与试验协会(ASTM)在疲劳相关的标准术语中对疲劳做出了如下定义[2]:疲劳是指在某点或某些点承受交变应力或应变,且在足够多的循环扰动作用之后形成裂纹或完全断裂的材料中所发生的局部的、永久结构变化的发展过程。疲劳的基本特征包括以下几个方面:

(1)只有在承受扰动应力作用的条件下,疲劳才会发生。扰动应力,是指随时间变化的应力。本书中一般将其称为交变应力,或交变载荷,如图4-1所示。载荷随使用时间的变化可以是有规律的,也可以是无规律的。

横幅应力循环载荷是最简单的循环载荷,如图4-1(a)所示。描述一个应力循环常用的参量为最大应力σ_{max}和最小应力σ_{min}。另外,疲劳分析中,还常使用如下参量:

应力变程(全幅)$\Delta\sigma$:

$$\Delta\sigma = \sigma_{max} - \sigma_{min} \qquad (4-1)$$

应力幅(半幅)σ_a:

$$\sigma_a = \frac{\Delta\sigma}{2} = \frac{\sigma_{max} - \sigma_{min}}{2} \qquad (4-2)$$

平均应力σ_m:

$$\sigma_m = \frac{\sigma_{max} + \sigma_{min}}{2} \qquad (4-3)$$

应力比R:

$$R = \frac{\sigma_{min}}{\sigma_{max}} \qquad (4-4)$$

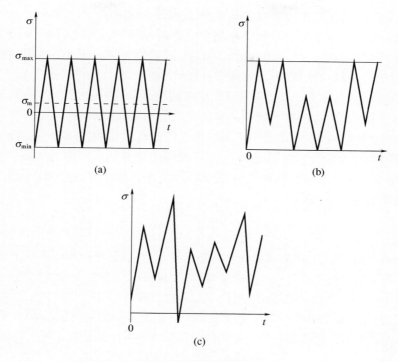

图 4 - 1　疲劳载荷形式

（a）横幅载荷；（b）变幅载荷；（c）随机载荷。

其中，应力比 R 反映了不同的循环特征，如 $R = 0$ 是脉冲循环，$R = 1$ 是静载荷，$R = -1$ 是对称循环。在上述参量中，描述循环应力水平时，一般只需两个量。为使用方便，设计时，一般用最大应力 σ_{max} 和最小应力 σ_{min}，以便于设计控制；实验时，一般用平均应力 σ_m 和应力幅 σ_a，以便于施加载荷；分析时，一般用应力幅和应力比 R，以便于按循环特性分类研究。

（2）疲劳破坏起源于高应力或高应变的局部。疲劳破坏由应力或应变较高的局部开始，形成损伤并逐渐累积，导致破坏发生。可见，局部性是疲劳的明显特点。构件应力集中处，常常是疲劳破坏的起源。因此，需要注意细节设计，尽可能减小应力集中。结构设计与应用所关心的正是这些由几何形状变化或材料缺陷等引起应力集中的局部区域。

（3）疲劳破坏是在足够多次的交变应力作用后，形成裂纹或完全断裂。足够多次的交变载荷作用之后，从高应力或高应变的局部开始，形成裂纹，称为裂纹起始（或裂纹萌生）。此后，在交变载荷作用下，裂纹进一步扩展，直至达到临界尺寸而发生完全断裂。裂纹萌生—扩展—断裂三个阶段是疲劳破坏的又一特点。研究裂纹萌生与扩展的机理与规律,是疲劳研究的主要内容。

(4)疲劳是一个发展过程。在交变应力的作用下,构件从一开始使用就进入了疲劳的"发展过程"。裂纹萌生与扩展,是这一发展过程中不断形成的损伤积累的结果,最后的断裂,标志着疲劳过程的终结。这一过程所经历的时间或交变载荷的次数称为"寿命"。它主要取决于载荷水平、作用次数或时间以及材料抗疲劳破坏的能力等。疲劳研究的目的之一就是要预测寿命。

材料发生疲劳破坏,需要经历裂纹的起始或萌生、裂纹稳定扩展和裂纹失稳扩展(断裂)三个阶段。疲劳总寿命也由相应的部分组成。因为裂纹失稳扩展是快速扩展,对总寿命的影响很小,通常不予考虑。故总寿命分为裂纹萌生寿命和扩展寿命两部分,即

$$N_{总} = N_{萌生} + N_{扩展} \qquad (4-5)$$

完整的疲劳分析,既要研究裂纹的起始或萌生,也要研究裂纹的扩展,并应注意两部分寿命的衔接。但在某些特殊情况下,也可能只需要考虑裂纹起始或扩展中的一个,并由此给出其寿命的估计。超高强度钢构件的疲劳寿命中,裂纹萌生寿命较长,占总寿命的70%~80%甚至更多[3]。扩展寿命相对较短,裂纹一旦萌生,构件将很快失效。航空超高强度钢构件设计时主要考虑的是裂纹萌生寿命。

4.1.2 超高强度钢的疲劳裂纹萌生与应力集中敏感性

超高强度钢疲劳的基本特征是应力集中敏感。应力集中主要来自于几何形状的不连续、材料冶金缺陷和加工带来的表面缺陷等。应力集中系数越高,承受外加载荷时,越容易萌生疲劳源。超高强度钢的强度越高,对应力集中的敏感性也就越大,这是超高强度钢的一个突出弱点。

4.1.2.1 由几何形状引起的应力集中

由几何形状引起的应力集中是由构件形状的不连续引起的,是应力集中的主要来源。在有缺口的情况下,超高强度钢构件的疲劳寿命明显下降。原因是虽然工作应力远远低于材料的屈服应力,但缺口处因应力集中其应力水平远高于名义应力,这些不连续部位会首先产生微裂纹,并最终导致断裂。零件上由设计引入的结构的应力集中,如由小孔、螺纹、圆角等在外加载荷的作用下,这些部位表现出成倍数的应力增加,工程上用应力集中系数 K_t 表示,如图4-2所示。

随着超高强度钢强度水平的升高,应力集中对疲劳性能的影响更加强烈,如对于抗拉强度为1832MPa 的 AISI 4340 钢,它的疲劳强度应力集中敏感规律为:当 $K_t = 2$ 时,疲劳强度降低29%,当 $K_t = 3$ 时,疲劳强度降低42%[4];而对于抗拉强度为1965MPa 的超高强度钢40CrNi2Si2MoVA(300M),当 $K_t = 2$ 时,疲劳强

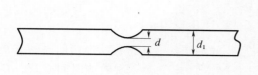

K_t	2	3	4	5
R	1.5	0.5	0.2	0.12
d_1	11.9	11	11	11
d	8.5	8.5	8.5	8.5

图 4 - 2　缺口示意图

度降低 43%；当 $K_t = 3$ 时，疲劳强度降低 53%；$K_t = 5$ 时，疲劳强度降低 76%，如图 4 - 3 所示。

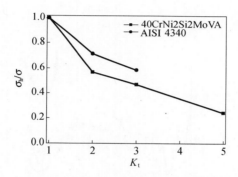

图 4 - 3　超高强度钢应力集中系数与疲劳强度之间的关系

σ—无应力集中系效时的疲劳强度；σ_h—应力集中系效 $K_t = h$ 时的疲劳强度。

4.1.2.2　加工缺陷产生的应力集中

1. 表面粗糙度

1) 形貌特征

机械加工形成的表面粗糙程度显著影响超高强度钢的疲劳寿命。磨削通常是机械加工的最后一道工序，磨削加工的表面并非理想平面，存在特定的纹理。图 4 - 4 为磨削表面三维形貌和截面轮廓图。磨削表面越粗糙、沟痕越深、纹底曲率半径越小，应力集中程度越严重，抗疲劳破坏的能力就越差。

2) 粗糙度引起的应力集中

加工表面粗糙度引起的应力集中常用以下两个经验公式表达。

式（4 - 6）由 Neuber[5] 提出，他将表面形貌近似为连续相邻的缺口，在拉伸载荷作用下，用粗糙度参数 Rz 表征表面应力集中系数

$$K_t = 1 + n \sqrt{\lambda \frac{Rz}{\rho}} \qquad (4 - 6)$$

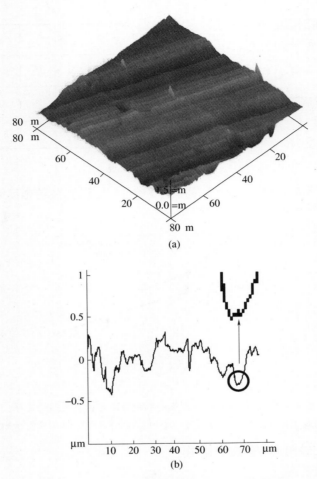

图 4 - 4 磨削表面三维形貌(AFM)和截面轮廓

式中:n 为与应力状态有关的比例系数(切应力时 $n=1$,拉应力时 $n=2$);λ 为缺口间距与深度的比值,对于机械加工表面,通常取 $\lambda=1$;$\rho=a^2/b$(ρ 为缺口底部的曲率半径,$2a$ 为缺口宽度,b 为缺口深度)。

Arola 和 Ramulu 认为应力集中系数应采用磨削表面的平均几何参数 Ra、Ry 和 Rz 来表征,Ra、Ry 和 Rz 定义如下[6]:

$$Ra = \frac{1}{l}\int_0^l |z(x)| \, dx \qquad (4-7)$$

$$Ry = |z_{\max} - z_{\min}| \qquad (4-8)$$

$$Rz = \frac{1}{5}\left[\sum_{i=1}^5 (z_i)_{\max} + \sum_{j=1}^5 |(z_j)_{\min}|\right] \qquad (4-9)$$

124

式中：l 为磨削剖面的长度；z 是剖面高度分布。

应力集中系数的表达式为[7-8]

$$K_t = 1 + n\left(\frac{Ra}{\rho}\right)\left(\frac{R\gamma}{Rz}\right) \tag{4-10}$$

式中：ρ 为缺口底部的曲率半径；n 为与应力状态有关的比例系数。

3）粗糙度对疲劳行为的影响

不同粗糙度（$Ra = 0.2\mu m$ 和 $Ra = 0.02\mu m$）的 M50NiL 钢的旋转弯曲疲劳断口形貌如图 4-5 所示。精磨表面 $Ra = 0.2\mu m$，疲劳源起始于表面刀痕；研磨表面 $Ra = 0.02\mu m$，疲劳源起始于亚表面的夹杂物。可见，降低表面粗糙度，可在一定程度上抑制表面裂纹源的形成。

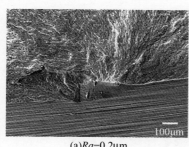

(a)Ra=0.2μm   (b)Ra=0.02μm

图 4-5　旋转弯曲疲劳源形貌

（a）疲劳起源于表面磨痕；（b）疲劳起源于亚表面夹杂物。

较低的表面粗糙度在抑制裂纹萌生的同时，提高了疲劳寿命和疲劳强度。图 4-6 为 23Co14Ni12Cr3MoE 超高强度钢在不同粗糙度下的旋转弯曲疲劳曲线。粗糙度 $Ra = 3.2\mu m$ 时，疲劳强度只有 680MPa，粗糙度值由 $3.2\mu m$ 每降低 $1/2$，疲劳强度升高近 100MPa，当粗糙度降低到 $0.4\mu m$ 时，疲劳强度升高到 910MPa，提高 33.8%。

2. 表面氧化膜

1）形貌

23Co14Ni12Cr3MoE 超高强度钢经 190℃~200℃ 加热后，表面产生一层几百纳米厚的氧化膜，如图 4-7 所示。

2）表面氧化膜对疲劳行为的影响

氧化膜硬度高且脆性较大，它的存在加速了表面疲劳裂纹源的形成。图 4-8 为 23Co14Ni12Cr3MoE 超高强度钢轴向疲劳断口显示的裂纹源区形貌。经 190℃~200℃ 加热并在表面形成约 397nm 厚的氧化膜后，疲劳裂纹源都起始于表面（图 4-8（a））；增大应力集中系数，取 $K_t = 4$ 时，断口形貌（图 4-8（b））表

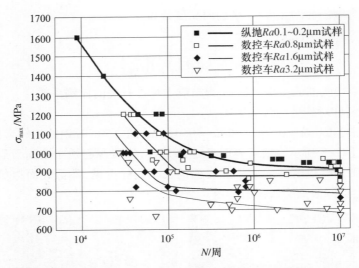

图 4 − 6　23Co14Ni12Cr3MoE 钢在不同粗糙度下的旋转弯曲疲劳 $S − N$ 曲线

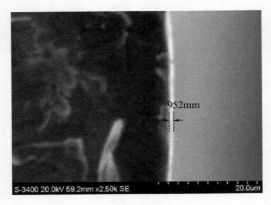

图 4 − 7　23Co14Ni12Cr3MoE 超高强度钢加热后的表面氧化膜(厚度952nm)

明,表面多源形核的程度加大,裂纹源增多。

氧化膜明显降低超高强度钢的疲劳寿命,尤其是高应力集中系数下的疲劳寿命。例如,23Co14Ni12Cr3MoE 钢经 190℃ ~200℃加热后疲劳寿命一般低于未加热状态试样,且随着应力集中系数的升高,这一效应愈加明显,当应力集中系数达到 4 时,氧化膜的存在使疲劳寿命降低到原来的 1/40,详见图 4 −9。

表面氧化膜本身在疲劳的发展过程中首先萌生裂纹,这样就在氧化膜与基体的界面上造成了高的应力场,这一应力场加速了基体表面疲劳裂纹源的形成,而且这种影响随着几何应力集中的增大而增大。这样,就导致了高应力集中时氧化膜对疲劳寿命降低的影响程度加大。在实际应用中应适时去除表面形成的

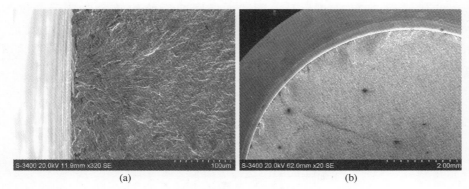

(a)   (b)

图 4 - 8 23Co14Ni12Cr3MoE 超高强度钢轴向疲劳断口裂纹源区形貌特征

（a）光滑试样（$R = 0.06$，$\sigma_{max} = 1700\text{MPa}$），氧化膜厚约 397nm，表面单裂纹源；

（b）$K_t = 4$（$R = -1$，$\sigma_{max} = 400\text{MPa}$），氧化膜厚约 952nm，表面多裂纹源。

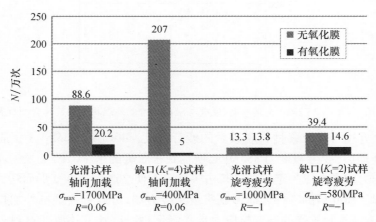

图 4 - 9 氧化膜对 23Co14Ni12Cr3MoE 钢疲劳寿命的影响

致密的氧化膜。

3. 表面脱碳

在材料的热处理过程中,表层的碳与介质中的氧、氢、二氧化碳及水蒸气等发生反应,降低表层碳浓度的现象称为脱碳。脱碳造成表层硬度降低,疲劳强度下降。热处理工艺研究表明,脱碳层深度随加热温度的上升和保温时间的延长而增加,700℃以上脱碳层深度显著增加。870℃加热 60min,40CrNi2Si2MoVA 钢的表面硬度为 356HV,心部硬度为 553HV,单边表面脱碳层深度达到 0.32mm。C 含量的减少导致表层强度降低,承受疲劳载荷的能力下降,相当于在表面构造了应力集中。图 4 - 10 为 40CrNi2Si2MoVA 钢磨削、脱碳与脱碳后喷丸处理状态的旋转弯曲疲劳曲线。40CrNi2Si2MoVA 钢光滑试样经磨削后的旋转弯曲疲劳强度为 875MPa，表面脱碳试样的疲劳强度为 730MPa，下降了 16%。因此，40CrNi2Si2MoVA 钢在空气炉热处理后的单边切削余量应不少于 0.35mm，或采用真空热处理方法。

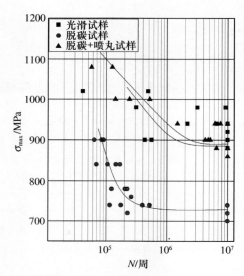

图 4-10 40CrNi2Si2MoVA 钢磨削、脱碳与脱碳后喷丸处理状态的旋转弯曲疲劳曲线

喷丸处理可以改善材料脱碳后的疲劳强度。40CrNi2Si2MoVA 钢脱碳试样经喷丸处理后，疲劳强度为 885MPa，恢复到未脱碳的水平。喷丸是指通过选取适当的压力使弹丸以一定的速度打击零件表面使之产生塑性变形而达到强化效果的过程。喷丸后的零件表面形成残余压应力场，可以有效抵抗外加拉应力的作用，使表面实际承受的交变拉应力水平降低，此外，喷丸还改变材料表层的组织结构，使位错密度增加、硬度提高、疲劳裂纹扩展的速度减小。有关表面强化对疲劳性能的影响将在 4.3 节中详述。

4. 表面烧伤与预防

超高强度钢热处理后机械加工的方法或工艺不当引起的表面烧伤会造成构件疲劳性能大幅度降低，这一点已被普遍认同。随着超高强度钢中合金元素的增多，合金黏度增大，给机械加工带来了新的难度，机械加工过程中控制超高强度钢表面不出现烧伤现象已成为基本技术要求。

零件的某些典型部位机械加工时易出现烧伤现象，如磨削带有径向开孔的零件外圆时，由于在孔的周边易引起磨削不平稳，影响加工表面粗糙度，同时易造成孔口部位产生轻微烧伤；磨削零件内孔时，由于砂轮杆是悬臂梁结构，造成零件磨削不平稳,易产生让刀、啃刀现象,影响加工表面粗糙度和尺寸精度,易使加工表面烧伤,精加工时应采用微小切深进行精磨。在精车、精镗零件内外圆、端面、倒角、倒圆、根部圆角转接等典型部位时,需要采用尖刀车、镗削加工,尽量避免采用成形刀具进行形面切削加工。当受零件结构和设备限制不能采用锋利刀具车、镗削加工倒角、倒圆、根部圆角 R 转接、螺纹及退刀槽时,采用成形刀具进行形面切削加工,应采用微小切深切削,加工后需采用砂布轮抛光,排除加工波纹和轻微烧伤。铰孔时应保持铰刀锋利切削,规定铰刀铰孔数量,定期修磨铰刀。

4.1.2.3　非金属夹杂物引起的应力集中

超高强度钢的纯净度,尤其是夹杂物特征(如类型、大小、形状、数量和分布等)对钢的疲劳破坏行为有十分显著的影响。许多工作已证实[9-11],非金属夹杂物(如氧化铝等)是影响超高强度钢疲劳性能的主要因素之一。

非金属夹杂物按大小可分为高倍夹杂(主要指硫化物、氧化物、硅酸盐等)和低倍夹杂(指单个长度大于 0.5mm 的非金属夹杂物)。通常把夹杂物分为四类:A 类(硫化物)、B 类(氧化物)、C 类(硅酸盐)、D 类(点状不变形夹杂物);硫化物也称为塑性夹杂物,它可以随金属变形发生形状改变,B 类、C 类、D 类是脆性夹杂物,如钢中的氧化铝夹杂(Al_2O_3)、尖晶石($MgO \cdot Al_2O_3$)等。

夹杂物使受载金属的应力或残余应力发生再分布,引起应力集中,同时为材料的破坏提供了薄弱部位,导致微裂纹的快速形成,加速破坏过程,这是夹杂物降低力学性能的根本原因。

从形态上来说,一般认为尖棱状的硬脆性夹杂物危害最大,因为它容易划伤金属基体和引起应力集中;从夹杂物种类上来说,夹杂物中危害最大的是来源于炉渣和耐火材料的外来氧化物。由于它们尺寸大、形状不规则、分布集中并且变形性差,这些夹杂物在应力的作用下易产生裂纹,甚至引起部件早期的疲劳破坏。超高强度钢已采用超纯原材料、真空感应 + 真空自耗冶金技术,大大减少了钢中微观和宏观夹杂物,明显提高了材料的疲劳寿命。

当超高强度钢构件表面光滑(无缺口)时,疲劳裂纹源为钢基体本身的缺陷与非金属夹杂物的竞争。定义夹杂物的临界尺寸 ϕ_{in} 为不引起疲劳破坏的最大夹杂物尺寸。夹杂物的临界尺寸取决于夹杂物距钢表面的距离。文献[12]假设表面夹杂物为半球形、亚表面和内部夹杂物为球形,估算了半球形表面夹杂物、球形亚表面夹杂物和球形内部夹杂物的临界直径分别为

$$\begin{pmatrix} \phi_{表面} \\ \phi_{亚表面} \\ \phi_{内部} \end{pmatrix} = \begin{bmatrix} 0.813 \\ 0.528 \\ 0.969 \end{bmatrix} \left(1 + \frac{120}{HV}\right)^6 \tag{4-11}$$

可见,随着高强度钢硬度和强度的增加,夹杂物的临界尺寸越来越小,即夹

杂物对疲劳破坏的作用在增大;内部夹杂物的临界尺寸最大。

Duckworth 等用外加 Al_2O_3 的方法研究了大于临界尺寸的非表面夹杂物 Al_2O_3 的大小对疲劳性能的影响,结果表明,材料的强度降低因子 K_f 与夹杂物直径 D 的立方根成正比

$$K_f = kD^{1/3} \qquad (4-12)$$

式中:k 为比例系数;K_f 为强度降低因子,是钢中存在和不存在直径为 D 的夹杂物时疲劳强度的比值[13]。

超高强度钢中的夹杂物尺寸对超高周疲劳性能有着重要影响。根据超高强度钢中夹杂物尺寸,超高周($N > 10^7$ 周)疲劳 $S-N$ 曲线可分为三种情况:当夹杂物尺寸小于临界尺寸时,$S-N$ 曲线为疲劳极限型;当夹杂物尺寸大于临界尺寸但小于 $20\mu m$ 时,$S-N$ 曲线为台阶型,台阶的长度随夹杂物尺寸的加大而减小,当夹杂物尺寸大于约 $20\mu m$ 时,$S-N$ 曲线为连续下降型。含有不同尺度夹杂物的超高强度钢的超高周疲劳 $S-N$ 曲线示意图如图 $4-11$ 所示[12]。

超高强度钢的疲劳断裂是表面缺口和钢中非金属夹杂物竞争的结果。如果表面加工状态良好,裂纹萌生于夹杂物的可能性就增大。控制机械加工尤其是控制磨削以及其他精加工过程对保证表面完整性、提高构件疲劳性能至关重要。

综上所述,提高超高强度钢的强度和寿命,一方面应提高超高强度钢构件的表面完整性,减小由表面不平度引起的应力集中,将疲劳源由表面移至亚表面;另一方面,通过双真空熔炼技术(VIM + VAR)提高钢的纯净度,克服由夹杂物等内部缺陷引起的疲劳破坏。

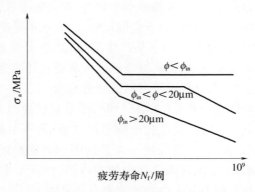

图 $4-11$ 高强度钢超高周疲劳 $S-N$ 曲线示意图

4.1.3 超高强度钢的疲劳裂纹扩展特性

从疲劳断口的宏观分析可知,疲劳过程可分为裂纹的起源、裂纹稳定扩展和

130

裂纹失稳扩展(断裂)三个阶段,裂纹稳定扩展寿命是构件整个疲劳寿命中较为重要的组成部分。随着断裂韧度和抗应力腐蚀性能成为评价材料的指标,超高强度钢的疲劳裂纹扩展性能备受关注。

4.1.3.1　疲劳裂纹扩展

对一个有裂纹的零件或试样,随着作用于其上的拉力增大,裂纹尖端的应力强度因子 K_{I} 随之增大,当 K_{I} 增大到临界值时,裂纹将发生失稳扩展导致零件的断裂。在循环加载条件下,当载荷对应的最大应力强度因子远低于临界强度因子时,裂纹可能由 a_0 逐渐扩展到临界尺寸 a_{c},突然发生脆断。

材料的疲劳裂纹扩展性能描述了在特定的试验条件下材料抵抗裂纹扩展的内在抗力。疲劳裂纹扩展速率可以用裂纹长度在每个循环中的增量 $\mathrm{d}a/\mathrm{d}N$ 来表示。Paris[14] 等人指出疲劳裂纹扩展速率 $\mathrm{d}a/\mathrm{d}N$ 与应力强度因子范围成幂指数关系,即

$$\frac{\mathrm{d}a}{\mathrm{d}N} = C(\Delta K)^m \tag{4-13}$$

式中:C,m 为材料常数。由此可建立 ΔK 起控制作用的 $\dfrac{\mathrm{d}a}{\mathrm{d}N}$ - ΔK 曲线。若横坐标和纵坐标均用对数表示,即得 $\lg\dfrac{\mathrm{d}a}{\mathrm{d}N}$ - $\lg\Delta K$ 曲线,如图 4-12 所示[15]。

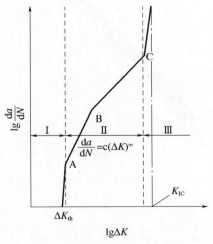

图 4-12　$\lg\dfrac{\mathrm{d}a}{\mathrm{d}N}$ - $\lg\Delta K$ 关系曲线

疲劳裂纹扩展速率一般由四条不同斜率的直线构成,当外加应力强度因子范围 ΔK 小于某一临界值 ΔK_{th} 时,裂纹不发生扩展;当 ΔK 达到 ΔK_{th} 时,裂纹扩展速率急剧上升,几乎与纵坐标轴平行。当 ΔK 增加至 A 点以后,$\mathrm{d}a/\mathrm{d}N$ 与应力强度因子范围服从 Paris 关系,在此阶段的断口形貌显示平断口并具有典型的疲劳条纹。增加

ΔK 至 B 点以后,直线的斜率减小,在此范围内断口是疲劳断裂和解理断裂的混合断口。继续增加 ΔK 值至 C 点时,K_{max} 逐渐趋近于材料的 K_{IC},裂纹扩展速率快速增加直至试样断裂。在超高强度钢疲劳裂纹稳定扩展区中斜率基本不变。

图 4-13 为 40CrNi2Si2MoVA 钢、16Co14Ni10Cr2Mo 钢和 23Co14Ni12Cr3MoE 钢三种超高强度钢在室温空气环境下的疲劳裂纹扩展性能。可以看出,三种材料的疲劳裂纹扩展规律相近,在同等应力强度下,16Co14Ni10Cr2Mo 钢的裂纹扩展速率较 40CrNi2Si2MoVA 钢和 23Co14Ni12Cr3MoE 钢小,16Co14Ni10Cr2Mo 钢的 ΔK_{th} 明显高于其他两个钢种;由于 16Co14Ni10Cr2Mo 钢与 23Co14Ni12Cr3MoE 钢的断裂韧度较 40CrNi2Si2MoVA 钢高,可以承受更高的应力强度而不致失稳断裂,这对于提高构件的安全性和可靠性具有实际意义。

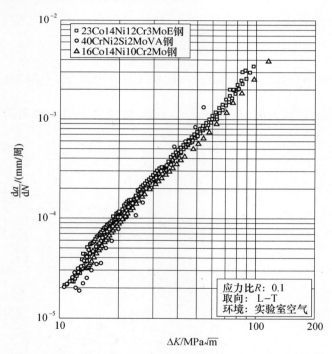

图 4-13　40CrNi2Si2MoVA 钢、16Co14Ni10Cr2Mo 钢和 23Co14Ni12Cr3MoE
钢室温空气环境下的疲劳裂纹扩展性能对比($R=0.1$)

4.1.3.2　腐蚀疲劳与疲劳裂纹扩展性能

腐蚀疲劳是指材料在循环应力和腐蚀环境共同作用下的损伤和破坏的一种形式。在循环加载条件下,腐蚀环境可以促使初始无裂纹的材料加速形成表面裂纹,并促使其扩展到一定的尺寸。Gough 和 Sopwith 的研究工作表明,含氧介质、潮湿空气和水环境一般都会降低延性固体的疲劳寿命。惰性气体或真空环境可提高疲劳强度或增加高应力下的疲劳寿命。

含水介质中的疲劳裂纹萌生模型一般基于下列机制[14]：

（1）应力集中机制。裂纹在有应力集中的点蚀坑根部萌生。

（2）滑移不可逆性增强机制。滑移台阶的氧化可以增强滑移的不可逆性。

（3）塑性变形集中部位的择优电化学浸蚀机制。

（4）氧化膜破裂部位的择优电化学腐蚀机制。

（5）表面能降低机制。

图 4－14 所示为超高强度钢 23Co14Ni12Cr3MoE 在 3.5％NaCl 溶液腐蚀环境和实验室空气环境下的疲劳 $S-N$ 曲线（试验频率 $f=5$Hz）。对于光滑试样，实验室空气和盐水腐蚀环境下 1×10^6 周对应的疲劳强度分别为 1545MPa 和 246MPa，盐水环境导致材料疲劳强度降低 84％，对于应力集中系数为 5 的缺口试样，实验室空气和盐水腐蚀环境下 1×10^6 周对应的疲劳强度分别为 395MPa 和 135MPa，盐水环境导致材料疲劳强度降低 66％。可见，尽管是超高强度耐蚀钢，腐蚀环境对其疲劳性能的弱化作用明显。这从一个方面反映出研究更加耐蚀的超高强度不锈钢的必要性。

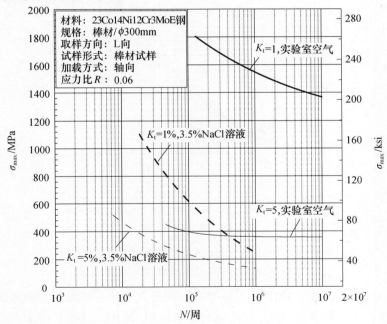

图 4－14　23Co14Ni12Cr3MoE 钢在室温空气和
3.5％NaCl 溶液环境下疲劳 $S-N$ 曲线（$R=0.06$）

腐蚀环境对疲劳裂纹扩展一般由下列六种机制起重要作用[16]：

（1）反应物向裂纹尖端输送和反应产物由裂纹尖端区向外转移；

（2）金属—环境界面反应生成有害化学物质（如氢原子），它们被吸附并扩散进入裂尖前缘区，加速裂纹扩展；

（3）裂尖阳极溶解；

（4）裂纹疲劳开裂导致重复形成新鲜金属表面；

（5）循环应变导致裂纹尖端表面保护膜反复破裂；

（6）在裂纹张开期形成的腐蚀产物堆积起来，既影响裂纹内微区环境，又影响裂纹闭合过程以及裂尖处局部应力强度因子的大小。

图 4 – 15 是 40CrNi2Si2MoVA 钢在室温空气和盐水环境下疲劳裂纹扩展性能对比，在裂纹扩展的初始阶段，$\Delta K \leqslant 16.7$ MPa $\sqrt{\mathrm{m}}$ 时，40CrNi2Si2MoVA 钢在 3.5% NaCl 溶液中的扩展速率明显快于在干空气中的扩展速率。当 $\Delta K \geqslant 16.7$ MPa $\sqrt{\mathrm{m}}$ 时，两者的扩展速率相近。

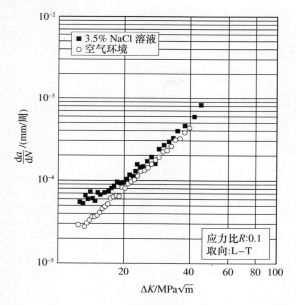

图 4 – 15　40CrNi2Si2MoVA 钢在室温空气和盐水环境下
疲劳裂纹扩展性能对比（$R = 0.1$）

图 4 – 16 为 16Co14Ni10Cr2Mo 钢在室温空气和盐水环境下的疲劳裂纹扩展性能对比（试验频率 $f = 10$Hz），可以看出，16Co14Ni10Cr2Mo 钢在 3.5% NaCl 溶液和空气环境中的 da/dN – ΔK 关系曲线特征一致。当 $\Delta K \geqslant 22$ MPa $\sqrt{\mathrm{m}}$ 时，两

种环境中的疲劳裂纹扩展曲线基本重合,当 $\Delta K \leqslant 22$ MPa $\sqrt{\text{m}}$ 时,盐水环境中的疲劳裂纹扩展速率低于空气中的疲劳裂纹扩展速率。研究资料表明,这与腐蚀产物的锲入作用导致裂纹闭合应力提高有关[17]。在腐蚀疲劳裂纹扩展过程中,产生力学和电化学相互作用的部位仅仅限于裂纹尖端。裂纹尖端在每一循环周期内都将有新鲜的金属暴露于腐蚀环境中,从而发生钝化和吸附等反应并影响裂纹的扩展速率。腐蚀产物沉积在裂纹表面,进而在裂纹面之间塞积,减缓了裂纹扩展。

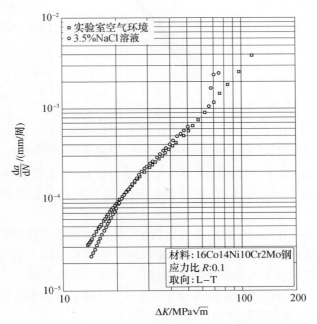

图 4 - 16　16Co14Ni10Cr2Mo 钢在室温空气和盐水环境下

疲劳裂纹扩展性能对比($R = 0.1$, $f = 10$Hz)

图 4 - 17[18] 是 AerMet100 钢分别在干氮气、蒸馏水和 3.5% NaCl 溶液中的疲劳裂纹扩展特性。可以看出,在 10Hz 的条件下,当 $\Delta K \leqslant 10$ MPa $\sqrt{\text{m}}$ 时,在 3.5% NaCl 溶液中的裂纹扩展速率最低,其次是蒸馏水环境,在干氮气环境下的裂纹扩展速率最快。当 $\Delta K \geqslant 10$ MPa $\sqrt{\text{m}}$ 时,AerMet100 钢在三种环境下的裂纹扩展速率几乎一样。这些反映出与 AF1410 钢相似的特征。

图 4 - 18 所示为 23Co14Ni12Cr3MoE 钢和 40CrNi2Si2MoVA 钢在干空气环境和潮湿空气环境下的疲劳裂纹扩展性能。由图可见,23Co14Ni12Cr3MoE 钢在干空气环境与潮湿空气环境下的疲劳裂纹扩展性能基本相当,空气湿度

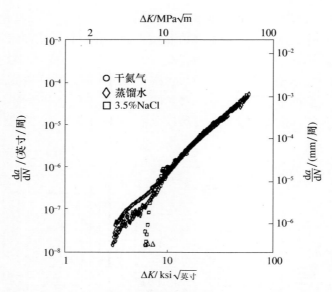

图 4 – 17　AerMet100 钢在不同环境下的疲劳裂纹扩展速率

对其影响很小;而对于 40CrNi2Si2MoVA 钢,$R = 0.1$ 时,空气湿度对疲劳裂纹扩展性能影响很小;$R = 0.5$ 时,在潮湿空气环境下的疲劳裂纹扩展速率明显增大。

　　由图 4 – 14 ~ 图 4 – 18 的结果可以看出,在腐蚀环境中超高强度钢的疲劳寿命和疲劳强度剧烈下降,但疲劳裂纹扩展速率的变化总体上看不是很大。这反映了超高强度钢疲劳寿命组成的基本特征,即超高强度钢疲劳寿命中的裂纹萌生寿命占绝大部分。尽管扩展寿命变化不大,但由于疲劳裂纹萌生寿命大幅度降低,总的疲劳寿命和疲劳强度大幅度降低。

4.1.3.3　23Co14Ni12Cr3MoE 钢的冲击疲劳

　　冲击疲劳尚未形成标准试验方法。图 4 – 19 为冲击疲劳试验的试样和加载方式简图。试样分为两种状态,一种是机械加工状态,一种是"单峰过载"加载后的状态,即将试样放置在试验机三点弯曲夹具上,保证支点的跨距为 100mm,采用静态加载,将力缓慢加至屈服点以下的某个应力水平,保持数分钟后再缓慢卸载。在加载过程中,试样的缺口根部受拉应力,在缺口根部产生微量塑性变形区,当载荷卸掉后,因试样的回弹,缺口根部受压应力,考察其对冲击疲劳性能的影响。

　　冲击频率为 7.5Hz,加载方式仍为三点弯曲方式。试验分别在五种冲击能量(表 4 – 1)下进行,试样产生的裂纹长度为 0.2mm 时的冲击循环周次定为冲击疲劳裂纹的萌生寿命 $N_{0.2}$,被冲断时的冲击循环周次为冲击疲劳断裂寿命 N_f,冲击疲劳断裂寿命 $N_f = N_{0.2} + N_p$,N_p 为冲击疲劳裂纹扩展寿命。

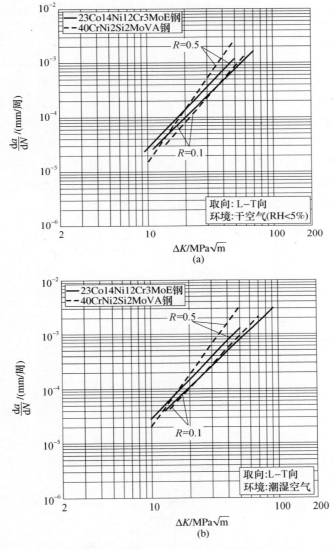

图 4－18　23Co14Ni12Cr3MoE 钢和 40CrNi2Si2MoVA 钢的疲劳裂纹扩展性能对比

（a）干空气（湿度 RH ＜5％）；（b）潮湿空气（湿度 RH ＞90％）。

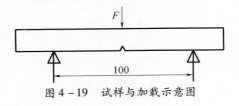

图 4－19　试样与加载示意图

表 4 - 1   23Co14Ni12Cr3MoE 钢冲击疲劳试验的冲击能量

序 号	1	2	3	4	5
冲击能 A/J	1.226	1.606	2.042	2.524	3.447

表 4-2 和图 4-20 表明,缺口根部施加压应力,抑制了疲劳裂纹的形成,提高了疲劳裂纹萌生寿命,但对裂纹扩展寿命影响不明显。随着冲击载荷的降低,"单峰过载"推迟疲劳裂纹萌生的作用增大,冲击载荷越低,"单峰过载"后的裂纹萌生寿命越长。即当冲击能量较低时,由于冲击在缺口根部产生的拉应力较小,"单峰过载"在试样缺口根部造成的压应力有效抵消了部分拉应力的作用,小的拉应力对试样根部造成的损伤小,有效抑制了疲劳裂纹的萌生;在高的冲击能量下,缺口压应力对疲劳裂纹萌生的抑制作用被弱化。

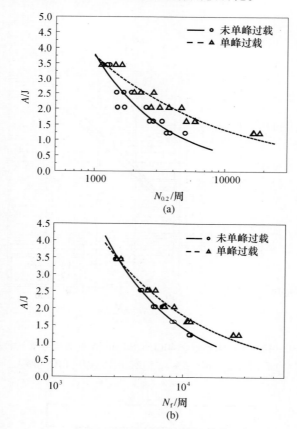

图 4-20   "单峰过载"对 23Co14Ni12Cr3MoE 钢冲击疲劳寿命的影响
(a)裂纹萌生寿命;(b)断裂寿命。

表 4 - 2 23Co14Ni12Cr3MoE 钢不同状态和冲击能量下的疲劳寿命

试 样	载荷/J	疲劳裂纹萌生寿命($N_{0.2}$)	疲劳断裂寿命(N_f)	疲劳裂纹扩展寿命(N_p)
机加状态	1.226	4111	11389	7278
	1.606	2922	8439	5518
	2.042	1893	6324	4431
	2.524	1685	4955	3270
	3.447	1232	3137	1904
单峰过载状态	1.226	17210	25201	7991
	1.606	5612	10997	5385
	2.042	3547	7492	3945
	2.524	2360	5647	3287
	3.447	1389	3223	1834

表面强化对超高强度钢疲劳性能的影响将在4.3节中详述。

4.1.4　构件设计遵循的一些准则

一个工程构件的疲劳损伤包含几个不同的阶段。一般情况下,首先是缺陷形核,然后稳定扩展,直至断裂。疲劳损伤的发展可以大致分为以下几个阶段:

第一阶段　亚结构和显微结构发生变化,引起永久损伤形核。

第二阶段　产生微观裂纹。

第三阶段　微观裂纹长大和合并,形成"主导"裂纹。主导裂纹可能最终导致突然破坏(这一阶段的疲劳通常是裂纹萌生和扩展之间的分界线)。

第四阶段　主导宏观裂纹的稳定扩展。

第五阶段　结构失去稳定性或完全断裂。

力学因素、组织结构因素和环境因素在很宽的范围内影响微观缺陷的形核和疲劳裂纹的扩展速率。疲劳的不同设计原理之间的主要区别在于如何定量处理裂纹萌生阶段和裂纹扩展阶段。

1. 无限寿命设计

人们首次认识到疲劳破坏,是19世纪40年代的铁路车辆轮轴在重复交变载荷作用下发生的破坏。对于疲劳,应力幅相比构件承受的最大应力更为重要。应力幅越大,疲劳寿命越短;应力幅小于某一极限值时,将不发生疲劳破坏。

对于无裂纹构件,控制其应力水平,使其小于疲劳强度,则不会萌生疲劳裂纹。这是最早期的疲劳设计理念。目前,基本已被其他设计准则所取代。然而,对于超高周变幅应力,无限寿命设计仍是最常用的设计准则。

无限寿命设计要求将构件中的使用应力控制在很低的水平,不能充分发挥材料的潜力。1945年,M. A. Miner提出了变幅载荷作用下的疲劳损伤累积方法和判据,使变幅载荷作用下的疲劳寿命预测成为可能。

2. 安全—寿命设计

安全—寿命设计基于如下假设:构件内存在原始缺陷,经有限循环周次生长出临界裂纹。这样,构件在有限设计寿命内,不发生疲劳破坏的设计,称为安全—寿命设计。当然,考虑到疲劳破坏的分散性等不确定因素,安全—寿命设计应具有足够的安全储备。航空用超高强度钢构件的设计主要采用安全—寿命设计,常见的构件有起落架和航空轴承等。材料的 $S-N$ 曲线和Miner累积损伤理论,是安全—寿命设计的基础。

3. 损伤容限设计

损伤容限设计是为保证含裂纹或可能含裂纹的关键构件的安全,从20世纪70年代开始发展并逐步应用的一种现代疲劳断裂控制方法。这种方法的设计思路是:假定构件中存在着裂纹(依据检测手段、经验等确定其初始尺寸),用断裂力学分析、疲劳裂纹扩展分析和试验验证,保证在定期检查并能发现裂纹之前,裂纹不会扩展到足以引起破坏。断裂判据和裂纹扩展速率方程是损伤容限设计的基础。

损伤容限设计希望在裂纹达到临界尺寸 a_c 前检出裂纹。因此,损伤容限设计要求材料韧性较好,裂纹扩展缓慢,以保证有足够大的临界裂纹尺寸 a_c 和充分的时间及时发现裂纹。由于超高强度钢的疲劳裂纹萌生寿命远远长于扩展寿命,一般不适于采用损伤容限方法设计航空关键承力构件,到目前为止,只有AF1410钢可以采用损伤容限方法设计航空构件。当然,引入断裂韧度和应力腐蚀性能作为评价材料的指标,对于构件的安全性和可靠性具有重要意义。

4. 失效—安全设计[19]

失效—安全设计的观点认为疲劳裂纹在被检出和维修之前不会导致失效。这种设计方法是在航空领域发展起来的。在航空领域,若选用较高的安全系数,必然导致构件重量高;相反,若选用较低的安全系数,则无法保证安全。失效—安全的设计原则是如果在一个大部件中即使有个别零件失效,其剩余部分应该保持足够的结构完整性,使部件能安全运行到检测出裂纹为止。失效—安全设计除要求对部件进行定期检查外,还要求裂纹检测技术可以识别尺寸足够小的裂纹,以便能及时修理或更换相关零件。在构件设计中除遵循严格标准检测裂纹外,还使用并联载荷路径,并充分考虑了抑制裂纹扩展的问题,可以防止裂纹扩展到不希望有的水平。

4.2 轴承齿轮钢的表层硬化与接触疲劳行为

轴承、齿轮是直升机、航空发动机的重要传动部件,其失效形式主要是接触疲劳损伤。随着先进直升机和发动机的设计要求及性能水平日趋提高,传动系统的能量密度和传递效率越来越高,轴承、齿轮服役环境更加苛刻,常处于高速、重载、高温工况,对高承载,长寿命,高可靠轴承、齿轮的需求越来越迫切。表层硬化技术是提高轴承、齿轮接触疲劳寿命的核心技术之一,本节主要介绍轴承、齿轮钢表面硬化层结构设计、组织性能表征以及其接触疲劳行为。经表层硬化后的表面的加工状态控制不是本节要讨论的问题,但其重要性是不言而喻的。

4.2.1 接触疲劳的特点

接触疲劳也称表面疲劳磨损,主要发生在轴承、齿轮等滚动接触部件上。接触疲劳主要有两个特点:一是以交变接触压应力为主导的长期作用下造成的破坏;二是在材料局部(表面层)产生的疲劳损伤。

4.2.1.1 接触应力特征

当两物体点接触或线接触时,在接触表面上产生局部的压应力,称为接触应力。Hertz引用牛顿势函数表达了弹性体中接触应力场的分布,如图4-21所示。接触体在外压力作用下产生局部弹性变形,形成很小的接触面积,接触宽度为$2b$,接触应力呈半椭圆分布,在接触面中心达到最大值p_0(图4-21(a))。在接触压应力作用下产生的主切应力τ_{45}和正交切应力τ_{yz}是影响接触疲劳失效的主要应力因素。在理想状态下,最大切应力$\tau_{45\,max}$和最大正交切应力τ_{yzmax}都位于接触表面下的次表层位置(图4-21(b)),但最大切应力$\tau_{45\,max}$处于接触面中心位置($y=0$),而最大正交切应力τ_{yzmax}在中心位置两侧,大小相等,方向相反(图4-21(c))。因此,在周次往复的纯滚动过程中,主切应力τ_{45}是脉动循环的,其应力幅为$\tau_{45\,max}/2$;而正交切应力τ_{yz}是交变对称循环的,其应力幅为τ_{yzmax}。

由上可知,最大接触压应力位于表面,并沿深度方向(即z方向)逐渐减小;但切应力的最大值位于表面以下,在最大切应力的作用下,材料易出现局部塑性变形,从而导致接触疲劳裂纹可能在次表层萌生。在实际滚动接触运动过程中,往往受到法向力和切向力的综合作用(如滚动过程常伴随滑动摩擦),使最大切应力位置移向表面,导致接触疲劳裂纹可能在表面萌生。

4.2.1.2 接触疲劳破坏特征与损伤机制

和其他疲劳一样,接触疲劳也是一个裂纹形成和扩展过程。材料局部反复塑性变形导致裂纹萌生,在交变应力、润滑剂腐蚀及油楔等综合作用下裂纹扩

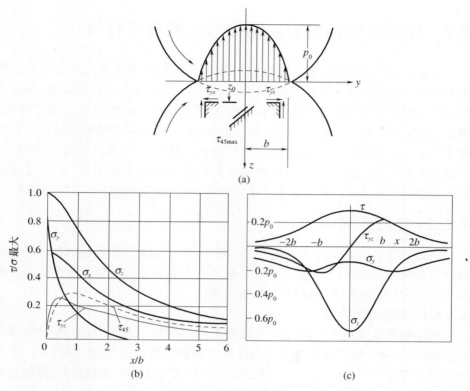

图 4-21 接触应力场分布

(a)表面应力分布图;(b)、(c)主应力、切应力沿 z、y 轴分布图。

展,最后发生疲劳失效。接触疲劳破坏的宏观特征与一般的拉压弯扭疲劳有所区别,受接触体运动的形式、受力条件、润滑条件及接触体材料特性等影响,主要的破坏模式[20,21]如图 4-22 所示,具体如下。

1. 点蚀

点蚀通常是在有润滑条件下受到滚动和滑动复合作用而产生的点状小坑。点蚀坑都不太深,仅几微米到几十微米,一般不超过 0.2mm,点蚀裂纹一般起源于表面,与接触表面呈 30°左右向内扩展。点蚀分为跑合性和进展性两种,其形成过程和润滑剂气蚀(高压冲击波)相关,如果裂纹开口背离接触运动方向,运动时润滑油被挤出,裂纹不向纵深扩展;如果裂纹开口朝向接触运动方向,在高压油波的作用下向纵深扩展,最终形成悬臂梁结构,在交变弯曲应力作用下折断,由点状发展成贝壳状凹坑。随着运转时间增长,麻点状的凹坑增多并联合、扩大,最后形成大片剥落;或以麻点凹坑为疲劳源,造成更严重的剥落或损伤;点蚀剥落的金属混在润滑油中,会加速接触面磨损。

142

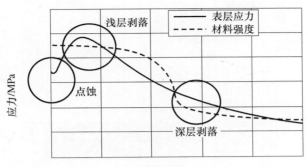

图 4 - 22　接触疲劳失效模式

2. 剥落

与麻点相比,剥落凹坑的尺寸往往较大,也较深(≥0.3mm～0.5mm),坑底大致与表面平行,有明显的塑性变形痕迹,剥落坑附近常有粗大的表面裂纹。

对表层硬化零件而言,有的剥落坑深度小于硬化层深,称为浅层剥落。在纯滚动或切向力小的情况下,裂纹产生于接近最大切应力位置的次表层内,随后裂纹沿平行于接触表面扩展,再沿某一角度折向表面。浅层剥落形成机制如图4－23所示[22],在硬化层次表层承受较大切应力,塑性变形最剧烈,由于切应力方向反复变化,位错互相交截产生空位,空位的集中形成空洞,最后萌生裂纹;当有第二相硬质点和夹杂物存在时,位错在界面堆积,加速裂纹萌生过程。

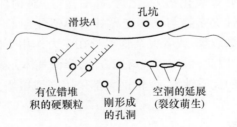

图 4 - 23　接触疲劳裂纹萌生机理

当硬化层较薄或心部硬度较低时,剥落深度常与硬化层深度相当,表现为压碎型大块深层剥落。渗层硬度梯度过陡,心部与硬化层交界处弹性模量不匹配,弹塑性变形不协调;硬化层与心部的过渡区强度低,是薄弱区,同时在渗层与心部交界处的残余拉应力与外应力叠加[23],增大了过渡区应力(图4－24),因此疲劳裂纹容易在过渡区萌生,最终造成大块剥落。

143

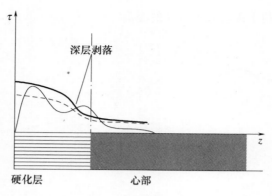

图 4-24 渗层残余应力对深层剥落的影响

4.2.2 影响接触疲劳性能的冶金因素、表面状态及外部条件

4.2.2.1 冶金因素

材料的高纯熔炼对接触疲劳性能的提高具有重大作用。钢熔炼工艺经历了空气、真空除气、真空感应、真空自耗、电渣重熔和双真空熔炼等,随着真空熔炼工艺的应用,材料的纯净度提高,偏析、碳化物尺寸、夹杂物尺寸降低并改变其类型。有文献说明[24],与空气熔炼相比,真空熔炼工艺使钢的接触疲劳寿命提高了一两个数量级。

钢中不可避免的夹杂物对构件(尤其是轴承)的接触疲劳寿命影响很大。非金属夹杂物一般与杂质元素(如 S、P 等)和气体元素(O、N 等)的含量有关,脆性带有棱角的夹杂物(如氧化物、氮化物、硅酸盐等)对构件的滚动接触疲劳寿命危害最大,因为脆性夹杂物与基体交界处的弹塑性变形不协调,引起应力集中,在边缘部分造成微裂纹,或者夹杂物本身在应力作用下破碎引发裂纹,从而降低接触疲劳寿命。因此,采用高纯熔炼方法,降低气体元素和杂质元素的含量是非常必要的,现今的优质轴承、齿轮钢大都采用高纯熔炼方法,钢中氧含量降至 5×10^{-6} 以下。

4.2.2.2 表面粗糙度

表面粗糙度不仅直接影响到润滑的有效性、表面凸起之间的碰撞概率,而且影响到真实接触面积、应力水平、摩擦热、表面的物理化学变化等,最终对疲劳裂纹的起始位置、损伤机理和寿命产生重要的影响。表面粗糙度影响的实质,可用微观点蚀理论解释,即实际加工表面的微凸体接触,使理想光滑表面上的接触应力分布发生了"调幅现象",由椭圆分布的应力场变为很多分散的微观应力场,从而引发了很多微观点蚀,微观点蚀往往成为宏观点蚀裂纹的起源,因此,表面

144

粗糙度的降低有利于接触疲劳寿命的提高。

4.2.2.3 残余应力

表面机械加工及表面喷丸等都会在表面层附加残余应力场,表面残余应力场的存在影响到接触疲劳裂纹的萌生和扩展,进而对构件的接触疲劳性能和行为产生重要影响,具体内容将在 4.2.3 节与 4.3.3 节详细介绍,这里不再赘述。

4.2.2.4 润滑

润滑状况的好坏直接影响到两接触面的工作条件,从而导致其疲劳损伤机理有很大差异。油膜参数 λ(与油膜厚度有关)和黏度是表征润滑条件的关键参数,并随压力、温度不同而变化,只有油膜处于完全弹流润滑状态(油膜能把两个接触表面完全隔开)下,对接触疲劳性能最有利。但实际上,由于表面微观凹凸不平,接触面之间多处于部分油膜隔开状态。同时,工作载荷提高、转速增大及工作温度升高等都会使构件接触表面处于部分弹流或边界润滑状态,从而对接触疲劳寿命产生显著影响。而当润滑系统因部件损伤或失效而暂时中断供油时,传动系统处于乏油状态(oil - off),容易发生轴承、齿轮的胶合失效。

4.2.2.5 环境因素

接触疲劳只限于表面层,相比一般构件疲劳而言,环境因素对接触疲劳的影响更大。例如,润滑油中带有水分,可以加速疲劳裂纹的扩展,导致构件过早接触疲劳失效;表面吸附了氢原子可以降低表面能,使裂纹在较低应力下扩展,同样会引起早期接触疲劳失效;在高温下润滑油的分解,会在高应力区造成酸性物质的堆积,降低接触疲劳寿命;同样在润滑油中加入有机酸添加剂也会使构件寿命下降;磨粒、杂质等随润滑油一起进入啮合部位,会引起和加速胶合与磨损过程。

4.2.2.6 工作温度

随着设计要求的提高以及传递能量和速度的增大,轴承、齿轮接触表面温度也随之升高。先进直升机主减齿轮输出速度达到 25000r/min 以上,涡轴发动机功率不断提高,涡喷发动机的推重比不断增加,齿轮啮合表面温度已达到 350℃乃至更高。另外,当传动构件处于乏油状态时,摩擦系数增大,表面工作温度随之升高。构件工作温度升高使表面层微观组织逐渐发生变化,从而产生以下影响:

(1)高温软化,渗层硬度降低,降低构件耐磨性能;

(2)构件尺寸不稳定;

(3)应力场松弛,疲劳性能降低。

因此提高材料耐温性、抗氧化性等成为轴承、齿轮技术的重要发展方向。

4.2.3 表面硬化层组织结构设计与接触疲劳行为

表层硬化技术是长寿命轴承、齿轮的关键技术之一,表面硬化层组织结构是影响轴承、齿轮滚动接触疲劳寿命的内部因素,通过设计与优化渗层组织结构,为提高轴承、齿轮承载能力和使用寿命提供技术支撑。

4.2.3.1　表面硬度及硬度梯度

表层硬化处理后表层组织沿层深方向变化,因而强度也沿层深变化,即表层附近存在一个强度场,在受载条件下,材料内部形成应力场,应力场和强度场之间的相互作用是决定零件使用寿命的基本因素。材料硬度可部分地反映材料塑性变形抗力和剪切强度,因此渗层硬度梯度可间接表征渗层的强度场。

美国 NASA 做出的齿轮硬度与承载能力关系的基础性研究结果表明[24],构件承载能力随表层硬度增高而提高,而且认为航空传动齿轮使用温度下的表面硬度不应低于 58HRC。

美国 Lewis Research Center(研究中心)所做的有关表层硬化基础研究表明,表面硬度与接触疲劳寿命呈指数函数关系(见式(4-14)),这一结果将轴承、齿轮的表面硬度推到 68HRC ～ 69HRC 的超高硬度。有关滚动接触疲劳试验表明,第三代轴承齿轮钢 CSS-42L 表层渗碳后,表面硬度达到 68HRC 以上,其额定接触疲劳寿命 L_{10} 较 M50 钢(表面硬度为 60HRC ～ 62HRC)高出约 28 倍。

$$\frac{L_2}{L_1} = A \cdot e^{0.1(HRC_2 - HRC_1)} \qquad (4-14)$$

由图 4-25 可见,构件的承载能力和表层硬度、心部屈服强度以及硬化层的厚度相关,可以通过两种方式来提高构件的承载能力:一种是将图中强度曲线整体上移,即提高心部的屈服强度和表层硬度;另一种是将图中强度曲线整体右移,即提高渗层的深度。遵循这一原理,下面从两种情况来说明不同的表层硬度梯度设计。

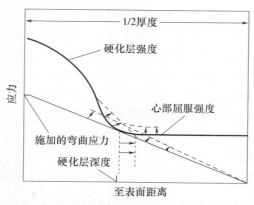

图 4-25　承载能力与渗层及基体性能之间的关系曲线[24]

1. 一层结构(整体硬化结构)

一层结构实际上是整体硬化结构,即将图4-25中的强度曲线变为直线。整体硬化结构的承载能力只取决于心部屈服强度,其硬度梯度特征如图4-26所示,有如下结构特点:

(1) 表面到中心硬度一致;

(2) 心部硬度高,高达58HRC以上。

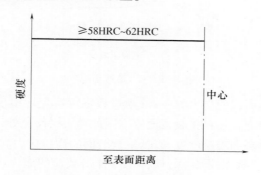

图4-26　一层结构特征

M50钢、440C钢和52100钢是一层结构的典型代表,三者均为全淬硬钢,其中M50钢、440C钢采用二次硬化设计,耐温性能好。虽然全淬硬钢的工艺简单、成本低,但在诸多方面劣势明显,从而限制了其使用范围,主要表现为:

(1) 难以达到超高硬度,承载能力受到限制;

(2) 心部韧性低;

(3) 相比渗碳、渗氮件,表面层不存在残余压应力场;

(4) 缺口敏感性强,裂纹扩展速率快;

(5) 碳含量高,碳化物粗大,容易成为疲劳裂纹源,且加工性能差。

2. 二层结构(表层硬化结构)

二层结构实际上是表层硬化结构,其表面硬度和心部硬度不一致,硬度沿层深呈梯度分布。二层结构中表面层硬化方式主要有渗碳(或碳氮共渗)和渗氮(或氮碳共渗)两种,其典型硬度梯度特征如图4-27所示,无论渗碳还是渗氮,根据其硬度梯度特征,从表面到心部分为硬化表面层、心部以及两者之间的过渡层三个区域,硬化表面层抵抗近表面高应力,过渡层决定了硬化层梯度是否平缓,心部起到重要的支撑作用。

如前所述,二层结构的承载能力取决于表层硬度、心部硬度以及硬化层的厚度三个要素,这三个要素恰恰反映了不同渗层的硬度梯度分布。在轴承、齿轮服役过程中,多种因素导致接触表面承受最大的切应力,包括磨削犁沟等表面微凹

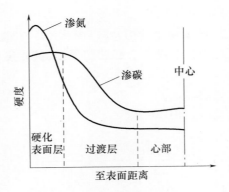

图 4-27　二层结构特征

凸以及表面夹杂等引起的应力集中;滚动过程不可避免地出现滑动摩擦以及机械加工产生的拉应力叠加在接触表面等。因此经表层硬化处理的轴承、齿轮,首先必须保证有足够高的表层硬度,以抵抗近表面的高拉应力。轴承、齿轮受力复杂,往往承受冲击载荷,渗层越深,构件承受冲击载荷的能力越强,因此轴承、齿轮必须有较深的渗层厚度及较高的心部硬度,以提高抗冲击能力,防止渗层硬度梯度过陡,产生表面压碎现象。

下面分别以渗碳和渗氮为例对渗层硬度梯度三要素进行分析,具体如表4-3所列。

表 4-3　渗碳和渗氮典型表层硬度、心部硬度以及硬化层的厚度

	硬化表面层硬度	硬化层的厚度	心部硬度
渗碳	渗碳层硬度较高,通常在60HRC ~ 64HRC,不低于58HRC	渗碳温度高,渗层较深,通常在0.5mm ~ 1.2mm,深层渗碳在2.5mm以上	通常在28HRC ~ 46HRC
渗氮	渗氮层硬度很高,通常在65HRC ~ 72HRC,有的高达74HRC	渗氮温度低,渗层较浅,通常在0.1mm ~ 0.4mm	通常在23HRC ~ 39HRC

从表4-3看出,通常渗碳层较深,但表面硬度较低;而渗氮层硬度较高,但渗层较浅。因此,传统材料与工艺技术往往渗层深度与表面硬度难以兼顾。为了提高轴承、齿轮的承载能力,提高构件寿命与可靠性,发展了第三代轴承齿轮钢以及深层渗氮、表层复合硬化等新型工艺技术,表层复合硬化技术将在4.2.4节重点介绍,这里着重介绍新型轴承、齿轮钢表面渗碳及深层渗氮的硬度梯度特点及接触疲劳行为。

图4-28为第三代齿轮钢C69与传统钢表层渗碳后硬度分布对比,图中表明C69钢心部具有高硬度,和渗碳匹配,可获得表面层超高硬度(1000HV),以

及较深的渗层厚度,从而提高了承载能力,具有优良的接触疲劳性能(图4－29)。据报道,该钢应用于包括直升机传动系统在内的齿轮上,可减重50%[24]。

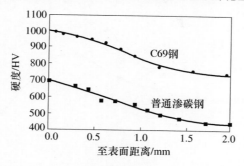

图4－28　表层硬度分布对比

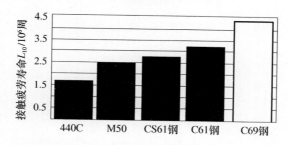

图4－29　C69钢接触疲劳寿命(应力5400MPa)

图4－30为第三代轴承齿轮钢CSS－42L不同回火温度下的表面硬度,该钢采用二次硬化机理设计成分,添加多种强碳化物形成元素,提高了吸碳能力,细小弥散的M_2X在马氏体基体上沉淀析出使渗层呈现二次硬化特征,有利于获得表层超高硬度。图4－31为CSS－42L钢浅层与深层渗碳工艺渗层硬度分布情况,较深的渗层厚度(1.7mm以上)和表面层超高硬度(68HRC以上)保证了构件的高承载能力,接触疲劳寿命评估表明CSS－42L钢较M50钢寿命提高了28倍之多[25-27]。

渗氮温度低,组织结构稳定,构件热处理变形小,尤其适宜于薄壁件。传统渗氮工艺渗层浅,承载能力和抗冲击能力差,而深层渗氮硬化技术可有效克服这些缺点。图4－32为深层渗氮32CDV13钢与表面渗碳M50NiL钢硬度分布情况对比,32CDV13钢深层渗氮处理后,在保持较高的表面硬度的同时,渗氮层深度达到0.65mm以上,虽然渗层深度仍与渗碳层有差距,但在Hertz应力影响区有足够的强度来抵抗应力,轴承台架试车表明[28](图4－33),轴承经深层渗氮硬化后,接触疲劳寿命有了显著提高。该技术仍在发展中,据报道,美国费城齿轮

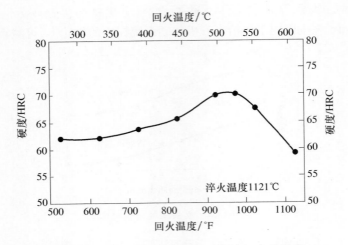

图 4-30　CSS-42L 钢不同回火温度下表面硬度

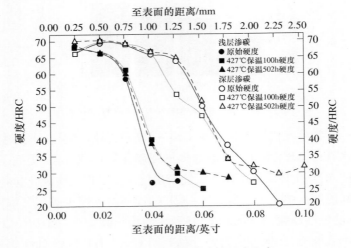

图 4-31　CSS-42L 钢渗碳层硬度分布

公司生产的高参数齿轮中 43% 采用渗氮技术，层深最高达 1mm。

　　值得一提的是，适应于先进设计要求，良好的耐温性能成为高性能轴承、齿轮的重要特征之一，通常在钢中增加碳化物形成元素，借助二次硬化反应来提高钢的抗回火软化能力，从而提高工作温度。图 4-34 为不同轴承、齿轮钢表层高温硬度对比，M50NiL 钢耐温达 350℃，CSS-42L 钢可耐温 500℃，而 AISI9310 钢只能在 150℃ 以下使用。通常渗氮层组织稳定性高，使渗氮层具有良好的红硬性，有研究[28]表明深层渗氮硬化 32CDV13 钢耐温可达 450℃。

150

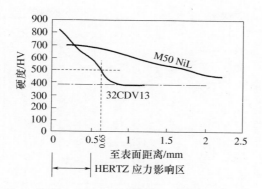

图4-32 深层渗氮32CDV13钢硬度分布

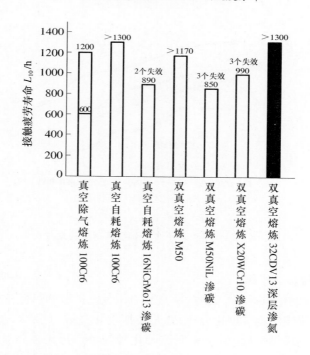

图4-33 深层渗氮32CDV13钢接触疲劳寿命(应力4200MPa)

4.2.3.2 硬化层显微组织

硬化层的显微组织是硬化层性能的原因和基础,对接触疲劳性能的影响不言而喻。鉴于不同硬化方式,其硬化层具有不同的显微组织特征,下面分别对渗碳层和渗氮层的典型组织加以介绍。

151

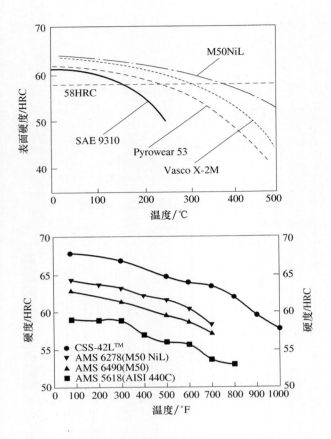

图 4 - 34　不同轴承齿轮钢表层高温硬度对比

1. 渗碳层显微组织

表层渗碳硬化包括两个过程,一是碳原子吸收扩散的热传质过程,即高温渗碳过程,使渗层碳浓度梯度化分布;二是渗层硬化过程,包括淬火、冷处理、回火等,主要通过马氏体相变、析出相沉淀硬化等保证渗层硬性特征。因此材料成分、碳浓度分布以及热处理工艺参数是决定渗碳层显微组织的关键因素。一般地,由于渗层碳浓度梯度渐变分布,从表面到中心依次为过共析区、共析区、亚共析区(即过渡层),基体材料及热处理工艺参数不同,渗层不同区域的组织结构有很大差异,主要包括马氏体、残余奥氏体、未溶碳化物以及沉淀相。

1) 渗层马氏体

马氏体是在淬火过程中发生 A - M 相变而形成的,如图 4 - 35(a)所示,由于渗层碳浓度高,渗层组织主要是隐晶或细针状的高碳马氏体,沿深度方向随着碳浓度降低,出现针状马氏体与板条马氏体的混合组织。透射电镜观察表明,渗层马氏体板条中存在大量的位错,并有细小碳化物沉淀析出(图4-35(b)),板条平均宽度在一百纳米到几百纳米;孪晶区孪生马氏体形状规则、平行分布,尺寸细小,平均宽度在十几个纳米(图4-35(c))。

图4-35 渗碳层马氏体典型组织结构

以孪晶亚结构为主的片状马氏体硬度、切变强度高,但脆性也高,粗大片状马氏体间往往有微裂纹,易成为疲劳裂纹的萌生处,降低材料的疲劳强度。以位错亚结构为主的板条马氏体,虽硬度低于片状马氏体,但韧性较好,位错运动可以减缓裂纹尖端的应力集中,对疲劳裂纹的形成与扩展均有阻碍作用。因此,位错结构板条马氏体与细小孪晶片状马氏体的混合组织,使零部件在满足强度要求的前提下,又具有一定的韧性,可以获得较高的疲劳强度。对轴承钢的研究表明[20],在未溶碳化物状态相同的条件下,当马氏体碳含量在0.4%~0.5%(此时为混合型马氏体组织)时,接触疲劳寿命最高。

2)残余奥氏体

渗层碳含量高,增加了奥氏体的稳定性,因此渗碳层往往存在较多的残余

153

奥氏体(图4-36(a)),有的形成残余奥氏体层,由于合金元素、碳含量以及热处理工艺参数的差异,残余奥氏体层会出现在不同位置,一般都出现在近表面(图4-36(b)),而在CSS-42L钢渗碳层中残余奥氏体层位于硬化层和心部之间(图4-36(c))。

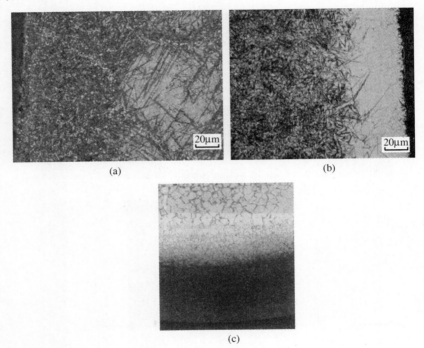

(a) (b)

(c)

图4-36 渗碳层残余奥氏体典型组织

有关残余奥氏体对接触疲劳性能的影响说法不一,总结如下:

(1)残余奥氏体具有良好的塑性,在应力作用下接触表面上发生塑性变形,使接触宽度增大,单位面积上接触压力下降,提高接触疲劳寿命。

(2)塑性变形造成加工硬化,从而提高接触疲劳寿命。

(3)在循环应力作用下,残余奥氏体发生应变诱发马氏体相变,该马氏体比经冷处理获得的马氏体具有更高的韧性。

(4)残余奥氏体硬度低,使渗层强度下降,从而降低接触疲劳寿命。

(5)残余奥氏体含量与分布影响渗层残余应力场分布。

值得注意的是,在构件服役过程中,过多的残余奥氏体会直接影响构件的尺寸稳定性。因此,残余奥氏体的含量、形态、分布以及其机械稳定性、热稳定性都会影响构件服役性能,在实际应用中,应当针对不同构件、不同使用条件,合理控制渗层中的残余奥氏体。

3）未溶碳化物与沉淀相

图4-37为渗碳层中未溶碳化物典型形态和分布,有的碳化物尺寸小,呈点状弥散分布(图4-37(a));有的碳化物呈块状、较粗大(图4-37(b));有的呈链状分布(图4-37(c)),严重的呈连续网状分布(图4-37(d))。渗碳层碳化物的大小、形状、数量及分布主要取决于渗层碳含量,同时与后续热处理工艺相关。在 M50NiL、CSS-42L 等高合金钢中,Cr、Mo、V 等强碳化物形成元素含量高,吸碳能力强,渗碳过程中很难如传统低合金钢一样保持化学平衡,即使在低碳势下也可能造成表层过渗,产生过量碳化物,工艺过程控制需要更加严格。

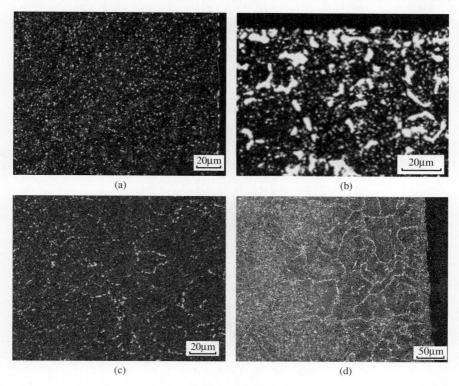

图4-37　渗碳层典型未溶碳化物

未溶碳化物对接触疲劳寿命有显著的影响,过量的碳化物或粗大碳化物都会使接触疲劳寿命降低[20]。当粗大碳化物暴露在表面时,容易造成应力集中,往往成为表面损伤的起始源(图4-38(a));而当粗大碳化物位于次表层时,因应力集中加剧局部的塑性变形从而造成组织转变,这种组织转变主要发生在粗大碳化物附近(图4-38(b)中黑色刻蚀区)。另外,粗大的碳化物在机械加工过程中破碎并嵌入砂轮,易划伤加工表面,影响接触表面质量(图4-38(c))。网状碳化物会增加渗层脆性,导致表面早期剥落,降低使用寿命。因此,控制渗层碳化物大小并使其弥散均匀分布,有利于提高接触疲劳寿命。

　　大量细小弥散析出相的沉淀硬化作用是渗层硬性特征的主要原因,尤其在耐温性能好的钢种(如M50NiL钢、CSS-42L钢、C69钢)的渗碳层中,马氏体基体上沉淀细小弥散的M_2X相使渗层具有二次硬化特征和良好红硬性。研究表明,在M50NiL钢渗碳层中沉淀强化相主要是呈棒状析出的Mo_2C(图4-39),另外,有研究通过高分辨电镜观察到细小的Fe_2Mo相。

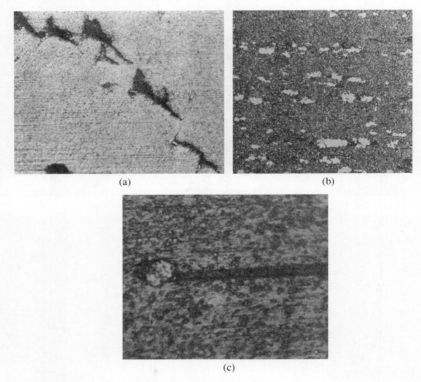

图4-38　未溶碳化物的影响[29]

2. 渗氮层显微组织

　　在共析温度以下渗氮时,合金钢中渗氮层形成大致经历如下几个过程:

　　(1)氮首先溶于α相中,形成含氮的间隙固溶体,氮占据八面体间隙。在590℃时,氮在α-Fe中具有最大溶解度(为0.1%),室温下氮在α-Fe中饱和固溶度为0.004%,合金钢中的强氮化物形成元素提高氮在α相中的溶解度。

　　(2)当氮浓度达到α相的饱和浓度后,与氮化物形成元素发生反应形成氮

156

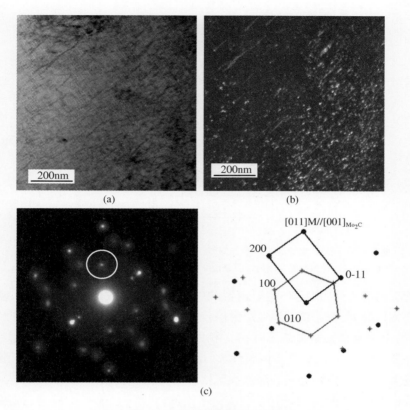

图 4-39　M50NiL 钢渗碳层沉淀相 Mo₂C

（a）明场像；（b）暗场像；（c）衍射斑及分析。

化物。

（3）继续吸收氮,使 α 相转变为 γ′相。γ′相是以 Fe₄N 为基的固溶体,具有面心立方晶格,在化合物中氮原子有序地占据由铁原子组成的面心立方晶格中间隙位置。

（4）随氮浓度的进一步升高,形成六方晶格的 ε 相和 ξ 相。ε 相是以 Fe₂₋₃N 为基的固溶体,ξ 相是以 Fe₂N 为基的固溶体。由于碳氮的相互作用,渗氮层中的 ε 相、ξ 相通常为含有碳氮的化合物。

图 4-40 是低于共析温度渗氮时随氮浓度变化渗层组织示意图。可以看出,在渗氮温度下渗层随着氮浓度的降低,依次为 ε 相、γ′相、α 相。缓冷到室温后发生 ε→γ′转变,α 相转变为过饱和固溶体,并析出氮化物。

普通碳钢和合金钢的典型渗氮层组织示意图如图 4-41 所示。随着氮浓度的变化,渗氮层主要分为两个区域,近表面为化合物层,然后为扩散层。

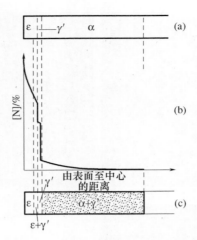

图 4-40　低于共析温度渗氮时氮化层的组织结构和氮浓度变化示意图
(a)渗氮温度下组织;(b)氮浓度变化;(c)缓冷到室温的组织。

化合物层又称"白层",主要由铁的碳氮化合物组成,以 ε 相为主,还有 γ′ 相。通常情况下,普通碳钢渗氮层白层较合金钢白层厚,并在近表面存在大量微孔,这是由于合金元素提高了氮在 α 相中的溶解度,从而阻碍了在氮化层表面形成高氮相[31]。白层硬度高但脆性大,Braza J. F. 等[32]在研究 M50NiL 钢软氮化时发现,过厚的白层会显著降低渗层接触疲劳性能(图 4-42(a))。然而,白层耐蚀性能好,硬度高,有研究[33]认为适当的白层可以改善抗胶合、抗擦伤性能,有效抑制齿轮微点蚀形成,从而降低由微点蚀向宏观麻坑的转化概率,提高接触疲劳强度(图 4-42(b))。

扩散层主要由含氮 α 相与氮化物组成,普通碳钢渗氮扩散层中氮化物主要为针状的 γ′ 相,其尺寸往往比较粗大,硬化效果有限,在白层和扩散层之间往往存在硬度陡降。合金钢中合金元素改变了扩散层相成分及各相形成温度范围。大多数合金元素提高了氮的扩散激活能,从而在不同程度上降低氮在 α 相中的扩散系数,因此也减少了渗氮层深度。合金元素和氮形成合金氮化物的难易程度及稳定性按以下顺序递增:Ni—Co—Fe—Mn—Cr—Mo—W—Nb—V—Ti,通常氮化物形成元素含量越高或合金元素与氮亲和力越强,渗氮扩散层越浅。同样,钢中的碳原子占据铁素体间隙位置,氮的扩散系数随着基体碳含量的增加而降低。

与普通碳钢不同的是,合金钢渗氮层硬度随氮浓度的降低逐步降低,呈梯度分布,原因在于在合金钢渗氮扩散层中大量 Cr、Mo、V 的合金氮(碳)化物在基体中沉淀析出,合金氮(碳)化物尺寸小,与基体保持共格关系,具有弥散硬化作用,使渗氮层保持高硬度。一般地,合金钢渗层硬度与合金氮化物晶格常数有

158

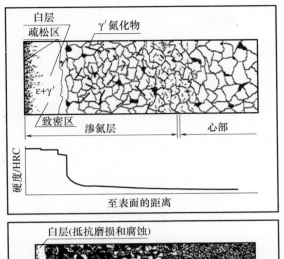

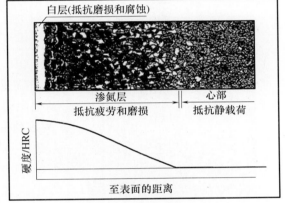

图 4 -41　普通碳钢和合金钢的渗氮层典型组织示意图[30]

关,其晶格常数和基体越接近,硬化效果越弱(Al > Ti > W > Cr > Mo > V > Mn)。另外,合金氮化物的稳定性高,致使合金钢渗氮层具有优异的红硬性。

　　一般地,扩散层中会出现沿晶氮(碳)化物(图 4 - 43),沿晶氮(碳)化物通常呈波纹状并平行于表面分布,严重的呈网状分布。形成沿晶氮(碳)化物的主要原因是渗层氮浓度过高,超过了共析成分,同时与基体碳含量密切相关:氮吸收促进了晶内碳化物分解和碳原子扩散,使渗氮层的内侧形成含碳量较高区域,在晶界处形成 Fe_3C,在初始阶段 Fe_3C 沿平行表面的晶界形成,随着氮浓度的增加,内侧碳原子增加,Fe_3C 逐渐沿非平行表面晶界形成。因此基体材料含碳量越高,渗氮层越容易形成沿晶氮(碳)化物。大量粗大的沿晶氮(碳)化物及网状氮(碳)化物增加了渗层脆性,严重降低接触疲劳性能,因此应严格控制工艺过程,控制沿晶氮(碳)化物的尺寸与数量。

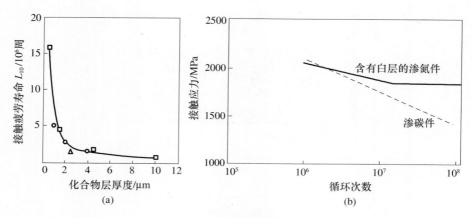

(a)

(b)

图 4-42　白层对接触疲劳影响

图 4-43　渗氮层沿晶氮(碳)化物

4.2.3.3　硬化层残余应力场

通常渗碳、渗氮层都存在残余应力场,残余应力场的形成是组织应力及热应力综合作用的结果,与材料成分、热处理工艺参数、构件形状尺寸等有关。

图 4-44 为 32CDV13 钢深层渗氮制件、M50NiL 钢与 RBD 钢渗碳制件、M50 钢制件表层残余应力分布情况。研磨加工在表面产生较高的残余压应力,其影响层浅,一般在 0.01mm ~ 0.02mm(见图 4-44 表面残余压应力的陡降)。32CDV13 钢深氮化层中残余压应力先上升至最大值而后降低,峰值压应力处于次表层。M50NiL 钢不同构件与热处理工艺导致渗碳层具有不同残余应力分布,但均为残余压应力,且在较深范围分布;RBD 钢渗碳层几乎没有残余应力;M50 钢表面为残余拉应力。残余应力场分布范围和渗层深度相关,一般地,从渗层到心部残余应力由压应力逐步演变为拉应力。

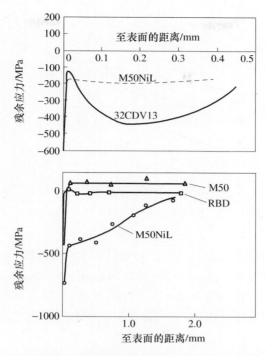

图 4-44　硬化层典型残余应力场分布[28,34]

渗碳层残余应力主要在淬火及冷处理、回火过程中形成。主要影响因素为：

（1）渗层内存在碳浓度梯度，马氏体相变点 Ms 随渗层含碳量降低而升高，淬火时马氏体相变先从 Ms 点较高的内层开始，然后向表层扩展。表层高碳马氏体比体积大，相变时伴随着更大的体积膨胀，从而受到内层的约束，造成表层受压心部受拉的应力状态。

（2）在回火过程中，大量比体积大的合金碳化物在马氏体基体中沉淀析出，从而附加了残余压应力。同时，淬火马氏体因碳化物析出，比体积减少，应力松弛。因此，回火过程占主导作用的影响因素决定了渗层最终残余应力分布。图 4-45 为 RBD 钢渗碳后在淬火、回火过程中残余应力分布演变情况，其回火过程应力松弛占主导作用，导致最终渗层几乎无残余应力[34]；而 C69 钢渗碳层回火过程中 M_2C 在基体上弥散沉淀析出是其渗碳层具有较大残余压应力分布的主要原因。

（3）奥氏体较马氏体比体积小，渗碳层中残余奥氏体的含量与分布对残余应力的影响大。研究表明[35]，由于 CBS-1000M 钢渗碳热处理工艺控制不当，渗层残余奥氏体含量高且沿层深方向分布范围大，导致渗层残余应力呈现拉应

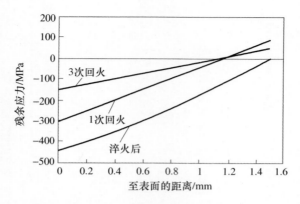

图 4 - 45　RBD 钢热处理过程残余应力场演变[34]

力状态。

渗氮层残余压应力大小与分布主要受以下几个方面影响：

(1) 氮原子在 α 相中间隙固溶,冷却时形成过饱和固溶体,引起晶格畸变和体积膨胀。合金元素提高氮在 α 相中的溶解度,加剧了晶格畸变。

(2) 合金氮化物沉淀析出,氮化物和基体比体积相差大,使氮化层产生较大的残余压应力场。

(3) 渗氮过程中氮的渗入导致碳原子的扩散和重新分布。

(4) 冷却过程中由渗氮层不同相组成的热膨胀系数差异造成热应力。

(5) 热过程中渗氮层残余应力松弛。

渗层残余应力场与外载产生的应力场叠加,改变了渗层承受的有效应力(σ_{eqv})的大小和分布。如图 4 - 46 所示,当渗层存在残余拉应力时(此时 $K = \sigma_{res}/p_0 > 0$),有效应力增大;而当渗层存在适当的残余压应力时(此时 $K = \sigma_{res}/p_0 < 0$),有效应力降低,甚至会改变有效应力峰值的位置,从而抑制了疲劳裂纹萌生,提高接触疲劳寿命。通常 K 值在 $-0.2 \sim -0.1$ 较适宜[34]。

在疲劳裂纹扩展过程中,渗层残余应力场影响裂纹尖端应力场、裂纹闭合效应以及裂纹延展能量平衡。B. L. Averbach[35]等研究 M50NiL 及 CBS - 1000M 钢渗碳层疲劳裂纹扩展行为时发现,渗碳层残余应力若为拉应力,则增大了应力比,从而加速了疲劳裂纹的扩展;而渗碳层残余应力为压应力时,则使疲劳裂纹扩展速率显著降低,甚至发生了裂纹闭合效应。据此建立了有效应力强度(K_e)模型(见式(4 - 15)),通过内应力对应力强度范围的影响来定量表征内应力对疲劳裂纹扩展的影响

$$K_e = K_a + K_i \qquad (4 - 15)$$

式中:K_a 为施加应力强度;K_i 为内应力强度。式(4 - 15)表明,渗层残余压

162

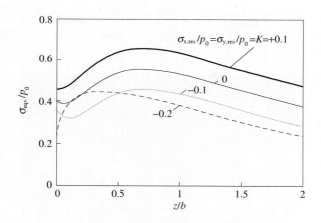

图 4 – 46　不同残余应力对等效应力的影响[34]

应力场的存在相当于提高了渗层韧性。

　　图 4 – 47 表示了残余应力对接触疲劳的影响,残余压应力提高了接触疲劳强度,在低应力区延长疲劳寿命,在高应力区残余压应力的影响可以忽略。

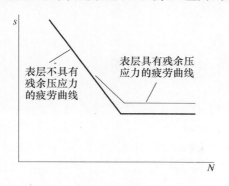

图 4 – 47　残余应力对接触疲劳的影响[36]

4. 2. 3. 4　组织结构在接触疲劳过程中的演变

　　轴承、齿轮运转过程中,在循环应力作用下次表层发生了微观塑性变形,塑性变形过程中产生了能量耗散,导致局部温度升高,材料软化,组织发生转变并附加残余应力[37]。表面硬化层组织结构设计的目的之一就是在尽可能长的接触疲劳循环过程中使组织结构稳定。

　　图 4 – 48(a)表示了"黑色刻蚀区"(Dark Etching Area,DEA),DEA 一般位于接触区正下方的次表层,高倍分析表明(图 4 – 48(b)),DEA 马氏体组织中存在明显的滑移特征,滑移线相互垂直,与表面呈 45°角。而 H. J. Bohmer 等在研

究 Cronidur30 钢在高温接触疲劳过程中的组织转变时发现[38]，由于材料残余奥氏体含量高，DEA 形成的主要原因是残余奥氏体在循环应力和温度综合作用下发生了马氏体相变。

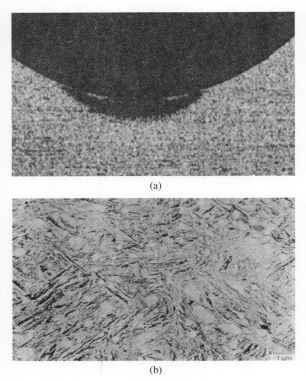

(a)

(b)

图 4 - 48　DEA 区高低倍组织[36]

另一种现象是"白色条带"（White Band，WB），如图 4 - 49 所示，白色条带组织同样位于次表层，与表面呈 30°~35°角，随着时间延长出现新的白色条带，与表面呈 75°~80°角。WB 组织主要是马氏体的分解造成的，往往和 DEA 同时出现。研究 52100 钢在高温接触疲劳过程中组织转变时发现[39]，WB 组织的数量和尺寸随试验温度的升高而增加，其形成过程取决于碳原子的扩散，表现为：碳化物溶解并在 WB 组织与 DEA 的边界处再析出，而在 DEA 中的马氏体板条内形成位错胞状组织，WB 组织则主要为马氏体重结晶形成的细晶铁素体组织，晶粒尺寸在 20nm~100nm。

钢中非金属夹杂物和粗大的碳化物对材料接触疲劳性能具有很大的负面影响，往往造成局部应力集中，加剧周围组织的微观塑性变形和组织结构转变。如图 4 - 50 所示，在循环应力作用下，接触表面的次表层出现了"蝶状"组织，"蝶

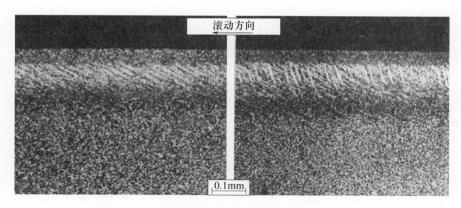

图 4 – 49　接触疲劳过程中 WB 组织演变[36]

状"组织的中心是非金属夹杂物和粗大的碳化物,两翼区存在微裂纹,裂纹与表面呈约 45°角。

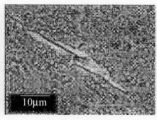
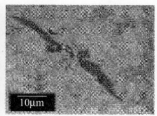

TiN, 距表面75μm　　　　氧化铝, 距表面75μm　　　　初生碳化物, 距表面30μm

图 4 – 50　夹杂物对接触疲劳过程组织转变的影响[40]

　　接触疲劳过程中,随着循环次数的增加,在次表层衍射半高宽(HVB)变窄,表明在次表层发生了微观塑性变形。塑性变形发展,导致了疲劳损伤的累积,同时伴随表面层残余应力的演变,主要表现为在次表层附加了残余压应力(图 4 – 51)。值得注意的是,当表层存在残余压应力时,衍射半高宽及残余应力变化幅度小,表明残余压应力的存在抑制了微观塑性变形及残余应力场的变化。接触疲劳过程表层残余应力变化一般是由马氏体组织不均匀塑性变形造成的,但当组织中含有大量残余奥氏体时,A – M 转变成为残余应力变化的主要因素。

　　接触疲劳过程中塑性变形的发展和组织结构转变取决于施加的载荷与循环次数。图 4 – 52 表明,在低接触应力区没有发现材料的组织转变。图 4 – 53 表明,在承受较低接触应力时,M50 钢残余应力变化不大。随着载荷增大,M50NiL钢残余压应力增大,峰值位置向更深层移动;而 M50 钢则产生了残余压应力场,峰值位置在次表层。

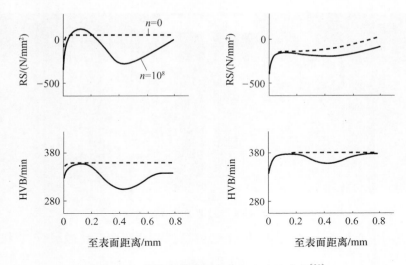

图 4-51　接触疲劳过程中残余应力的演变[36]

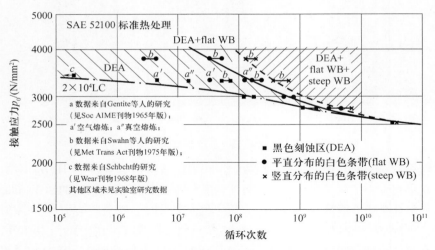

图 4-52　组织转变与外载荷、循环次数的关系[36]

4.2.4　表层复合硬化与接触疲劳行为

复合硬化工艺技术是近年来新兴的先进表层硬化技术[41-45],区别于传统的渗碳、渗氮工艺,首先是工艺过程复合性,即先进行表层渗碳硬化处理,然后再进行渗氮处理;其次复合硬化层是渗碳层与渗氮层复合叠加的双层硬化结构,导致材料功能梯度化,表层超硬韧化,赋予构件优异的服役性能,主要表现为:相比传

166

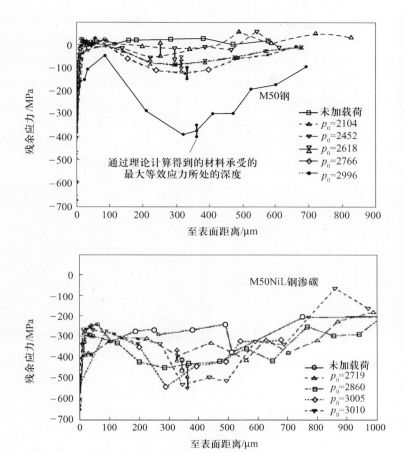

图 4-53 残余应力演变与外载荷关系[37]

统工艺可进一步提高表面硬度,抵抗近表面高接触应力,同时保持较深硬化层厚度,抑制次表层的塑性变形;残余应力分布优良,并具有更高的高温硬度,提高了轴承、齿轮接触疲劳性能。

欧美发达国家从 20 世纪 90 年代开始,针对多个钢种进行了复合硬化技术的系统研究和评估,结果表明,该技术可以大幅度提高构件的寿命和可靠性,为减重设计提供了技术支撑[42,43],被誉为"最具发展潜力的表面工程技术"之一。

4.2.4.1 复合硬化层的显微组织

由于碳、氮原子吸收扩散,复合硬化层呈现双层硬化结构,从表面起依次为渗氮层和渗碳层,渗氮层层深通常在 0.1mm~0.25mm(图 4-54(a))。复合硬化层中渗氮白亮层一般较浅,可以通过工艺控制来消除;而渗氮层基体的碳浓度高,具有形成沿晶波纹状或网状化合物的强烈倾向性,因此对复合硬化工艺过程的严格控制及工艺方式的优选显得尤为重要。复合硬化层中渗氮层的 SEM 观察表明(图 4 - 54(b)),基体为回火马氏体组织(固溶大量碳/氮原子),存在大量细小弥散的碳氮化合物。在渗氮层(基体为高碳/氮马氏体)中碳氮浓度梯度分布见图 4 - 54(c),表面氮浓度控制在 2.5% 以下,氮的吸收促进了碳化物分解[41]和碳原子的扩散,碳浓度随深度呈上升态势,使渗氮层的内侧形成高碳浓度区。试验表明,较高的渗氮温度加速了碳原子的扩散。

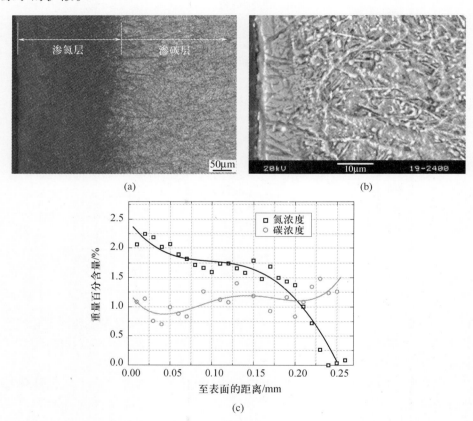

(a)   (b)

(c)

图 4 - 54 复合硬化层典型组织结构[44]

对 M50NiL 钢复合硬化层的 TEM 观察表明,在渗氮层马氏体板条上存在尺寸细小、平行排列的片状孪晶组织(图 4 - 55(a)),同时大量细小的碳氮化合物在基体上沉淀析出,呈点状或细针状(图 4 - 55(b)),分析显示主要为 M_2X(X 为 C 和 N 元素)相。沉淀相尺寸细小,大多为纳米级,与基体保持共格关系,使

168

复合硬化层表面达到超高硬度;氮(碳)化物沉淀相较基体比体积大,使复合硬化层具有较大的残余压应力;合金氮(碳)化物稳定性高,使复合硬化层具有良好的红硬性。

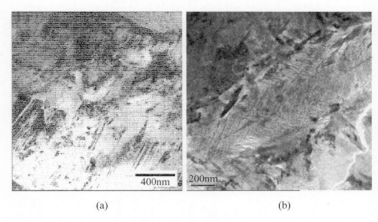

(a)   (b)

图 4-55　复合硬化层 TEM 组织

4.2.4.2　复合硬化层的硬度梯度

与复合硬化工艺相匹配的钢具有很强的抗回火能力,合金元素含量高,合金氮(碳)化物的沉淀硬化作用使表面超硬化,达到 68HRC 以上,基础渗碳层的支撑作用使硬化层保持较大层深。从图 4-56(a)可以看出,单一渗碳、渗氮为单层硬化结构,硬化层深度和表面硬度难以兼顾;复合硬化的硬度结构实际上是三层结构,也可以认为是 4.2.3.1 节所述二层结构的一种特殊形式,但结合了渗碳硬度结构与渗氮硬度结构的优势。图 4-56(b)为不同硬化层的强度以及承受应力情况[41],可以看出,渗氮层在近表面强度高,但渗层强度很快陡降,从而接近外应力值,容易产生硬化层剥落;渗碳层近表面强度低,但维持较高强度的范围广,避免了早期的深层剥落;在实际情况下,最大接触应力峰值位置通常在近表面,复合硬化层不但在近表面具有远高于单一渗碳、渗氮层的渗层强度,在次表层的很大范围内仍能维持较高的强度,提高了承载能力。因此,优异的硬度结构使复合硬化件可抵抗由高载荷引起的高的近表面应力,改善构件抗胶合能力,同时抑制次表层的塑性变形,防止渗层深层剥落,大大提高渗层疲劳性能。

4.2.4.3　复合硬化层的残余应力

图 4-57 为 M50NiL 钢不同复合硬化处理后表面层残余应力分布情况,可以看出,复合硬化层表面具有很高的残余压应力,达到 -700MPa ~ -900MPa,峰值应力位置在次表层,高达 -1000MPa ~ -750MPa,大于 0.2mm 层深硬化层

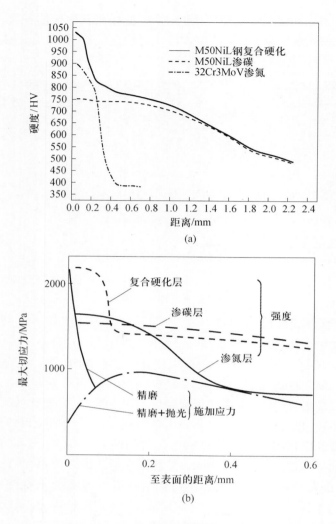

图 4 - 56 不同硬化层硬度结构与承载能力

的残余压应力基本维持在 -200MPa 左右。优良的残余应力分布,保证了复合硬化件具有优异的抗接触疲劳性能。一般认为,如此高的硬度会使表面脆性变大,对表面缺陷或润滑油污染物等敏感,反而对接触疲劳性能不利,但模拟试验(在接触表面预制缺陷后进行接触疲劳试验)结果并非如此,原因在于:表面超高硬度使试件在相同载荷下造成的表面损伤小,同时优异残余压应力场的存在抵消了复合硬化层韧性低的影响,并抑制了表面微裂纹向更大层深扩展。

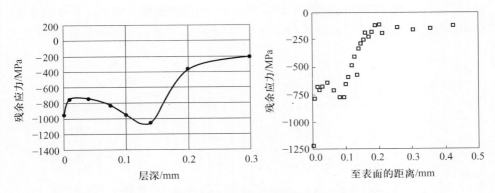

图 4 - 57　M50NiL 钢不同复合硬化层残余应力分布[32,43]

4.2.4.4　复合硬化层的接触疲劳性能

欧美国家针对 Vasco X - 2M 钢、CBS - 1000M 钢、M50NiL 钢等多个钢种的复合硬化工艺做了系统的研究和评估。研究表明,Vasco X - 2M 钢复合硬化处理后,接触疲劳寿命(接触应力 2. 25GPa)比渗碳件提高了几十倍(图 4 - 58),疲劳强度(> 10^8 循环周次)提高了 60%[41]。

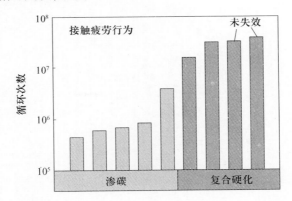

图 4 - 58　复合硬化 Vasco X - 2M 钢接触疲劳寿命[45]

M50NiL 钢的复合硬化工艺在"欧洲发展规划"(Europe Development Program) ASETT 计划(The Development of Advanced Surface Engineering Technigues for Future Aerospace Transmissions)中由工业部门和研究机构评估[43],认为复合硬化可导致轴承、齿轮部件的长寿命和高承载能力。M50NiL 钢复合硬化试样接触疲劳试验结果表明,在完全弹流润滑(EHL)条件及高接触应力(4800MPa)下,循环周次高达 2×10^8 仍未失效。轴承台架试验结果表明(图 4 - 59),无论在边界润滑条件下(严重金属—金属接触),还是在 EHL 条件并在轴承滚道上预制凹坑时,复合硬化 M50NiL 钢轴承都表现出优异的接触疲劳性能,所有轴承在 1500h 后仍未失效,其接触疲劳寿命较渗碳 M50NiL 钢轴承有了显著提高。

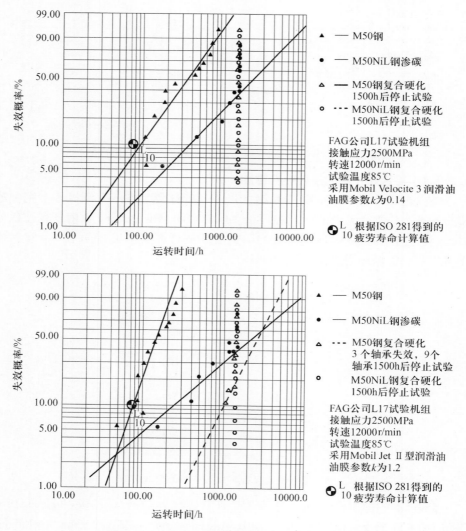

图 4-59　复合硬化 M50NiL 钢接触疲劳寿命[43]

渗氮组织稳定性高,复合硬化件对比渗碳件表现出更加优异的高温性能,在图 4-60 中,M50NiL 复合硬化件在 450℃时表面硬度仍达到 58HRC 以上,使用温度较渗碳件提高了 150℃以上。Vasco X-2M 钢高温疲劳试验表明(图 4-61),在 150℃下复合硬化件比渗碳件具有更高的疲劳性能。

172

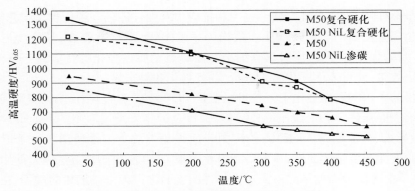

图 4-60　复合硬化 M50NiL 钢高温硬度[43]

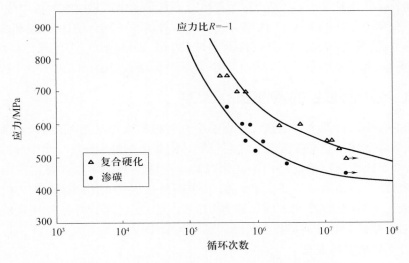

图 4-61　复合硬化 Vasco X-2M 高温疲劳性能[46]

4.3　超高强度钢的表面强化与疲劳行为

提高零部件疲劳强度并满足飞机设计要求应从三个方面考虑:首先是设计要合理,其次是选材要适当,最后是优选并确定适宜的加工工艺方法及参数。当设计和材料确定之后,适宜的加工工艺方法和工艺参数可以大幅度地提高构件疲劳强度,而表面强化技术是目前国内外最行之有效的方法之一。

表面强化技术是以塑性变形理论为基础,采用机械或特殊方法,针对不同结构选用适宜的强化手段,在零件或材料一定深度的表面层内产生弹塑性变形,引入高密度位错、位错缠结、胞状结构等非平衡组织,形成表面层性能变化,在外加交变载荷作用下,明显提高疲劳强度和抗应力腐蚀性能的一种冷加工工艺方法。

超高强度钢一般是以马氏体结构为主的组织,滑移系较多,塑性变形能力强,本身的强度水平高,同时具有细小弥散第二相质点强化的特点,易于产生加工硬化效果,使得表面强化易于进行,并且强化效果明显。

目前采用的表面强化工艺技术主要是 1920 年以来从美国、德国等发展起来的传统表面强化(喷丸、滚压、挤压)方法,以及近年来发展起来的高能束改性方法(激光束、电子束、离子束)。传统的表面强化方法主要是使用机械手段使零部件的表面产生塑性变形,从而得到强化效果,而高能束改性方法则是使用等离子、电子束等携带高能量的束流对零部件的表面进行轰击或加热的过程,在表面层形成理想的强化层,从而提高零部件疲劳性能的方法。

随着强化理论和设备的发展,逐渐拓宽了表面强化工艺技术的适用范围,包括了各种承力零件的外表面、内壁、孔、螺纹和圆角等,广泛应用于飞机和发动机的转动部件(叶片、轮盘、转子)、传动部件(齿轮、轴承、轴)、连接部件(动载螺栓、弹簧等)和主承力部件(飞机起落架、机翼整体壁板)等。

4.3.1 超高强度钢的表面强化层特性

表面强化层特性主要是强化过程中引起的材料表面层组织结构、残余应力和表面形貌变化。超高强度钢表面层组织结构变化主要是材料变形引起的马氏体和残余奥氏体中位错亚结构的变化以及应变诱发马氏体相变等组织结构变化,同时,由于位错密度升高和相变等,在表面强化层引入了残余压应力的梯度分布、表面形貌(粗糙度和表面纹路等)和硬度的变化,起到降低外加拉应力的作用,对抑制疲劳裂纹的形核和扩展起到很大的作用。

4.3.1.1 表面形貌变化

在零件的机械加工和表面强化过程中,不同加工方法和表面强化方式使表面形貌发生变化,如磨削、车削产生刀痕(图 4 - 62(a)、(b)),喷丸强化引入弹坑(图 4 - 62(c)、(d)),螺纹滚压和小孔挤压强化方法平整表面等。

超高强度钢的疲劳性能对表面强化非常敏感。一方面,表面强化方法可以抵除或降低机械加工在超高强度钢表面引入的应力集中,特别是螺纹滚压和孔挤压还能平抑磨削、车削、铰削等引入的加工刀痕,从而降低表面粗糙度,显著提高超高强度钢零部件疲劳寿命;另一方面,超高强度钢高的强度,使得某些情况下喷丸强度也随之升高,造成超高强度钢零件表面粗糙度升高,主要是在喷丸过程中弹丸在 Ra 值较低的表面形成凹凸起伏(图 4 - 63),依据工程要求有时需要对这种情况的零部件表面进行再次机械加工,在基本不影响残余应力分布的情况下,减小弹丸造成的波峰和波谷,从而减小因粗糙度升高对疲劳性能的不利影响。

174

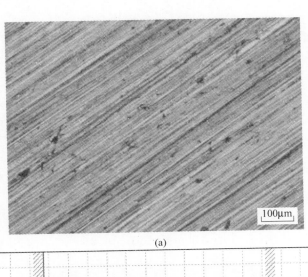

(a)

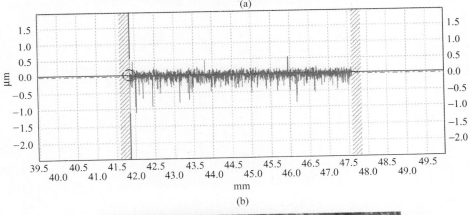

(b)

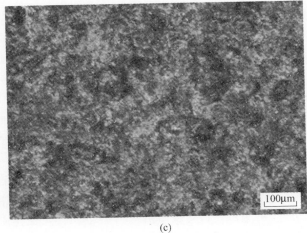

(c)

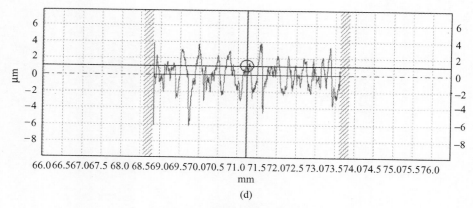

（d）

图 4 - 62　表面形貌和粗糙度变化

（a）、（b）磨削；（c）、（d）喷丸。

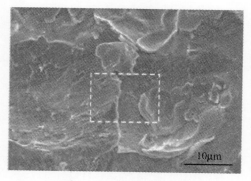

图 4 - 63　喷丸弹坑形貌[47]

4.3.1.2　残余应力分布

在表面强化处理过程中，喷丸或滚压、挤压等会引起零部件表面的微观组织结构变化，从而带来表面残余压应力值升高和残余应力场随深度的重新分布。理论上残余应力分布有四个主要参数：表面残余应力、最大残余应力、最大残余应力点、残余压应力深度（图 4 - 64）。残余应力分布情况除与强化方法和工艺参数有关外，也与材料本身的化学成分和力学性能有关。残余压应力的存在，对零件的疲劳性能、抗应力腐蚀性能、使用寿命等都会产生有利的影响。

随着新型超高强度钢的不断发展，强度、韧性、耐腐蚀性能等综合性能不断提高，也使得表面强化技术难度加大，但适当的强化处理技术也使得效果越来越明显，因为超高强度钢的塑性变形随着强度的升高变得越来越困难，使得在材料表面层的残余压应力分布也越来越稳定。

超高强度钢喷丸强化后产生的残余压应力值最高可以达到 - 1200MPa，但

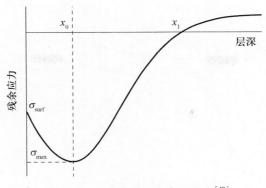

图 4 - 64　残余应力分布示意图[48]

残余压应力场深度较浅,平均在 $150\mu m \sim 300\mu m$;而超高强度钢螺纹滚压或小孔挤压强化后,表面残余压应力一般低于喷丸强化,在 $-400MPa \sim -600MPa$,但其残余压应力场深度较喷丸强化深,达到 $2mm \sim 3mm$ 的深度分布,螺纹滚压和小孔挤压特别适宜于因结构原因喷丸强化方法不能处理到的很小的沟槽结构和小孔、深孔结构的强化。

　　典型的超高强度钢 23Co14Ni12Cr3MoE 小孔强化后强化层内残余应力分布如图 4 - 65 所示。可以看出,未强化状态残余应力分布呈现为在零线附近波动,这是机械铰孔后典型的残余应力分布状态,按照不同的加工方式,小孔表面呈现拉应力或很小的残余压应力分布,随着向材料内部(基体)的延伸,会有拉应力区和压应力区的交替出现,直到拉应力分布。而小孔强化状态的残余应力分布呈现为自表面至一定深度内的残余压应力状态,表面应力为 $-400MPa \sim -600MPa$,最大残余压应力出现在 $1mm$ 处,应力最大值为 $-750MPa$ 左右,随后,残余压应力随着深度的增加逐渐降低,直到 $2mm$ 处与零线相交,最终呈现出与材料内部应力相同的拉应力状态。

4.3.1.3　表层组织结构变化

　　表面强化后表层组织结构变化主要体现在大量位错的产生、移动、缠结和胞状结构的形成,这样在相同的应力水平下,表层内的位错由于缠结而较难开动,从而阻止了表面缺陷或晶粒内部位错塞积的形成,使得形成相同应力集中点的应力增加(图 4 - 66),进而延迟疲劳裂纹或应力腐蚀裂纹在表面的萌生,使疲劳寿命提高。而超高强度钢中马氏体和残余奥氏体在表面强化过程中进一步发展成高密度位错缠结,在随后的疲劳过程中,位错强化、细小弥散析出相强化等共同提高了超高强度钢疲劳强度。

　　图 4 - 67 所示为背散射电子像,使用的是衍射成像原理,由菊池线转化成图

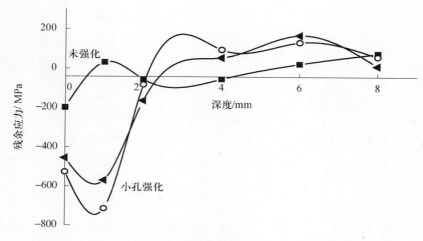

图 4 - 65　小孔强化与未强化试样的残余应力场分布曲线

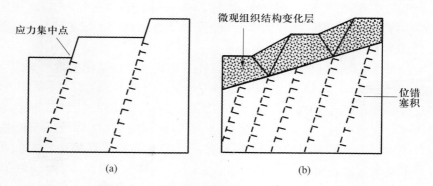

图 4 - 66　表面强化组织结构示意图[49]

像后生成的喷丸强化状态表面组织结构和晶粒取向图,图 4 - 67(a)中不同深浅颜色区分了大角度的晶粒边界和小角度的位错边界,可见强化后的表层是由大量位错结构组成;图 4 - 67(b)显示表层晶粒经过强化处理后变形、被拉长的形貌,不同深浅颜色代表晶粒取向不同,可见尚未形成明显的择优取向,这是由于喷丸变形程度还没有达到形成织构的水平。

4.3.1.4　工艺参数对表面强化层特性的影响

在零件结构(细节)设计确定的情况下,表面强化工艺参数的选择是影响疲劳和抗应力腐蚀性能的重要因素之一。不恰当的表面强化工艺参数会引起表面损伤,达不到最佳的强化效果。尤其是超高强度钢,工艺参数选择不当,非但没有强化效果,反而在表面形成损伤。例如喷丸,当出现过喷时,会使得表面粗糙

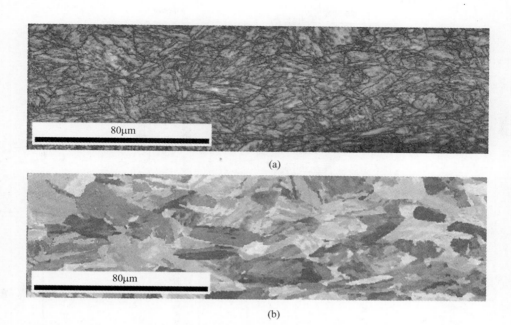

图 4 - 67　喷丸表面形貌图像

(a) 边界图；(b) 取向图。

度较低的零件粗糙度增高,并造成表面过强化裂纹。图 4 - 68 是经大强度喷丸后的表面形貌和波纹图,大强度喷丸引起原来 Ra 值较低的表面粗糙度波峰和波谷增高和加深。喷丸强度越高,丸粒尺寸越大,造成超高强度钢表面起伏(波峰和波谷)也越大,形成的应力集中就会越严重,疲劳裂纹源形核的倾向也就越大,从而抵消了喷丸强化引入的组织结构变化和应力场分布等有利因素产生的加工硬化效果,使得其在延长疲劳寿命方面效果不明显。在孔挤压和螺纹滚压时,过度的挤压、滚压,会使被强化表面产生微小折皱,降低疲劳寿命。上述弱化效应是在喷丸、挤压、滚压等强化工艺参数选择不适当的情况下产生的,在正常情况下不会出现。

4.3.2　超高强度钢经表面强化后的疲劳行为

材料或零件表层组织结构的改善会起到延迟疲劳裂纹萌生的作用,并且在扩展过程中起到减缓裂纹尖端塑性区形成的作用,而残余压应力场的生成,则部分抵消了外加交变载荷幅值,减少了裂纹源形核的部位,并在扩展过程中,起到闭合裂纹的作用。因此,表面强化可以大幅度提高零部件疲劳寿命和疲劳强度。

随着超高强度钢材料强度的不断上升,其疲劳过程中的缺口敏感性也不断

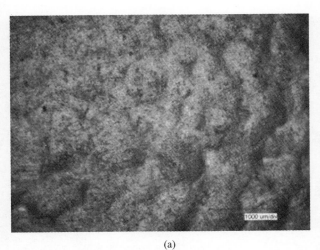

(a)

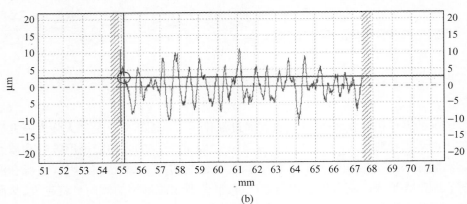

(b)

图 4 - 68　大强度喷丸处理后表面形貌

(a)表面形貌；(b)波纹图。

升高,从而使得疲劳对应力集中的响应也就更为突出,但表面强化对上述区域进行处理后,降低因应力集中系数对疲劳寿命的不利影响的作用也就越大。例如,PH13 - 8Mo 钢原始磨削 $K_t = 2$ 状态平均疲劳寿命是 8.0×10^4 周,经过喷丸强化后,平均疲劳寿命提高到 3.83×10^6 周,提高 40 倍以上。

4.3.2.1　裂纹萌生与扩展

表面强化处理后,如喷丸和滚压后,表层性能得到改善,使得疲劳裂纹源起始位置发生变化,从表面起始转变为大多数从次表层起始。这主要是强化后表面层引入适宜的组织结构和残余压应力场等有利因素的作用,尤其是后者,使得外加拉应力与残余压应力场在试样截面上叠加后降低了拉应力水平,但是,也必

180

然会在材料的内部出现残余拉应力场与之平衡,而在残余拉应力分布区域形成疲劳裂纹源所需的外加拉应力会大大降低,结果使该拉应力区域成为疲劳过程中的薄弱部位。超高强度钢中由强化引入的高密度位错亚结构等形成了独特的强化层效果,使得残余压应力水平更高,从而显著降低了外加拉应力的作用,抑制了疲劳裂纹的形成和扩展,提高了超高强度钢的疲劳强度。图4-69所示为喷丸强化后PH13-8Mo钢的疲劳断口形貌,图4-69(a)显示断口表面平坦,图4-69(b)显示主疲劳裂纹源起始于亚表面,图4-69(c)、(d)表明试样外表面已被喷丸弹坑均匀覆盖,没有磨削刀痕存在。

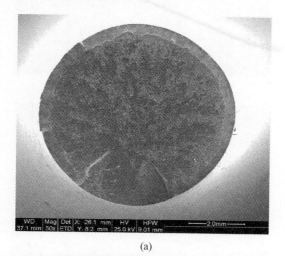

(a)

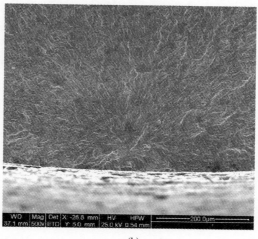

(b)

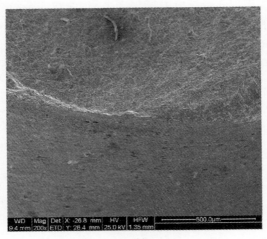

(c)

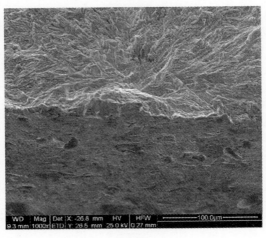

(d)

图 4-69　喷丸强化后 PH13-8Mo 钢的疲劳断口形貌

对该断口进行了定量反推,测算了裂纹的形成和扩展寿命。该工作是从距源区约 0.2mm 后可观察到疲劳条带,沿裂纹扩展方向对断口进行测量,距源区 2.527mm 为最后观察到疲劳条带区域。利用条带数据进行曲线拟合,可以得到疲劳裂纹扩展速率与裂纹长度之间的关系曲线,见图 4-70。采用列表梯形法对该断面疲劳裂纹所经历的扩展寿命进行计算,可以得出该钢表面强化后裂纹形核寿命占总寿命的 90% 以上,可见,由于喷丸强化改善了材料的表层性能,从而大幅度延长了疲劳裂纹萌生寿命。

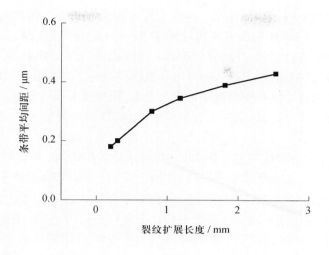

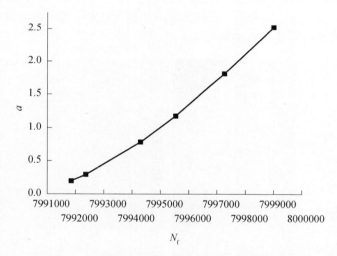

图 4-70　裂纹扩展速率与裂纹长度的关系曲线

4.3.2.2　疲劳性能

随着超高强度钢强度的提高,疲劳强度也随之升高,而强化后的疲劳性能也相应地进一步增高。300M 钢($\sigma_b = 1950\text{MPa}$, $\sigma_{p0.2} = 1643\text{MPa}$)喷丸强化工艺技术研究表明,未强化的原始试样表面残余应力 $\sigma_r = -280\text{MPa} \sim -320\text{MPa}$,喷丸强化后表面残余应力达到 $-800\text{MPa} \sim -1000\text{MPa}$,而疲劳强度也由未强化时的 $\sigma_{-1} = 780\text{MPa}$ 升高到喷丸后的 1030MPa,提高约 32%。粗糙度对疲劳性能影响的研究表明,300M 钢疲劳性能随表面粗糙度值的升高而降低,适当的喷丸工艺参数可以明显改善材料表面质量,一定弹丸尺寸和强度的喷丸强化对应一定的表面粗糙度值。当300M钢表面粗糙度值在 $Rz = 10\mu m \sim 17\mu m$ 时,未喷丸的疲劳强度为680MPa,而喷丸后升高到930MPa,可以提高36%。由此结果可见,在表面粗糙度值较高时,由加工引入的刀痕和微裂纹成为了表面最薄弱的区域,在疲劳过程中,外加载荷势必使其过早地发生开裂,而喷丸可以有效地消除这一影响,达到平复刀痕,降低实际交变应力幅值的作用,从而使得疲劳强度升高或恢复到原有水平。

在强度等综合力学性能更好的23Co14Ni12Cr3MoE钢($\sigma_b = 1970MPa$)螺纹结构的强化研究中,未强化状态($K_t \approx 3$)在最大应力为600MPa时的平均疲劳寿命为 3.1×10^4 周,对其进行滚压强化后,其疲劳寿命达到 8.7×10^4 次,疲劳寿命比相同应力水平下未滚压状态提高2.8倍。由断口分析可见(如图4-71和图4-72所示),未滚压状态属于多源断裂,而滚压后的裂纹源只有两个,根部刀痕明显弱于未滚压试样。由此可见,螺纹滚压强化工艺可以很好地去除螺纹表面的加工刀痕,减少裂纹源个数,消除表面的微应力集中,同时在螺纹表面引入残余压应力,起到提高疲劳性能的作用。

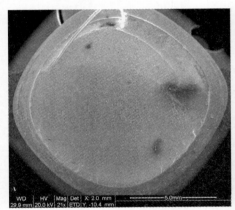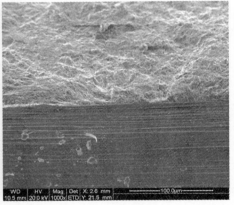

图4-71 未滚压试样断口形貌

超高强度钢经表面强化处理后,疲劳性能大幅度提高,其原因是:使组织结构发生变化(引入了高位错密度),引入了更有利的残余压应力场,在疲劳过程中降低外加载荷应力幅值,抑制疲劳裂纹在表面萌生和延缓裂纹在强化层内部扩展,从而起到提高疲劳循环寿命的作用。表面强化工艺技术对超高强度钢制造的飞机零部件的长寿命、高可靠和经济可承受性具有重要的意义,是现代飞机制造业不可缺少的关键技术之一。

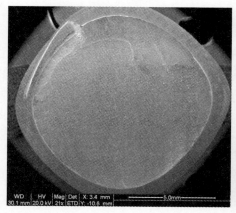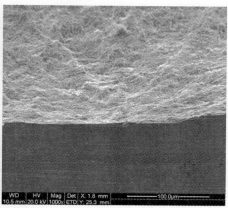

图 4 - 72　滚压后试样断口形貌

4.3.3　化学热处理与表面强化复合硬化层特性

化学热处理(渗碳、渗氮、渗硼等)主要是用来增加材料或零件表面硬度和耐磨性,多见于经受接触、摩擦、滚动、微动疲劳的零件,如齿轮、轴承、模具和各种轴类等零件。

化学热处理通过在材料表层渗入 C、N、B 等元素,与基体元素结合弥散细小硬质相,阻碍位错移动,起到第二相质点强化作用,提高材料抗塑性变形能力,使得表面的硬度和耐磨性能提高,但相应的韧性有所降低。而表面强化技术与化学热处理两者结合可以形成复合强化效果,进一步提高化学热处理后高硬度表面材料或零件的疲劳性能。

齿轮、轴承等零件在工作中承受接触载荷,经常以接触疲劳的形式失效。在制造中通常使用喷丸强化方法对其进行处理,将表面强化方法与化学热处理结合,可以明显提高材料表面的耐磨性和接触疲劳强度。

4.3.3.1　渗碳后表面强化层特性

1. 显微组织特征

钢的渗碳层一般是由回火马氏体 + 残余奥氏体 + 碳化物的混合组织构成,喷丸强化增加了位错密度,并且在一定程度上使得残余奥氏体转变为马氏体。

图 4 - 73 所示为 25MoCr5 钢渗碳层和渗碳后喷丸的组织,可以看出,经过喷丸强化后,可以明显细化微观亚结构,图 4 - 73(b)所示的细针状马氏体是由喷丸前的残余奥氏体转变而来的[50,51]。

2. 硬度特征

一般的渗碳钢经过渗碳处理后,表面硬度在 58HRC ~ 62HRC 之间,心部的

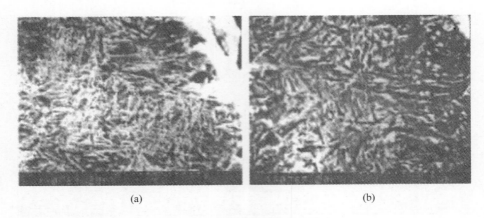

(a)   (b)

图 4 – 73　喷丸对渗层组织的影响

(a)未喷丸；(b)喷丸。

基体硬度在 35HRC ~ 45HRC 之间,这样零件形成心部韧性较好、表面较硬的承力结构。由图 4 – 74[50] 所示的 25MoCr5 钢硬度曲线可见,经过渗碳处理,可以在材料表层产生 1mm 左右的硬度梯度分布区域,如图 4 – 74(a)所示,渗碳层中显微硬度最大值在 0.1mm 处,接近于 900HV。由图 4 – 74(b)可以看出,渗层经过喷丸强化后,距表面 200μm 范围内的表层显微硬度明显提高,显微硬度最大值仍然在 0.1mm 处,但已经上升到约 1300HV。表层硬度提高,除了有喷丸强化作用外,其中残余奥氏体显著减少对硬度的提高也做出了贡献[50]。

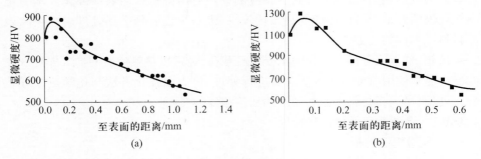

(a)   (b)

图 4 – 74　显微硬度分布

(a)未喷丸；(b)喷丸。

3. 残余应力特征

钢表面经过渗碳处理后,残余压应力值明显增加。此变化的主要原因是大量碳原子进入表面层,形成碳化物或间隙原子结构,造成表层体积膨胀,形成大量界面位错和点阵畸变。如图 4 – 75(a)所示[51],20HNM 钢喷丸前渗碳

186

层的残余应力最大点在表面,在 -400MPa 左右。图 4 - 75(b)显示渗碳 + 喷丸处理后可显著改变残余压应力的梯度分布和最大值[52]。由图可见,残余压应力最大值转移到了距表面 0.05mm 处,在 -1200MPa 左右,而表面残余应力保持在 -400MPa ~ -500MPa,深度达到了 0.2mm。

渗碳 + 喷丸处理后残余压应力增加的主要原因有以下几个方面:回火马氏体在喷丸过程中发生塑性变形,使残余奥氏体形变诱发马氏体相变引起体积膨胀;同时马氏体自身的塑性变形以及残余奥氏体的塑性变形等[53]共同作用使强化层产生了残余压应力。

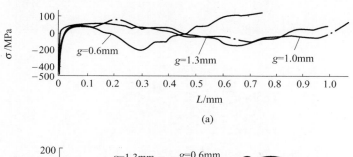

(a)

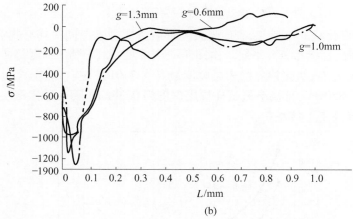

(b)

图 4 - 75 残余应力分布
(a)喷丸前;(b)喷丸后。

4.3.3.2 渗氮与表面强化复合硬化层特性

1. 渗氮前喷丸处理

渗氮同样可以提高钢的表层硬度、耐磨性、热稳定性。目前工程上常用的渗氮层深度为 0.3mm ~ 0.4mm,硬度在 800HV 以上。与渗碳工艺相比,渗氮工艺具有如下优势:表层硬度更高,耐磨性更好;工艺温度低,变形小;表层存在更高的残余压应力等[54]。但渗氮层浅和硬度高使硬度梯度变陡,导致表层易发生残余压应力场的松弛和剥落,进而导致零件易发生接触疲劳失效。为了改善零件的接触疲劳性能,需要增加渗氮层深度和提高渗氮层的硬度,使渗氮层的硬度梯度变缓[55]。如图4-76所示,对渗氮前钢的表面进行喷丸处理,可以使得表层形成大量位错缠结,增加了氮原子有效扩散通道,相应地提高了渗氮速度,从而有效提高渗氮层的深度。

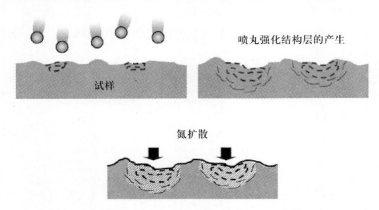

图4-76 喷丸+渗氮处理过程示意图[70]

(1)硬度变化特征。首先,表面喷丸处理后渗氮的表层硬度均有提高,而且硬度分布梯度比直接渗氮要平缓。由图4-77可见,32Cr3MoVA钢基体的显微硬度为400HV左右,直接渗氮的表层硬度最高为740HV左右,之前经过喷丸处理的则达到了850HV,直接渗氮试样渗层深度为0.34mm,喷丸后渗氮层深度为0.61mm[55],提高了1倍左右。

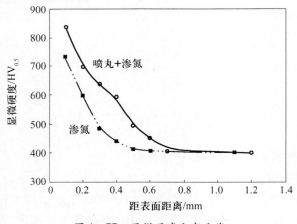

图4-77 显微硬度分布曲线

文献[57]中研究了温度对 AISI304 奥氏体不锈钢硬化层硬度的影响规律,随着温度的升高,两种方式渗氮表面硬度相应提高,但到了 520℃后两者出现了重合点,如图 4 - 78(a)所示。图 4 - 78(b)是相应的硬度梯度曲线。

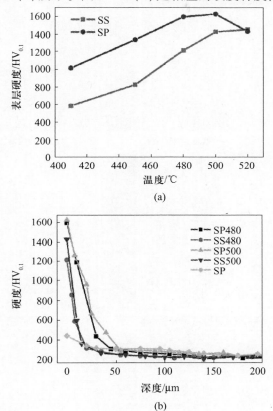

(a)

(b)

图 4 - 78 不同温度下表层硬度变化和相应的硬度梯度变化曲线

(a)表层硬度变化;(b)硬度梯度变化。

SS—渗氮处理;SP—喷丸 + 渗氮处理。

(2)显微组织。由图 4 - 79[57]可见,AISI304 奥氏体不锈钢喷丸后渗氮的渗层深度是直接渗氮的 2 倍左右,主要是因表面弹塑性变形使表层的组织结构发生变化导致氮的扩散激活能降低。同时,由于预先变形的作用,在渗氮过程中,氮原子优先在位错处聚集,从而形成氮化物的倾向增大,而且高密度位错也可使氮化物形核点增多、尺寸变小。这样,细小的氮化物不仅使强度、硬度升高,而且通过与位错的交互作用可钉扎位错,形成稳定的精细组织结构,从而对表层同时起到强化和韧化的作用[52,55]。

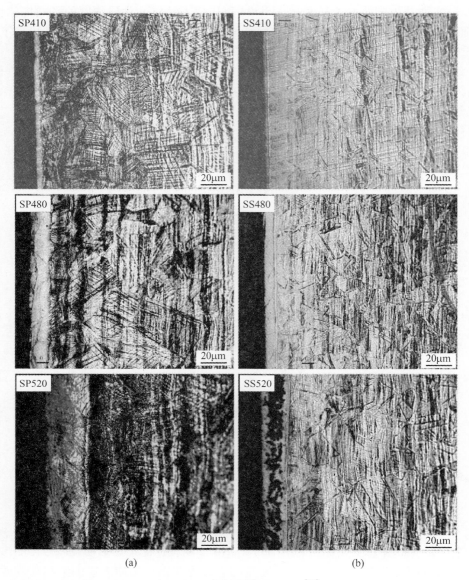

图 4 - 79　渗氮试样显微组织[57]

（a）喷丸后渗氮；（b）直接渗氮。

2. 渗氮后喷丸处理

在渗氮后对钢表面喷丸处理,与渗碳一样,在渗氮层中引入塑性变形区,进一步增加残余压应力分布,改善硬度梯度分布,从而进一步提高疲劳性能。因渗氮表面硬度更高,对喷丸工艺参数控制的要求也相应提高,如弹丸的硬度和圆整度要求等。在工程应用中,渗氮零件的喷丸强度很高,导致喷丸过程中弹丸的破碎率高,这样就达不到预期的效果[58]。因此,需要慎重选择工艺参数,才能有效提高渗氮层疲劳性能。

(1)硬度变化特征。喷丸、渗氮、渗氮+喷丸强化等状态的表层显微硬度均高于心部,并且硬度分布也会越来越深。图4-80所示为40Cr钢渗氮后进行喷丸处理的硬度变化,其中渗氮表层的显微硬度高于喷丸,渗氮+喷丸复合硬化表层的显微硬度高于喷丸或单一渗氮硬化,并且还提高了距表面200μm区域内的显微硬度分布,在50μm附近出现硬度最大值,约为800HV[58]。

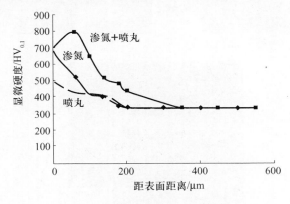

图4-80 硬度分布曲线

图4-81所示为42CrMo4钢不同状态的硬度变化曲线,可见渗氮状态在距表面0.1mm范围内硬度最低,增加喷丸后表面硬度提高到700HV左右,但随后对其进行300℃回火,硬度分布有所降低,还是比单独渗氮的试样要高。

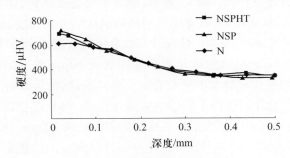

图4-81 硬度分布曲线[59]

N—渗氮处理;NSP—渗氮+喷丸处理;NSPHT—渗氮+喷丸+回火处理。

(2)微观组织。渗氮后表层是由回火马氏体+残余奥氏体+氮化物组成(图4-82(a)),图4-82(b)显示32Cr3MoVA钢渗氮层中没有出现沿晶界的网状氮化物结构;经过喷丸处理后,与渗碳层相同,出现了高密度的位错亚结构,部分残余奥氏体转变为马氏体(图4-82(c))。

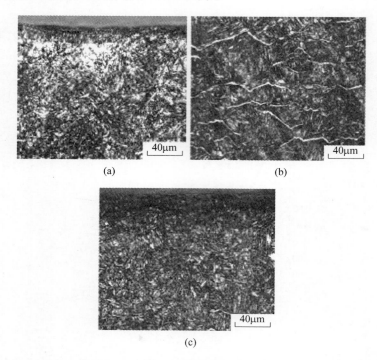

(a)　　　　　　　　　　　　　　　(b)

(c)

图4-82　渗氮+强化表层显微组织[60]

(a)渗氮;(b)渗氮层放大图;(c)渗氮+喷丸。

（3）残余应力变化特征。喷丸、渗氮、渗氮+喷丸强化状态的表层残余应力均为压应力,与渗碳状态相似,喷丸也会增加残余压应力场深度和最大残余应力值。由图4-83可见,40Cr钢喷丸状态最大残余压应力值为-700MPa左右,而渗氮则接近于-1400MPa,最大值的位置都在距表面60μm处。渗氮+喷丸复合硬化状态的表面残余压应力大于喷丸或单一渗氮硬化,数值超过了-1400MPa。渗氮+喷丸复合硬化不仅提高了表层的残余压应力,而且还使得残余应力场分布更加平缓,将残余压应力最大值位置推移到了距表面100μm处[58]。

在工程中,有效的残余应力分布是经过一段时间使用后稳定下来的分布特征,图4-84示出42CrMo4钢疲劳试验前后的残余应力分布情况,可以看出,疲劳试验前渗氮+喷丸的曲线分布较为合理,最大值出现在0.05mm处,深度是0.1mm左右,经过疲劳试验后,渗氮+喷丸处理的残余压应力松弛,残余压应力最大值位置由0.04mm变到了0.03mm处,数值也由-1400MPa变为-1000MPa

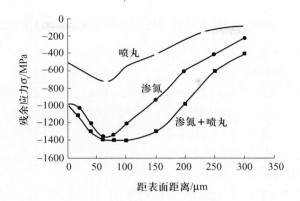

图 4 - 83　残余应力分布曲线

左右,降低明显。渗氮处理的残余压应力基本保持不变,渗氮 + 喷丸 + 300℃ 回火处理状态的残余压应力略有升高。选择合适的方法和工艺技术使表层残余应力状态在工作过程中得以稳定显得十分重要。

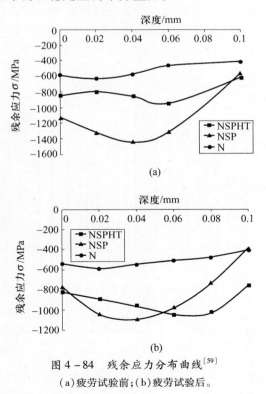

图 4 - 84　残余应力分布曲线[59]

(a)疲劳试验前;(b)疲劳试验后。

193

4.3.4 化学热处理与表面强化复合处理后的疲劳行为

4.3.4.1 旋转弯曲疲劳

1. 渗碳与表面强化

渗碳层深度一般在 1mm 以上,增加喷丸处理后,造成表层硬度进一步升高,残余压应力也上升到 −1200MPa 左右,对增强疲劳性能极为有利。例如,从 20CrNiMo 钢经渗碳与渗碳 + 喷丸工艺处理后的疲劳试验结果可知,疲劳强度在增加喷丸强化后提高了 50% 以上[51]。

2. 渗氮与表面强化

渗氮 + 表面强化处理后的疲劳性能要好于单一渗氮,虽然硬化层只有 $300\mu m \sim 400\mu m$,但因残余应力场分布更平缓,残余压应力值更大,相应的疲劳性能更好。例如,以调质态为基准,40Cr 钢喷丸使材料的旋转弯曲疲劳强度提高了 16%,渗氮提高了疲劳强度约 36%,渗氮 + 喷丸复合强化使疲劳强度提高了 63%。如图 4 − 85 所示[58]。表 4 − 4 是对渗氮 + 喷丸状态进行了回火处理后的疲劳强度试验结果,可见,单纯渗氮的疲劳强度在 480MPa,复合强化后升高到了 850MPa,经过 300℃ 回火后,强化效果有所降低,松弛了残余压应力,使得其抵消外加载荷的作用略有降低,疲劳强度下降到了 764MPa。

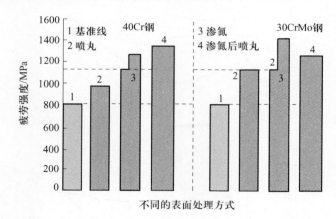

图 4 − 85 疲劳强度极限对比

表 4 − 4 渗氮 + 喷丸复合强化疲劳数据

试样系列	弯曲疲劳强度/MPa	注释
N	480	断裂起始于微孔
NSP	850	断裂起始于孔洞,其中一次起始于夹杂物
NSPHT	764	断裂起始于微孔

图 4-86 所示[58]为 40Cr 和 30CrMo 钢疲劳断口形貌,可以看出,调质状态的疲劳裂纹源位于表面,喷丸强化状态的疲劳裂纹源位于表面强化层下,渗氮试样的疲劳裂纹源位于表面强化层,而渗氮 + 喷丸复合处理状态的疲劳裂纹源位于表面强化层下。由此可见,渗氮 + 喷丸的表面状态最好,有效抑制了表面应力集中,从而在增加耐磨性的同时也进一步提高了疲劳性能。

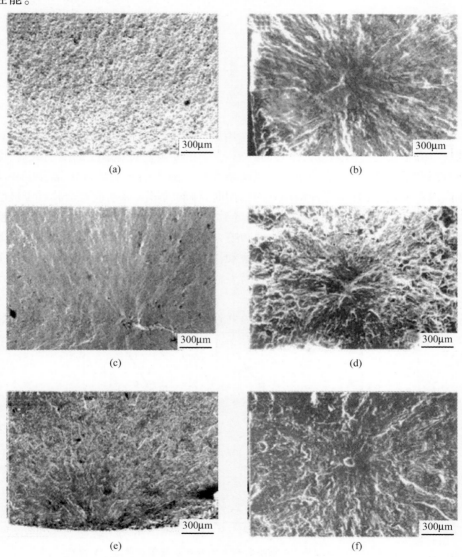

(a)　　　　　　　　　　(b)

(c)　　　　　　　　　　(d)

(e)　　　　　　　　　　(f)

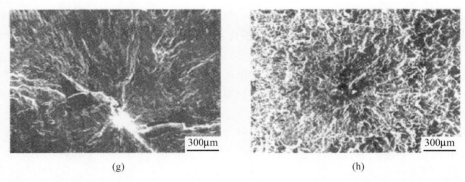

(g)　　　　　　　　　　　　　　(h)

图 4 – 86　疲劳断口形貌

（a）、（e）调质；（b）、（f）喷丸；（c）、（g）渗氮；（d）、（h）渗氮 + 喷丸。

4.3.4.2　接触疲劳性能

接触疲劳受以下因素控制：应力作用的面积、交变剪切应力、交变应力循环的次数和最大交变剪切应力距表面距离[61]。在接触表面所承受的滚动载荷、摩擦载荷和滑动载荷中，滚动载荷形成的最大剪切应力引起的破坏常常发生在接触面以下的亚表面；当三种载荷共同作用时，引起的最大剪切应力会趋近于接触表面上，其中当滑动载荷足够大时，能导致起源于表面的失效，从而严重降低构件的使用寿命[61]。采用化学热处理和喷丸结合的工艺增加了构件接触表面的硬度和残余压应力场，等同于减小在滚动接触过程中的滚动载荷、摩擦载荷和滑动载荷，从而大大提高构件的接触疲劳寿命。

1. 疲劳行为

在 32Cr3MoVA 钢中进行渗氮和喷丸处理后的 $P-N$ 曲线如图 4 – 87 所示，

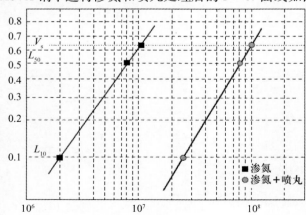

图 4 – 87　32Cr3MoVA 钢渗氮和喷丸处理后接触疲劳 $P-N$ 曲线

196

由图可见，P – N 曲线中的 L_{10} 和 L_{50} 都由渗氮后的 10^6 周升高到了 10^7 周，V_s 则是从 1×10^7 周上升到了 9.8×10^7 周，接触疲劳强度提高明显。

2. 表面损伤形貌

接触疲劳损伤通常是形成浅层的表面剥落。在接触疲劳早期阶段，先形成一些独立的坑穴，然后很快就连接形成汇合的麻点或带。继而麻点本身和嵌入接触面的金属颗粒引起运转振动和噪声，坑穴边缘上的冲击载荷进一步加剧了破坏[61]。化学热处理和喷丸相结合的复合处理则大大延缓了这一过程的出现，提高表面耐磨性，增大表面压残余应力值大大降低了滚动接触过程中的外载，因此，在相同应力水平下出现的剥落坑将小得多。

图 4 – 88 所示为 32Cr3MoVA 钢经过接触疲劳试验后表面形貌和轮廓图，可见强化与未强化试样表面在经过相同应力下不同循环周次后的表面损伤情况，

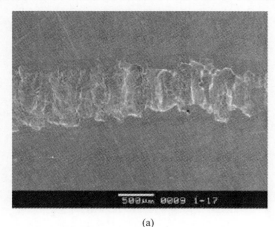

(a)

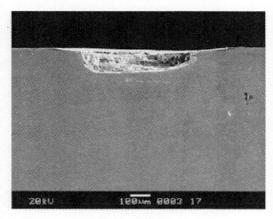

(b)

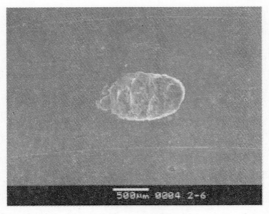

(c)

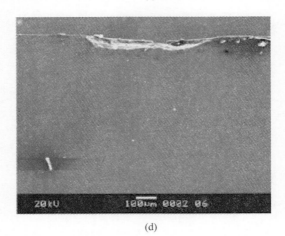

(d)

图4-88　接触疲劳表面剥落坑[60]

(a)、(b)未强化状态；(c)、(d)强化状态。

未强化状态试样都是在很少的循环周次后就已经出现了严重的磨坑(图4-88(a)为连续的磨坑形貌)，继而出现疲劳破坏(图4-88(b)为剥落后侧视图)；图4-88(c)、(d)所示为单个磨坑形貌和剥落后的侧视图。可以看出，强化对接触疲劳性能的提高作用是明显的。

参 考 文 献

[1]　陈传尧. 疲劳与断裂[M]. 武汉:华中科技大学出版社,2001.

［2］　ASTM. E1823 Standard terminology relating to fatigue and fracture testing［S］. West Conshohocken：ASTM，2009.

［3］　赵振业. 高强度合金应用与抗疲劳制造技术［J］. 航空制造技术，2007，10：30－33.

［4］　John B. Hallowell. Structural alloys handbook：Volume 1［M］. Battelle：Columbus Laboratories，Metals and Ceramics Information Center，1990.

［5］　Neuber H. Theory of notch stresses［M］. Berlin：Springerverlag，1958.

［6］　Suraratchai M，Limido J，Mabru C，et al. Modelling the influence of machined surface roughness on the fatigue life of aluminium alloy［J］. International Journal of Fatigue，2008，30：2119－2126.

［7］　Arola D，Ramulu M. An examination of the effects from surface texture on the strength of fiber－reinforced plastics［J］. Journal of Composite Materials，1999，33（2）：102－123.

［8］　Arola D，Williams C L. Estimating the fatigue stress concentration factor of machined surfaces［J］. International Journal of Fatigue，2002，24：923－930.

［9］　李为镣. 钢中非金属夹杂物［M］. 北京：冶金工业出版社，1988.

［10］　董履仁，刘新华. 钢中大型非金属夹杂物［M］. 北京：冶金工业出版社，1991.

［11］　李代钟. 钢中的非金属夹杂物［M］. 北京：科学出版社，1983.

［12］　李守新，翁宇庆，惠卫军，等. 高强度钢超高周疲劳性能——非金属夹杂物的影响［M］. 北京：冶金工业出版社，2010.

［13］　张德堂. 钢中非金属夹杂物鉴别［M］. 北京：国防工业出版社，1991.

［14］　Suresh S. 材料的疲劳［M］. 王中光，等译. 北京：国防工业出版社，1999.

［15］　束德林. 金属力学性能［M］. 北京：机械工业出版社，1999.

［16］　张栋，等. 失效分析［M］. 北京：国防工业出版社，2008.

［17］　Velden R. Vander，et al. Anomalous fatigue crack growth retardation in steels for offshore applications［R］. ASTM STP 801，1983，64－80.

［18］　Lee Eun U. Corrosion fatigue of AerMet 100 steel［R］. NAWC report. 1996.

［19］　Dieter. George E. 金属力学（Mechanical Metallurgy）［M］. 影印本. 北京：清华大学出版社，2006.

［20］　郑修麟. 材料的力学性能［M］. 2版. 西安：西北工业大学出版社，2000.

［21］　Hoffman Goffried，Jandeska William. Effects on rolling contact fatigue performance［J］. Gear Technology，2007，42－52.

［22］　Suh N P. The Delamination theory of wear［J］. Wear，1973，25：111－124.

［23］　Macro Boniardi，Fabrizio D'errico，Chiara Tagliabue. Influence of carburizing and nitriding on failure of gears－A case study［J］. Engineering Failure Analysis，2006，13：312－339.

［24］　赵振业. 航空高性能齿轮钢的研究与发展［J］. 航空材料学报，2000，20（3）：148－157.

［25］　Tomasello CM. ，Burrier HI. ，Knepper RA. ，et al. Progress in the evaluation of CSS－42L^{TM}：a high performance bearing alloy［C］. Bearing Steel Technology，ASTM STP 1419. Conshohockon：ASTM，2002：375－385.

［26］　Ragen M A. ，Anthony DA. ，Spitzer RF. A comparison of mechanical and physical properties of contemporary and new alloys for aerospace bearing applications［C］.//Bearing Steel Technology，ASTM STP 1419. West Conshohockon：ASTM，2002：362－374.

［27］　Burrier H I. ，Tomasello CM. ，Balliett SA. ，et al. Development of CSS－42L^{TM}，a high performance carburizing stainless steel for high temperature aerospace applications. ［C］// Bearing Steel：Into the 21st Century，ASTM STP 1327. West Conshohockon：ASTM，1998：374－390.

[28] Isabelle PICHARD, Daniel GIRODIN, Gilles DUDRAGNE, et al. Metallurgical and tribological evaluation of 32Cr3MoV deep nitrided steel and XD15N™ high nitrogen martensitic steel for aerospace applications [C]. Bearing Steel: Into the 21st Century, ASTM STP 1327. Philadelphia: ASTM, 1998: 391 – 405.

[29] Pearson P K, Dickinson TW. The role of carbides in performance of high-alloy bearing steel, Effect of Steel Manufacturing Processes on the Quality of Bearing Steels[C]. Philadelphia: ASTM STP 987, J. J. C. Hoo, Ed. , 1988: 113 – 131.

[30] Witold K L, George JT, Nabil Tarfa. Bringing out the best properties of nitrided layers through controlled gas nitriding[J]. Carburizing and Nitriding Technology and Applications, 1999, 3.

[31] 安运铮. 热处理工艺学[M]. 北京: 机械工业出版社, 1984.

[32] Braza. J F, Tribological PK. Tribological and metallurgical evaluation of ferritic nitrocarburized M-50 and M-50NiL steel[C]. Creative Use of Bearing Steels, West Conshohockon: ASTM STP 1195, 1993: 49 – 60.

[33] Bull S J, Evans. J T, Shaw B A, et al. The effect of the white layer on micro – pitting and surface contact fatigue failure of nitrided gears[C]. Proc Instn Mech Engrs, 1999, 213: 305 – 313.

[34] Böhmer H J. Residual stress and material behavior of M50NiL and RBD[C]. Creative Use of Bearing Steels, West Conshohockon: ASTM STP 1195, 1993: 34 – 48.

[35] Averbach B L, LOU BingZhe, Pearson P K, et al. Fatigue crack propagation in carburized high alloy bearing steels[J]. Metallurgical Transaction A, 1985, 16A: 1253 – 1265.

[36] Schlicht H, SchreiberE, Zwirlein O. Effects of material properties on bearing steel fatigue strength. Effect of Steel Manufacturing Processes on the Quality of Bearing Steels [C]. Philadelphia: ASTM STP 987, J. J. C. Hoo, Ed. , 1988: 81 – 101.

[37] Voskamp A P, Mittemeijer EJ. The effect of the changing Microstructure on the fatigue behavior during cyclic contact loading[J]. Z. Metallkd. 88, 1997, 4: 310 – 320.

[38] Bohmer H J, Hirsch Thomas. , Streit E. Rolling contact fatigue behavior of heat resistant bearing steels at high operational temperatures[C]. Bearing Steel: Into the 21st Century, ASTM STP 1327. Philadelphia: ASTM, 1997: 533 – 541.

[39] Mitamura N, Hidaka H, takaki S. Microstructural development in bearing steel during rolling contact fatigue[C]. Materials Science Forum, 2007: 4255 – 4260.

[40] Nelias D, Dumont M L, Champiot F, et al. Role of inclusions, surface roughness and operating condition on rolling contact fatigue[J]. Journal of Tribology, 1999, 121: 240 – 251.

[41] Davies David P. Duplex hardening: an advanced surface treatment[J]. Heat Treating, 1992: 38 – 46.

[42] Streit Edgar, Brock Joe, Poulin Patrick. Performance evaluation of "duplex hardened" bearings for advanced turbine engine applications[J]. Journal of ASTM International, 2006, 3: 169 – 177.

[43] Edgar Streit, Werner Trojahn. Duplex hardening for aerospace bearing steel. Bearing Steel Technology [C]. West Conshohckon: ASTM STP 1419, 2002: 386 – 398.

[44] 江志华, 佟小军, 孙枫, 等. 13Cr4Mo4Ni4VA 钢复合化学热处理过程渗层组织性能演变[J]. 航空材料学报, 2011, 31(3): 40 – 45.

[45] Bloyce A, Sun Y, Li X Y. Duplex thermochemical processing of M50NiL for gear applications[J]. Heat Treatment of Metals, 1999, 2: 37 – 41.

[46] Davis D P, Eng M, Eng C. Gear steel for future helicopter transmissions[J]. Proc Instn Mech Engrs, 1989, 203: 113 – 121.

200

[47] Kameyama Yutaka, Komotori Jun. Effect of micro ploughing during fine particle peening process on the microstructure of metallic materials[J]. Journal of Materials Processing Technology, 2009(209):6146 – 6155.

[48] Liu Jinxiang, Yuan Huang. Prediction of residual stress relaxations in shot-peened specimens and its application for the rotor disc assessment[J]. Materials Science and Engineering A, 2010(527):6690 – 6698.

[49] Wang Zhou. XRD investigation of microstructure strengthening mechanism of shot peening on laser hardened 17 – 4PH[J]. Materials Science &Engineering A, 2011(528):6417 – 6425.

[50] 郭锐,王荣华. 喷丸强化对25MoCr5钢渗碳齿轮组织及性能的影响[J]. 金属热处理,2001(6):21 – 23.

[51] 李良福. 由塑性变形导致的渗碳层的组织和机械特性的变化[J]. 国外金属热处理,2004,25(6):28 – 29,33.

[52] 周潘兵,等. 预喷丸对H13钢气体渗氮行为的影响[J]. 金属热处理,2006,31(2):34 – 37.

[53] 王冰,徐民酥,张玉河. 关于影响残余奥氏体残余应力的研究[J]. 国外金属热处理,2002,23(6):10 – 13,15.

[54] 高玉魁,姚枚. 化学热处理对40Cr钢表象疲劳极限影响的定量化研究[J]. 航空材料学报,2002,22(4):21 – 25.

[55] 高玉魁. 表面性变处理对32Cr3MoVA钢渗氮层组织和性能的影响[J]. 材料热处理学报,2005,26(1):74 – 76.

[56] Shoichi Kikuchi, Yasuhito Nakahara, Jun Komotori. Fatigue properties of gas nitride austenitic stainless steel pre – treated with fine particle peening[J]. International Journal of Fatigue,2010(32):403 – 410.

[57] Lie Shen. Plasma nitriding of AISI 304 austenitic stainless steel with pre – shot peening[J]. Surface & Coatings Technology,2010(204):3222 – 3227.

[58] 高玉魁. 喷丸强化对渗氮40Cr和30CrMo钢疲劳性能的影响[J]. 金属热处理,2008,33(8):156 – 159.

[59] Ines Femandez Pariente, Mario Guagliano. About the role of residual stresses and surface work hardening on fatigue ΔKth of a nitride and shot peened low – alloy steel[J]. Surface & Coatings Technology,2008(202):3072 – 3080.

[60] Gao Yukui. Influence of Deep – Nitriding and Shot Peening on Rolling Contact Fatigue Performance of 32Cr3MoVA Steel[J]. Journal of Materials Engineering and Performance,2008,17(4):455 – 459.

[61] 陶春虎,等. 航空发动机转动部件的失效与预防[M]. 北京:国防工业出版社,2008.

第5章 创新研制的超高强度结构钢与不锈钢

5.1 超高强度钢 40CrMnSiMoVA(GC-4)

5.1.1 研制背景

20世纪50年代,随着飞机的飞行速度突破声速,飞机向高空高速方向迅猛发展,迫切需要研制更高强度和良好综合性能的超高强度钢,以便减轻飞机的结构重量,满足设计和使用要求。当时在我国飞机生产中大量使用的30CrMnSiNi2A钢,其抗拉强度为1570MPa~1765MPa($160kgf/mm^2$~$180kgf/mm^2$),已满足不了新机种的设计要求。因此要求研制一种比30CrMnSiNi2A钢具有更高强度($\sigma_b > 190kgf/mm^2$),并且符合我国资源条件的超高强度钢,以适应我国日益发展的航空工业的需求。

1958年我国开始了新钢种的研制工作,并将该新钢种命名为GC-4钢。当时美国刚研制成功300M钢((0.38~0.43)C-1.6Si-0.82Cr-1.8Ni-0.40Mo-0.08V),俄罗斯(苏联)也刚研制成功与300M钢类似的ЭИ643(40XH2CBA)钢,这两种钢均含有2%左右的镍,而我国是一个镍资源相对贫乏的国家,再加上当时西方国家对我国的封锁,能够有效提高钢的韧性的Ni元素,我国十分缺乏。因此研制之初的出发点,就是研制一种无镍或少镍、综合性能良好的低合金超高强度钢。

5.1.2 研究目标与主要力学性能指标

5.1.2.1 研究目标

研制一种抗拉强度大于1865MPa($190kgf/mm^2$),冲击韧性不小于$590kJ/m^2$($6kgf \cdot m/cm^2$),不含或少含稀缺元素,具有良好综合性能的低合金超高强度钢。

5.1.2.2 主要力学性能指标

(1)抗拉强度 $\sigma_b \geqslant 1865MPa$($190kgf/mm^2$);

(2)冲击韧性 $a_{KU} \geqslant 590kJ/m^2$($6kgf \cdot m/cm^2$)。

5.1.3　合金化学成分的确定

当时在航空工业中使用的超高强度钢均为多元素低合金钢,如俄罗斯的30ХГСН2А、ЭИ643(40ХН2СВА)以及美国的 AISI4340、300M,强化机理均是以淬火回火后得到强韧性较好的板条马氏体组织。

30ХГСН2А 钢是在 30ХГСА 的基础上加入 1.4% ~ 1.8% Ni 发展而来,提高了强度及韧性。在 30ХГСН2А 的基础上适当提高 C 含量及加入 W、Mo 等合金元素,发展了强度更高的 ЭИ643(40ХН2СВА)。美国在 AISI4340 钢(Cr – Ni – Mo 系合金)的基础上,加入约 2% Si 和少量 V,提高了钢的强度并改善了韧性,发展了著名的 300M 钢。上述几个钢种均含有约 2% Ni,而 Ni 为我国缺乏的合金元素,因此需要在少镍或无镍合金系中探寻新的超高强度钢。经综合分析,决定新研合金采用 Si – Mn – Cr – Mo 系,并且加入其他少量合金元素改善冲击韧性。在设计合金的化学成分时,主要按以下几个原则来考虑:

(1) 低合金钢的强度主要由 C 含量决定,因此超高强度钢应有足够的 C 含量,但是 C 含量高的钢,又会降低其韧性和焊接性能。为了获得良好的综合性能,一般超高强度钢的 C 含量应控制在 0.4% 左右。

(2) 超高强度钢必须有足够的淬透性,以使形状复杂的截面在淬火后获得均匀的组织,所以钢中应加入 Cr、Mn 等元素,以提高钢的淬透性。Mn 和 Fe 形成固溶体,可提高钢的强度。但过高的 Mn 含量会增加钢的过热敏感性和冷脆敏感性,使塑性和韧性降低。一般在低合金钢中 Mn 含量应小于 2.0%。

(3) 钢中加入 Si 元素,由于它在回火过程中阻碍碳在马氏体中的扩散,减慢过饱和固溶体的分解,使得钢能够在较高的温度下回火,从而更有利于钢淬火后内应力的去除,改善钢的缺口敏感性。Si 的加入还可以提高钢的抗应力腐蚀性能和抗氧化性能。但是 Si 含量过高会使钢材在退火时,增加钢的脱碳倾向。

(4) Mo 是碳化物形成元素,当 Mo 溶于固溶体中时,可提高钢的强度。同时 Mo 还可细化晶粒,增加钢的淬透性,减少钢的回火脆性倾向,提高钢的回火稳定性。

(5) V 和 Ti 都是强烈的细化晶粒元素,特别是对于 Si 和 Mn 含量较高的钢,加入细化晶粒元素,可以降低钢的过热敏感性,改善低温冲击韧性。按其作用,Ti 比 V 更强烈。最初 GC - 4 钢中选择加入 0.04% ~ 0.10% Ti,经实践证明,在冶炼工艺掌握不好时,Ti 在钢中易形成氮(碳)化钛夹杂物,严重时这种夹杂物在钢材中呈链状分布,使钢的断口形成木纹状组织,降低钢的横向性能,特别是降低钢的横向冲击韧性。后来以 V 取代 Ti,改善了钢材的冶金质量,取得了满意的效果。

首先设计了五种化学成分,其特点是:

① 钢种 A:含 Ni 及 B,并加入 V;

② 钢种 B:含 Ni 及 Ti;

③ 钢种 C:高 Cr、高 Si 及含 V;

④ 钢种 D:高 Si、微量 Ti;

⑤ 钢种 E:含 Cu 及 V。

冶炼在 50kg 感应炉中进行,锭子为 50kg 或 25kg 的圆锭。采用拉伸、冲击、周期强度(缺口疲劳)、应力腐蚀、可焊性对五种成分的钢进行评价。

钢种 D 经适当热处理后拉伸和冲击性能达到原定指标的要求,并且具有良好的焊接性能及抗应力腐蚀性能,因此选择钢种 D 的化学成分进行进一步研究。

经 50kg 感应炉重复试验和 500kg 电弧炉多次试验(包括成分上限、下限试验),并用 V 代替 Ti 后,最终确定了 GC - 4 钢的化学成分,见表 5 - 1。根据 GC - 4 钢的化学成分,按我国钢牌号命名规则,将 GC - 4 钢的牌号表示为 40CrMnSiMoVA。

表 5 - 1　　GC - 4 钢的化学成分　　　　%(质量分数)

元素	C	Mn	Si	S	P	Cr	Mo	V	Al
含量	0.36 ~ 0.42	0.8 ~ 1.2	1.2 ~ 1.6	≤0.03	≤0.03	1.2 ~ 1.5	0.45 ~ 0.60	0.07 ~ 0.12	≤0.10

根据工业化生产的情况,对 GC - 4 钢的成分进行了少量调整,降低了 C 含量的上限,加强了对 S、P 等杂质元素的控制。现行材料标准规定的 GC - 4 钢的化学成分见表 5 - 2。

表 5 - 2　　材料标准规定的 GC - 4 钢化学成分　　　　%(质量分数)

元素	C	Mn	Si	S	P	Cr	Mo	V	Al
含量	0.36 ~ 0.40	0.8 ~ 1.2	1.2 ~ 1.6	≤0.02	≤0.02	1.2 ~ 1.5	0.45 ~ 0.60	0.07 ~ 0.12	≤0.08

5.1.4　冶金工艺技术与材料的力学性能

5.1.4.1　熔炼工艺

GC - 4 钢研制之初是采用电弧炉冶炼,为了改善钢的冶金质量,提高钢材的综合使用性能,现在主要采用电弧炉加电渣重熔或真空感应加真空自耗重熔冶炼。

5.1.4.2　标准规定的力学性能

GC - 4 钢棒材标准规定的力学性能见表 5 - 3。

204

表 5 - 3　GC - 4 钢棒材标准规定的力学性能

热处理制度	取样方向	σ_b/MPa	δ_5/%	ψ/%	a_{KU}/（kJ/m^2）
		不小于			
920℃油淬 + 200℃ ~ 300℃回火	纵向	1865	8	35	490
	横向	1815	5	15	195
920℃加热,180℃ ~230℃等温淬火 +200℃ ~300℃回火	纵向	1765	8	35	590
	横向	1715	5	15	195

5.1.4.3　典型力学性能

GC - 4 钢室温拉伸和冲击性能见表 5 - 4。

表 5 - 4　GC - 4 钢室温拉伸和冲击性能

热处理制度	取样方向	σ_b/MPa	$\sigma_{P0.2}$/MPa	δ_5/%	ψ/%	a_{KU}/（kJ/m^2）
920℃油淬 +300℃回火	纵向	1925	1535	10.4	41.8	670
	横向	1850	—	9.4	31.7	446
920℃加热,180℃等温淬火 +260℃回火	纵向	1895	—	10.6	41.0	660
	横向	1900	—	8.8	32.2	500

GC - 4 钢低温冲击韧性见表 5 - 5。

表 5 - 5　GC - 4 钢低温冲击韧性

热处理制度	试验温度/℃	a_{KU}/（kJ/m^2）
920℃油淬 +260℃回火	− 20	600
	− 40	630
	− 70	560
920℃加热,180℃等温淬火 +260℃回火	− 20	620
	− 40	590
	− 70	600
920℃加热,230℃等温淬火 +260℃回火	− 20	650
	− 40	690
	− 70	610

GC - 4 钢室温偏斜拉伸性能（缺口敏感）见表 5 - 6。

表 5 - 6　GC - 4 钢室温偏斜拉伸性能(缺口敏感)

热处理制度	偏斜角度/(°)	σ_{bH}/MPa
920℃油淬 + 260℃回火	0	2396
	4	1400
	8	885
920℃加热,180℃等温淬火 + 260℃回火	0	2381
	4	1588
	8	980

GC - 4 钢室温旋转弯曲疲劳强度极限见表 5 - 7。

表 5 - 7　GC - 4 钢室温旋转弯曲疲劳强度极限

热处理制度	试 样 形 式	σ_{-1}/MPa
920℃油淬 + 260℃回火	光滑试样	775
	缺口试样($K_t = 2$)	560
920℃加热,180℃等温淬火 + 260℃回火	光滑试样	630
	缺口试样($K_t = 2$)	470

GC - 4 钢室温断裂韧度见表 5 - 8。

表 5 - 8　GC - 4 钢室温断裂韧度

热处理制度	σ_b/MPa	$\sigma_{P0.2}$/MPa	K_{IC}/MPa $\sqrt{m}$ (L - T)
920℃油淬 + 260℃回火	1910	1530	71.2
920℃加热,180℃等温淬火 + 260℃回火	1825	1445	72.6

5.1.5　材料应用情况

5.1.5.1　材料品种规格

GC - 4 钢供应的品种规格有棒材($\phi \leqslant 350mm$)、管材($\phi \leqslant 140mm$)和锻件。

5.1.5.2　应用情况

GC - 4 钢已在多种飞机上用于制造起落架、接头、结合螺栓和水平尾翼转轴等重要受力结构件。

GC - 4 钢对应力集中敏感,零件的截面过渡半径应尽可能大,并选用较低的粗糙度级别。该钢对氢脆较敏感,生产和使用中必须采取适当措施。该钢不允许采用气焊和镀锌工艺。

5.2　高强度贝氏体结构钢 18Mn2CrMoBA(GC-11)

5.2.1　研制背景

我国飞机生产中,合金结构钢的用量较大,其中以 30CrMnSiA 钢用量最多,而 30CrMnSiA 钢有相当大的部分是用于焊接件和钣金冲压件,但是 30CrMnSiA 钢的可焊性不是很好,焊接时经常产生焊接裂纹和变形,尤其是一些薄壁件,在焊后淬火时,由于淬火应力而导致焊缝产生裂纹和翘曲变形。生产中为了排除裂纹和校正变形,需要花费大量的工时。因此,提出研制一种可焊性良好,热处理工艺简单,力学性能与 30CrMnSiA 钢相当的新钢种。

1960 年北京航空材料研究院开始了新钢种研制工作,并将该钢种命名为 GC-11 钢。研制 GC-11 钢的基本思路是:在 0.5Mo-B 低碳贝氏体钢的基础上,适当提高 C 含量,并用 Cr、Mn 元素进一步合金化,从而获得强度与 30CrMnSiA 钢相当而可焊性优良的钢种。

5.2.2　研究目标与主要力学性能指标

5.2.2.1　研究目标

研制一种可焊性良好、热处理工艺简单、力学性能与 30CrMnSiA 钢相当的贝氏体钢。

5.2.2.2　主要力学性能指标

室温拉伸性能:$\sigma_b \geqslant 1080\mathrm{MPa}(110\mathrm{kgf/mm^2})$,$\sigma_{P0.2} \geqslant 835\mathrm{MPa}(85\mathrm{kgf/mm^2})$,$\delta_5 \geqslant 10\%$,$\psi \geqslant 45\%$。

室温冲击性能:$a_{KU} \geqslant 590\mathrm{kJ/m^2}(6\mathrm{kgf \cdot m/cm^2})$。

5.2.3　合金化学成分的确定

为了确定 GC-11 钢的化学成分,设计了 21 种成分,并用 50kg 感应炉进行熔炼。这些成分的钢是以 0.5Mo-B 低碳贝氏体钢为基础,变化 C、Cr、Mn 元素含量,以达到强化的目的,并在部分炉号中添加少量的 V 和 Ti,探索 V 和 Ti 有无改善贝氏体钢强韧性的作用。成分设计的主要依据如下:

(1)低碳 0.5Mo-B 钢在国内外有比较广泛的研究。实践证明,这种钢正火处理时,在很宽的冷速范围内冷却皆可获得贝氏体组织。已有的资料表明,0.5% Mo 与 0.003% B 配合较佳。

(2)典型的低碳 0.5Mo-B 钢,如英国的 fortiweld 型钢,具有优良的焊接性能,但其 C 含量为 0.1% ~0.15%,强度较低,不能满足要求。因此必须提高 C 含量以获得更高的强度。碳虽是强烈的强化元素,但又是强烈地降低焊接性能的元素,故 C 含量不宜提得过高。一般认为,当 C 含量高于 0.20% 时,会使焊接性能变坏。

(3) 根据资料,Cr 和 Mn 是强化贝氏体钢最有效的元素。结合我国资源情况,应当多用 Mn 而少用 Cr,所以 Mn 的变化范围选定为 1.00% ~ 3.00%,Cr 的变化范围选定为 1.00% ~ 2.00%,以探索 Cr、Mn 的良好配合。同时考虑到可焊性,Mn + Cr 的含量应当控制在 3% 左右。这是因为 Mn + Cr 过高易出现焊接裂纹,过低则不能达到 1080MPa 的强度要求。所以 Mn + Cr 的含量控制在 2.5% ~ 3.5% 之间,以探索其与力学性能和焊接性能的关系。

(4) 为了细化晶粒和改善性能而加入少量的 V 和 Ti。采用室温拉伸性能、室温和低温冲击性能以及焊接性能(焊接裂纹倾向、接头强度系数、热影响区冲击韧性)对上述 21 种成分的钢进行了评价,多数试验钢的强度和韧性满足指标要求,且焊接性能优良。

考虑到 V 和 Ti 的加入可能有损于焊接性能,在最终确定 GC – 11 钢成分时,决定不添加这些微量元素。综合 21 炉钢的试验结果,确定 GC – 11 钢的化学成分为:0.16% ~ 0.21% C,1.60% ~ 1.90% Mn,1.00% ~ 1.30% Cr,0.45% ~ 0.60% Mo,0.002% ~ 0.004% B,S≤0.020%,P≤0.020%。按我国钢牌号命名规则,将 GC – 11 钢的牌号表示为 18Mn2CrMoBA。

5.2.4 冶金工艺技术与材料的力学性能

5.2.4.1 熔炼工艺

GC – 11 钢可采用电弧炉熔炼或电弧炉加电渣重熔。

5.2.4.2 标准规定的力学性能

标准规定的力学性能见表 5 – 9。

表 5 – 9 标准规定的 GC – 11 钢力学性能

品种	技术标准	热处理制度	σ_b/MPa	$\sigma_{P0.2}$/MPa	δ_5/%	ψ/%	a_{KU}/(kJ/m²)
			不小于				
棒材	HB 5269—83	920℃ 空淬 + 320℃ ~ 420℃ 回火	1080	835	10	45	590
冷轧板	GJB 2151—94	910℃ ~ 930℃ 空淬 +350℃ ~ 420℃回火	1080	—	8	—	—
热轧板	GJB 2150—94	910℃ ~ 930℃ 空淬 +350℃ ~ 420℃回火	1080	—	8	—	—
钢管	GJB 2609—96	正火 + 高温回火	490	—	18(δ_{10})	—	—

5.2.4.3 典型力学性能

GC-11钢棒材室温拉伸和冲击性能见表5-10。

表5-10 GC-11钢棒材室温拉伸和冲击性能

热处理制度	σ_b/MPa	$\sigma_{P0.2}$/MPa	δ_5/%	ψ/%	a_{KU}/(kJ/cm^2)
920℃空淬+350℃回火	1190	925	14.8	59.4	875

GC-11钢板材室温拉伸性能见表5-11。

表5-11 GC-11钢板材室温拉伸性能

热处理制度	板厚/mm	σ_b/MPa	$\sigma_{P0.2}$/MPa	δ_5/%
920℃空淬+350℃回火	1.2	1250	1030	9.4
	2.5	1185	945	11.4

GC-11钢低温冲击韧性见表5-12。

表5-12 GC-11钢低温冲击韧性

热处理制度	试验温度/℃	a_{KU}/(kJ/cm^2)
920℃空淬+350℃回火	0	804
	-20	804
	-40	529
	-60	275
	-80	200

GC-11钢室温旋转弯曲疲劳强度极限见表5-13。

表5-13 GC-11钢室温旋转弯曲疲劳强度极限

热处理制度	试样形式	σ_{-1}/MPa
920℃空淬+350℃回火	光滑试样	500
	缺口试样(K_t=2)	355

GC-11钢不同焊接方法的接头力学性能见表5-14。

209

表 5 – 14　GC – 11 钢各种焊接方法的接头力学性能

焊接方法	板厚/mm	焊条或焊丝牌号	热处理制度	接头抗拉强度 σ_b/MPa
电弧焊	1.5	HT – 3/H18CrMoA	焊后：930℃ 空淬 +390℃ 回火	1040
		HT – 6/H18Mn2CrMoBA		1140
气焊		H18CrMoA		1020
		H18Mn2CrMoBA		1100
氢原子焊		H18Mn2CrMoBA		1075
氩弧焊		H18Mn2CrMoBA		1080
CO_2 焊		H08Mn2SiA	焊后：920℃ 空淬 +320℃ 回火	860
				920
电弧焊	1.5	HT – 4/GH41	焊前：930℃ 空淬 +350℃ 回火，焊后：不热处理	665
		HT – 3/H08A		1005
		HT – 3/H18Mn2CrMoBA		990
		HT – 6/H18Mn2CrMoBA		1005
气焊		H18Mn2CrMoBA		890
氢原子焊		H18Mn2CrMoBA		975
CO_2 焊		H08Mn2SiA		995

5.2.5　材料应用情况

5.2.5.1　材料品种规格

GC – 11 钢供应的品种规格有棒材、板材、管材和锻件。

5.2.5.2　应用情况

GC – 11 钢已用于制造飞机的钣金冲压焊接件、大型焊接组合件，如框架、座舱口框梁、天窗骨架等。

GC – 11 钢是一种低合金高强度贝氏体钢，空淬回火后具有与 30CrMnSiA 钢相当的力学性能。该钢具有很高的淬透性，可进行空冷淬火。空淬不但简化热处理工艺，而且减少零件的变形。该钢还具有良好的冲压性能和焊接性能，焊接裂纹倾向小，焊后不需热处理，可制造复杂的焊接构件。

5.3　中温超高强度钢 38Cr2Mo2VA（GC – 19）

5.3.1　研制背景

随着高马赫数飞机的发展，在发动机散热和气动热的作用下，飞机后机身尾段的主承力框的工作温度可达300℃以上，超过了一般低合金超高强度钢如30CrMnSiNi2A、300M的回火温度，此类低合金超高强度钢已不能胜任这里的工作，需要研制一种可在500℃以下工作的中温超高强度钢。

对中温超高强度钢的要求是，室温具有超高强度，300℃～500℃中温具有较高强度，并具有足够的韧性和良好的疲劳性能。

最早作为中温超高强度钢使用的钢种是美国的H11钢，即5%Cr－Mo－V钢。H11钢原是20世纪30年代就已有的热作模具钢，50年代中期由北美航空公司把它引入舰载机A3J－1作结构件，后来美国的不少飞机如B－52、XB－70、F－4B等都相继采用，作为机身框架、桁条、螺栓、承力接头等。H11钢属于1700MPa～2000MPa(180kgf/mm^2～210kgf/mm^2)强度级，有较好的综合性能，唯断裂韧度较低。

北京航空材料研究院自1968年开始研制我国自己的中温超高强度钢GC－19，出发点是结合我国资源情况少用Cr或不用Cr，摆脱H11钢的高Cr体系。以25kg感应炉加电渣重熔双联工艺，先后对Mo－V－B系和Cr－Mo－V系进行了150炉试验。Mo－V－B系合金经100炉试验，性能不能满足指标要求。到1975年基本确定Cr－Mo－V系的38Cr2Mo2VA钢具有较好的综合性能，各项性能满足指标要求。1985年GC－19(38Cr2Mo2VA)钢成功用于制作某型飞机后机身的两个加强框，从而完成了我国第一个航空用中温超高强度钢的研制过程。

GC－19钢的研制成功，将我国飞机后机身中温用钢的强度水平由1200MPa级提高到1700MPa级，对解决飞机后机身超重问题发挥了一定作用。

5.3.2 研究目标与主要力学性能指标

5.3.2.1 研究目标

研制一种可在500℃以下工作的少Cr或无Cr的中温超高强度钢。

5.3.2.2 主要力学性能指标

室温:$\sigma_b \geq 1665\text{MPa}(170\text{kgf/mm}^2)$,$\sigma_{P0.2} \geq 1470\text{MPa}(150\text{kgf/mm}^2)$,$\delta_5 \geq 9\%$,$\psi \geq 40\%$,$a_{KU} \geq 490\text{kJ/m}^2(5\text{kgf}\cdot\text{m/cm}^2)$;

300℃:$\sigma_b \geq 1470\text{MPa}(150\text{kgf/mm}^2)$;

500℃:$\sigma_b \geq 1225\text{MPa}(125\text{kgf/mm}^2)$。

5.3.3 合金化学成分的确定

中温超高强度钢在室温具有超高强度，在300℃～500℃具有比一般低合金超高强度钢高的强度。该类钢主要靠二次硬化获得超高强度，钢的强度主要取决于C含量和二次硬化元素(Mo、W、V等)的含量。因此，要获得室温超高强度，采用中碳是毋庸置疑的。但何种合金化系统能保证得到优良的综合力学性能？比较有关资料确认,在强度水平约 1760MPa(180kgf/mm²)时,Cr – Mo 系钢的韧性最佳,故选用中碳 Cr – Mo 合金系。在设计 GC – 19 合金的化学成分时,主要按以下几个原则来考虑:

(1) 钢中以 Mo 作为主强化元素。其机理是在 500℃ ~600℃ 回火沉淀析出 Mo₂C,产生二次硬化,从而可能达到要求的强度。而且,高温回火后组织稳定,可保证中温长期使用。当 Mo 含量达到 1.8% 时这一强化效果才较为显著。

(2) 作为主添加元素 Cr 在钢中起"调整"作用。这一作用可包括:①延缓过冷奥氏体在中温向贝氏体转变,保证钢淬火得到单一马氏体组织。②Cr 的强化机理是在 500℃ 左右回火形成 Cr₂C 沉淀,增加 550℃ 以下温度回火的硬度,从而拓宽钢的可回火温度范围。③Cr 进入 Mo₂C 点阵中降低点阵参数,使二次硬化效果减弱,从而降低钢的屈强比和脆性倾向。超过 1.5% Cr 可起到这种"调整"作用。

(3) V 通常以稳定的 VC 相在钢中起弥散强化作用,还可引起很强的二次硬化。但充分发挥 V 的二次硬化作用需要采用 1100℃ 以上淬火加热。0.5% 左右的 V 在该钢中起细化晶粒作用。

(4) 杂质元素对钢的韧性有明显影响,故 S、P 含量限制在 0.020% 以下。

经过实验室研究和钢厂工业化试生产,最终确定 GC – 19 钢的化学成分为:0.36% ~0.41% C,1.70% ~2.10% Cr,1.90% ~2.10% Mo,0.45% ~0.60% V,0.17% ~0.37% Si,0.50% ~0.80% Mn,S≤0.020%,P≤0.020%。按我国钢牌号命名规则,将 GC – 19 钢的牌号表示为 38Cr2Mo2VA。

5.3.4　冶金工艺技术与材料的力学性能

5.3.4.1　熔炼工艺

GC – 19 钢的熔炼工艺为电弧炉加电渣重熔。

5.3.4.2　标准规定的力学性能

标准规定的 GC – 19 钢力学性能见表 5 – 15。

表 5 – 15　GC – 19 钢的标准规定的力学性能

品种	技术标准	热处理制度	试验温度/℃	σ_b/MPa	$\sigma_{P0.2}$/MPa	δ_5/%	ψ/%	a_{KU}/(kJ/m²)
				不小于				
棒材	BB202—85 Q/6S 133—85	1000℃ 油淬 + 600℃ 回火二次	20	1665	1470	9	40	490
			300	1470				
			500	1225				
型材	AT01—85 Q/6S 134—85	等温退火	20	≤735		20		

5.3.4.3 典型力学性能

GC-19 钢室温拉伸和冲击性能见表 5-16。

表 5-16 GC-19 钢的室温拉伸和冲击性能

热处理制度	σ_b/MPa	$\sigma_{P0.2}$/MPa	δ_5/%	ψ/%	a_{KU}/(kJ/m²)
1000℃油淬+600℃回火二次	1765	1565	12.3	55.9	612

GC-19 钢室温偏斜拉伸性能(缺口敏感)见表 5-17。

表 5-17 GC-19 钢的室温偏斜拉伸性能(缺口敏感)

热处理制度	偏斜角度/(°)	σ_{bH}/MPa
1000℃油淬+600℃回火二次	0	2400
	4	1775
	8	950

GC-19 钢的高温拉伸性能见表 5-18。

表 5-18 GC-19 钢的高温拉伸性能

热处理制度	试验温度/℃	σ_b/MPa	$\sigma_{P0.2}$/MPa	δ_5/%	ψ/%
1000℃油淬+600℃回火二次	100	1635	1460	13.5	58.8
	200	1570	1360	15.4	61.5
	300	1525	1295	13.9	62.1
	350	1470	1250	15.0	66.3
	400	1420	1225	15.0	65.5
	500	1290	1120	16.2	66.9
	550	1195	1025	18.8	69.0

GC-19 钢低温冲击性能见表 5-19。

表 5-19 GC-19 钢的低温冲击性能

热处理制度	试验温度/℃	a_{KU}/(kJ/m²)
1000℃油淬+600℃回火二次	-20	703
	-40	631
	-60	641

GC-19钢长期时效后的室温拉伸和冲击性能见表5-20。

表5-20 GC-20钢长期时效后的室温拉伸和冲击性能

状态	σ_b/MPa	$\sigma_{P0.2}$/MPa	δ_5/%	ψ/%	a_{KU}/(kJ/m²)
350℃时效500h	1760	1535	12.9	56.5	556
400℃时效500h	1730	1540	12.7	56.8	470
500℃时效500h	1710	1520	12.4	55.7	470

GC-19钢室温和350℃旋转弯曲疲劳强度极限见表5-21。

表5-21 GC-21钢的室温旋转弯曲疲劳强度极限

热处理制度	试验温度/℃	试样形式	σ_{-1}/MPa
1000℃油淬+600℃回火二次	室温	光滑试样	875
		缺口试样($K_t=2$)	540
	350	光滑试样	690
		缺口试样($K_t=2$)	378

GC-19钢室温断裂韧度见表5-22。

表5-22 GC-19钢的室温断裂韧度

热处理制度	σ_b/MPa	$\sigma_{P0.2}$/MPa	K_{IC}/MPa$\sqrt{m}$(L-T)
1000℃油淬+600℃回火二次	1765	1565	58.8

5.3.5 材料应用情况

5.3.5.1 材料品种规格

GC-19钢供应的品种规格有棒材($\phi\leqslant150mm$)和型材(36mm×36mm×7mm热轧角钢)。

5.3.5.2 应用情况

GC-19钢已用于在中温下工作的飞机后机身框架、接头等零件。

GC-19(38Cr2Mo2VA)钢是一种二次硬化型中温超高强度钢。该钢经淬火高温回火后使用,在室温至500℃中温下具有高的强度和良好的综合力学性能、疲劳性能和抗应力腐蚀断裂性能,适合于制造在500℃以下工作的飞机、发动机高强度结构零件。

5.4 马氏体热强不锈钢1Cr12Ni2WMoVNb(GX-8)

5.4.1 研制背景

随着喷气发动机的发展,国外对12%Cr型的热强不锈钢做了大量的研究工作,研制了很多性能优良的新钢种,如苏联的ЭИ736、ЭИ961,美国的419、422,英国的H46、HGT4等,这些钢多以W、Mo、V联合强化,而英国还采用Nb补充强化。从这些钢的主要力学性能来看,在550℃以下使用时,以ЭИ961钢较好。

某型发动机的压气机主要零部件,如盘、转子叶片、整流叶片和内外环,原设计都是采用热强不锈钢ЭИ961。北京航空材料研究院在1960年至1961年曾对此钢进行过实验室研究和工业大炉试制,并将此钢命名为GX-6(1Cr11Ni2W2MoV)钢。GX-6(ЭИ961)钢的综合力学性能良好,抗氧化及焊接性能优良,但是该钢590℃回火后的室温强度达不到苏联技术条件ЧМТУ5949-57更改单No.1的要求,更改单No.1将抗拉强度指标由原来的1080MPa(110kgf/mm²)提高到1180MPa(120kgf/mm²)。因此需要研制一种新的马氏体型热强不锈钢,它在600℃回火后可以满足1180MPa(120kgf/mm²)的抗拉强度指标要求,并且具有更高的热强性,同时塑性、冲击韧性、抗氧化能力和焊接性能与ЭИ961相当,可以在某型发动机上代替ЭИ961使用,或用于工作温度更高的新设计发动机的零部件。

北京航空材料研究院自1962开始立项研制GX-8不锈钢,1964年完成实验室探索研究,1965年转入工业大炉试制。

GX-8钢是在ЭИ961钢的基础上,通过适当调整W、Mo、V强化元素的含量,并用Nb补充强化而发展出来的。GX-8钢比ЭИ961钢具有高的室温强度和高温热强性,说明当时我国马氏体型热强不锈钢的研究达到了国际先进水平。

5.4.2 研究目标与主要力学性能指标

5.4.2.1 研究目标

研究一种性能比苏联ЭИ961(GX-6、1Cr11Ni2W2MoV)钢更高的马氏体型热强不锈钢,用作喷气发动机的压缩机叶片及其他结构件。

5.4.2.2 主要力学性能指标

580℃回火状态:$\sigma_b \geq 1180MPa$(120kgf/mm²),$\sigma_{P0.2} \geq 980MPa$(100kgf/mm²),$\delta_5 \geq 12\%$,$\psi \geq 50\%$,$a_{KU} \geq 690kJ/m^2$(7kgf·m/cm²)。

5.4.3 合金化学成分的确定

GX-6(ЭИ961)钢在600℃左右回火后,强度下降较快而低于1180MPa(120kgf/mm²),主要原因是钢抵抗回火能力不够。如果钢的抗回火稳定性提高,不但可以使回火后的室温强度增高,而且还能增高钢的高温持久强度。提高12%Cr不锈钢抗回火稳定性的有效手段是在钢中加入稳定碳化物的元素,如 W、Mo、V、Nb、Ti 等。因此,GX－8 钢成分设计的思路是:在 GX－6 钢的基础上,通过添加抗回火软化的碳化物形成元素,进一步提高钢的抗回火能力和高温热强性。在设计 GX－8 钢的化学成分时,主要按以下几个原则来考虑:

(1) 众所周知,C 在马氏体不锈钢中能够增加钢的淬火硬度及回火后的硬度,与硬度的增加相对应,提高 C 含量也增加钢的强度。从 GX－6 钢的研究结果来看,C 含量低于 0.12%,强度不能满足指标要求,因此钢中的 C 含量应不小于 0.12%。但有资料显示,如 C 含量大于 0.2%,则钢在 550℃左右回火的屈服强度反而下降。C 含量过高,对各个回火温度的冲击韧性都有所降低,同时对焊接及抗腐蚀性能亦有害,所以 C 含量一般不应大于 0.2%。

(2) Mo 加入 12% Cr 钢中,由于细化和稳定 M_2X 型沉淀相,所以能够增加回火后的硬度,也相应地增加抗拉强度和屈服强度,同时 Mo 在不同的回火温度下都增加冲击韧性。此外,Mo 对提高钢的抗高温蠕变性能有良好效果。但 Mo 含量也不能太高,否则由于二次硬化程度太大而使冲击韧性下降。

(3) W 的作用与 Mo 相似,能够增加 12% Cr 钢的二次硬化及高温回火后的硬度,但其效果较 Mo 约小 1/2。一般来说,W、Mo 联合添加的效果比单独添加要好。

(4) 由于 V 能使在高温回火过程中产生的 M_2X 沉淀相稳定化,在 12% Cr 钢中添加 V 能提高各个回火温度的硬度,与 Mo 相似,添加 V 也能提高 12% Cr 钢的抗拉强度和屈服强度,但 V 会降低冲击韧性,所以 V 的添加量不宜过多。同时还应考虑到 V 是强的铁素体形成元素,在 12% Cr－2% Ni 钢中,V 添加到 1% 以上时将产生 δ－铁素体,从而降低强度。单独添加 V,其增加抗蠕变能力不如 W、Mo,所以 V 应与 W、Mo 等元素同时添加才是有效的。

(5) Nb 是强的碳化物形成元素,它在钢中与碳结合成很稳定的碳化物。添加 Nb 的 12% Cr 钢在 500℃~700℃具有良好的抗回火软化能力,这是由于 Nb 能扩大 M_2X 沉淀相的点阵参数,在高的回火温度下也很稳定。Nb 与 Mo、W 等强化元素同时添加,对钢的抗蠕变性能有良好作用。GX－6 钢中不含 Nb。

(6) Ti 的作用与 Nb 相似,是更强的碳化物形成元素,又是很强的铁素体形成元素。国外资料表明,添加 Ti 的 12% Cr 钢,随着 Ti 添加量的增大,硬度和高温抗拉强度都要降低,因此在 12% Cr 钢中添加 Ti 是不可取的。

(7) N 与 C 的作用相似,在 12% Cr 钢中增加 M_2X 沉淀相。国外资料显示,对 12% Cr 钢添加 0.02%~0.04% 的 N 是合适的,添加多量的 N 是有害的。但在空气中熔炼的高铬钢,由于 Cr 与 N 的亲和力较强,通过吸收空气中的 N,钢中

216

自然就会含有约 0.02% 的 N。因此,对 12% Cr 钢最好是不添加 N,其中的常存 N 含量恰是最适宜的含量。

（8）微量的 B 溶于钢中呈间隙固溶体并多存在于晶界,降低晶界的界面能,可增加钢的抗蠕变能力。B 能够显著提高 600℃ ~700℃ 范围的热强性,而对 600℃ 以下的热强性无显著作用;添加量低于 0.01% 时效果不明显,至 0.1% 时会使钢的塑性变坏,资料显示,对 12% Cr 型热强钢,添加 0.02% ~0.05% 的 B 对持久性能有利。

为了探索 GX-8 钢的成分,设计了七个成分方案:"O"方案,为基础成分,基本上是 GX-6 钢的中限成分,只是 C、Cr、Ni 稍作调整,比中限成分稍高。这是考虑到所增加或添加的强化元素多系铁素体形成元素,为了避免产生 δ-铁素体,相应地增加奥氏体形成元素的含量是必要的;"M"方案,提高 Mo 含量至 0.8%;"V"方案,将"V"提高至约 0.4%;"B"方案,添加微量 B（ <0.005% ）;"N1"及"N2"方案,分别添加 0.15% 及 0.30% 的 Nb;"N3"方案,除添加 0.15% 的 Nb 外,将一部分 W 用等量的 Mo 代替（0.8% W,0.9% Mo）。

上述七种成分的钢,熔炼采用 10kg 感应炉。用室温硬度、拉伸和冲击性能,以及 500℃ 的持久强度进行评价。N1、N2、N3 三个成分,室温抗拉强度都大于 1180MPa（120kgf/mm²）,冲击韧性 a_{KU} 大于 690kJ/m²（7kgf·m/cm²）,500℃ 的持久性能以 N2、N3 最好,考虑到 N3 的室温冲击韧性优于 N2,选择 N3 成分进行重复试验。根据重复试验结果,初步拟定 GX-8 钢的化学成分范围如下:0.12% ~0.18% C,11.0% ~12.0% Cr,1.8% ~2.2% Ni,0.7% ~1.0% W,0.8% ~1.2% Mo,0.2% ~0.3% V,0.15% ~0.25% Nb,Si≤0.5% ,Mn≤0.6% ,S≤0.03% ,P≤0.03%。

经成分上限、中限、下限试验,确定了上述拟定的 GX-8 钢的成分范围。再经工业大炉试制,对 GX-8 钢的成分进行了优化,最终确定的 GX-8 钢的化学成分范围是:0.11% ~0.17% C,11.0% ~12.0% Cr,1.8% ~2.2% Ni,0.7% ~1.0% W,0.8% ~1.2% Mo,0.2% ~0.3% V,0.15% ~0.30% Nb,Si≤0.6% ,Mn≤0.6% ,S≤0.025% ,P≤0.030%。

根据 GX-8 钢的成分范围,按照我国不锈钢牌号的命名规则,最后将 GX-8 钢的牌号表示为 1Cr12Ni2WMoVNb。

5.4.4 冶金工艺技术与材料的力学性能

5.4.4.1 熔炼工艺

GX-8 不锈钢可用电弧炉、电弧炉 + 电渣重熔或其他先进的冶炼工艺熔炼。

5.4.4.2 标准规定的力学性能

标准规定的 GX-8 不锈钢力学性能见表 5-23。

表 5-23 GX-8 不锈钢标准规定的力学性能

技术标准	热处理制度	取样方向	σ_b/MPa	$\sigma_{P0.2}$/MPa	δ_5/%	ψ/%	a_{KU}/(kJ/m²)
			不小于				
GJB2294—95	1150℃油淬或空淬 + 570℃~600℃回火	纵向	1080	930	13	50	690
		横向	1030	885	8	30	340
HB5270—83	1150℃油淬或空淬 + 670℃~710℃回火	纵向	930	785	13	50	780
		横向	885	685	8	30	390

5.4.4.3 典型力学性能

GX-8 不锈钢室温拉伸和冲击性能见表 5-24。

表 5-24 GX-8 不锈钢的室温拉伸和冲击性能

热处理制度	σ_b/MPa	$\sigma_{P0.2}$/MPa	δ_5/%	ψ/%	a_{KU}/(kJ/m²)
1170℃油淬 + 580℃回火	1265	1005	17.1	65.5	1140

GX-8 不锈钢高温拉伸性能见表 5-25。

表 5-25 GX-8 不锈钢的高温拉伸性能

热处理制度	试验温度/℃	σ_b/MPa	$\sigma_{P0.2}$/MPa	δ_5/%	ψ/%
1170℃ 油淬 + 580℃回火	300	1090	915	7.9	64.7
	400	1050	845	8.7	65.9
	500	915	710	9.9	70.5
	550	810	595	10.6	73.4

GX-8 不锈钢低温冲击性能见表 5-26。

表 5-26 GX-8 不锈钢的低温冲击性能

热处理制度	试验温度/℃	a_{KU}/(kJ/m²)
1150℃油淬 + 580℃回火	-40	680
	-70	240

GX – 8 不锈钢高温持久性能见表 5 – 27。

表 5 – 27　GX – 8 不锈钢的高温持久性能

热处理制度	试验温度/℃	σ_{100}/MPa	σ_{300}/MPa	σ_{1000}/MPa
1170℃油淬 + 580℃回火	400	1000	960	920
	450	865	815	765
	500	695	630	550
	550	500	430	365
	600	325	265	—
1170℃油淬 + 680℃回火	500	540	500	460
	550	430	380	335
	600	305	265	240
	650	215	—	—

GX – 8 不锈钢高温蠕变性能见表 5 – 28。

表 5 – 28　GX – 8 不锈钢的高温蠕变性能

热处理制度	试验温度/℃	$\sigma_{0.2/100}$/MPa
1170℃油淬 + 580℃回火	500	440
	550	235
1170℃油淬 + 620℃回火	550	285

GX – 8 不锈钢室温和高温旋转弯曲疲劳强度极限见表 5 – 29。

表 5 – 29　GX – 8 不锈钢的室温旋转弯曲疲劳强度极限

热处理制度	试验温度/℃	试样形式	σ_{-1}/MPa
1170℃油淬 + 580℃回火	室温	光滑试样	630
		缺口试样($K_t = 2.4$)	—
	500	光滑试样	430
		缺口试样($K_t = 2.4$)	265
	550	光滑试样	410
		缺口试样($K_t = 2.4$)	215
1170℃油淬 + 680℃回火	550	光滑试样	345
		缺口试样($K_t = 2.4$)	185
	600	光滑试样	295
		缺口试样($K_t = 2.4$)	165

5.4.5 材料应用情况

5.4.5.1 材料品种规格

GX – 8 钢供应的品种规格有棒材和锻件。

5.4.5.2 应用情况

GX – 8 不锈钢已先后在多种发动机、飞机上使用,均获得满意的结果。主要用于航空发动机的压气机转子叶片、盘、轴颈等转动零部件。

GX – 8(1Cr12Ni2WMoVNb)钢是 12% Cr 型马氏体热强不锈钢。该钢具有优良的综合力学性能,热强性高,耐应力腐蚀性能好,冷热加工性能良好,氩弧焊与点焊裂纹倾向性小,可用于制造航空发动机的压气机叶片、盘、轴颈、发动机吊挂及其他 600℃以下潮湿环境中工作的承力构件。

5.5 低成本超高强度沉淀硬化不锈钢 0Cr12Mn5Ni4-Mo3Al(69111)

5.5.1 研制背景

航空航天工业的迅速发展,对结构材料的比强度提出了更高的要求,极大地促进了超高强度结构钢和超高强度不锈钢的飞速发展。沉淀硬化不锈钢的研制成功,使不锈钢迈进了超高强度钢的行列。由于控制相变型沉淀硬化不锈钢具有良好的抗腐蚀能力、良好的加工成形性能以及优良的室温和中温强度,因此适合于制作航空航天结构上的薄壁构件和长期处在中温下工作的结构件,如导弹,高速飞机的蒙皮、蜂窝结构,大型运输机发动机框架等。此外,这种钢经充分冷变形后,亦可用于制作各类不锈弹簧、弹性元件等。所以,各国均在竞相发展。

国外最典型的控制相变型沉淀硬化不锈钢是美国的 17 – 7PH 和 PH15 – 7Mo。17 – 7PH 可以说是世界上第一个控制相变型沉淀硬化不锈钢,PH15 – 7Mo 钢是 17 – 7PH 钢的发展型,用 2% Mo 取代 2% Cr 发展而成。在 20 世纪 60 年代,美国已将 PH15 – 7Mo 钢用于 B – 70 和 F – 108 飞机的蒙皮和蜂窝夹层结构。

为了满足我国航空工业发展的需要,根据设计新机种的需求,在 1969 年开始研制一种新型控制相变型沉淀硬化不锈钢,钢的代号定为 69111。该钢的研究目标是结合我国资源情况,尽可能地节约 Ni、Cr 元素的用量,新钢种的性能不低于 PH15 – 7Mo 钢。

经过四年多的努力,1973 年完成了实验室研究,确定了 69111 钢的化学成分,测定了全面性能,随即转入工业化试制阶段。在工业化试制阶段,试制成功了棒材、板材、带材、箔材、管材等品种,用 69111 钢试制成功了恒速装置柱状弹簧,带状卡箍弹簧,柱形、碟形、片状等各式弹性元件、蒙皮蜂窝结构等。

5.5.2 研究目标与主要力学性能指标

5.5.2.1 研究目标

研制一种性能不低于 PH15 - 7Mo 钢,节约 Ni、Cr 元素用量的控制相变型沉淀硬化不锈钢。

5.5.2.2 主要力学性能指标

室温:$\sigma_b \geqslant 1570\text{MPa}(160\text{kgf/mm}^2)$、$\delta_5 \geqslant 10\%$、$a_{KU} \geqslant 490\text{kJ/m}^2(5\text{kg} \cdot \text{m/cm}^2)$;
$500℃$:$\sigma_b \geqslant 1080\text{MPa}(110\text{kgf/mm}^2)$。

5.5.3 合金化学成分的确定

为制作高强度不锈薄壁结构件,本钢种必须具备下述特点:
(1)具有一定的抗大气腐蚀能力;
(2)良好的冷加工及成形性能;
(3)高的强度并具有足够的韧性。

在国外,PH15 - 7Mo 钢已被设计应用于 B - 70 和 F - 108 飞机上做蒙皮和蜂窝夹层结构。考虑我国资源情况,如能在 PH15 - 7Mo 基础上做到节约 Ni、Cr 元素,而力学性能达到或超过 PH15 - 7Mo 的水平,并具备抗大气腐蚀能力,将具有非凡的意义。

为了使钢在通常大气条件下具备足够的抗氧化和抗腐蚀能力,钢中 Cr 的含量一般应在 12% 以上。若钢中加入了 Mo 和 Al,Cr 的含量还可以适当降低一些。

Cr、Mo、Al 等元素均是形成铁素体元素,会使不锈钢组织中出现 δ - 铁素体相。δ - 铁素体在钢中虽然对阻止高温时奥氏体晶粒的长大和抗应力腐蚀等有好处,但过多的 δ - 铁素体将降低材料的强度、韧性和塑性。根据仿制 PH15 - 7Mo 的经验,一般将 δ - 铁素体控制在 5% ~20% 范围内较妥。因此必须考虑加入一定数量的形成奥氏体元素来抵消 Cr、Mo、Al 等形成铁素体的倾向,使合金组织获得平衡。

在形成奥氏体元素中,用 Mn 来取代一部分 Ni 应该是可能的,合菲列尔不锈钢组织图可作为寻求合理的 Cr、Ni 当量配比的参考。

由于控制相变型沉淀硬化不锈钢是通过控制奥氏体—马氏体相转变来达到优良的加工性能和高强度的配合,因而严格合理地控制奥氏体向马氏体转变的相变点(即 M_s 点)就显得十分必要。还应注意到上述各元素,不论是形成铁素体元素

Cr、Mo,还是形成奥氏体元素 Ni、Mn、C,它们又都是钢中稳定奥氏体的元素,即都具有降低钢的 M_s 点的作用。因此,在考虑其合理配比时,既要注意到钢中 δ - 铁素体的控制,又要注意到奥氏体的稳定程度,使得材料在固溶处理快冷至室温时能基本上以奥氏体组织存在,保证良好的加工性能;又能使材料通过 -70℃ 左右的冷处理发生马氏体相变,获得强化。为了达到此目的, M_s 点最好控制在 0℃ 左右。

加入合金元素 Mo,主要是为了提高中温力学性能和抗局部腐蚀(如点蚀等)性能。

合金元素 Al 是作为时效硬化元素而加入的。

C 是强烈形成奥氏体元素,有助于获得平衡的显微组织,并对相变温度有强烈影响。为了保证良好的耐蚀性能和焊接性能,C 含量希望控制在较低水平。

为了选定钢种的基本化学成分,进行了三个周期的工作,共熔炼了 31 炉钢,熔炼采用真空感应炉。

第一周期的工作旨在寻求获得平衡组织的形成铁素体元素和形成奥氏体元素的合理配比,力争达到所要求的力学性能。第二周期进一步调整化学成分,降低 C 含量,减少碳化物析出;相应减少 Al、Mo 两元素含量,使 δ - 铁素体相含量适中。第三周期进行小范围的成分调整,探索相应的热处理制度,进一步提高力学性能,并开展冷加工工艺试验,考核钢的冷加工性能。

试验结果表明,306022 炉的成分较为理想,既具有良好的力学性能(室温: $\sigma_b = 1680\text{MPa}$、$\delta_5 = 15.5\%$、$\psi = 50.5\%$、$a_{KU} = 843\text{kJ/m}^2$;500℃: $\sigma_b = 1210\text{MPa}$),同时 M_s 点在 -3℃ 左右、δ - 铁素体含量为 10%,并能顺利地经受各种冷加工。据此,69111 钢的基本化学成分选定为:0.08% C、11.5% Cr、4.75% Mn、4.5% Ni、3.0% Mo、0.8% Al、0.5% Si、S≤0.03%、P≤0.03%。

69111 钢作为控制相变型沉淀硬化不锈钢,与国外典型钢种 17 - 7PH、PH15 - 7Mo 一样,其组织和力学性能对化学成分的变化比较敏感,为了探讨合理的成分范围(上限、下限),又熔炼了 32 炉钢,最终确定 69111 钢的化学成分如下:C≤0.09%、11.0% ~ 12.0% Cr、4.4% ~ 5.3% Mn、4.0% ~ 5.0% Ni、2.7% ~ 3.3% Mo、0.5% ~ 1.0% Al、Si≤0.8%、S≤0.025%、P≤0.025%。

根据 69111 钢的成分范围,按照我国不锈钢牌号的命名规则,最后将 69111 钢的牌号表示为 0Cr12Mn5Ni4Mo3Al。

5.5.4 冶金工艺技术与材料的力学性能

5.5.4.1 熔炼工艺

航空上使用的 69111 钢应采用真空感应或真空感应加电渣重熔工艺冶炼。

222

5.5.4.2 标准规定的力学性能

标准规定的 69111 钢弹簧钢丝、弹簧钢带的性能见表 5 - 30。

表 5 - 30　69111 钢标准规定的弹簧钢丝、弹簧钢带的性能

品种	技术标准	交货状态	热处理制度	规格/mm	σ_b/MPa A组	σ_b/MPa B组	δ_5/%	缠绕圈数	扭转次数
棒材	YB/Z 7—75	退火	RH520	≤250	≥1520	—	≥9		
弹簧钢丝	GJB 3320—1998	冷拉	CH520	d0.10	2110~2360	≥1960			—
				d0.20	2110~2360	≥1960			—
				d0.30	2110~2360	≥1960			—
				d0.40	2110~2360	≥1960			—
				d0.50	2060~2300	≥1910			≥3
				d0.60	2060~2300	≥1910			≥3
				d0.70	2060~2300	≥1910			≥3
				d0.80	2010~2260	≥1860			≥3
				d0.90	2010~2260	≥1860			≥3
				d1.00	2010~2260	≥1860			≥3
				d1.20	1960~2200	≥1820			≥2
				d1.40	1960~2200	≥1820	—	≥5	≥2
				d1.60	1910~2160	≥1760			≥2
				d1.80	1910~2160	≥1760			≥2
				d2.00	1910~2160	≥1760			≥2
				d2.20	1860~2110	≥1720			≥2
				d2.50	1860~2110	≥1720			≥2
				d2.80	1820~2060	≥1660			≥2
				d3.00	1820~2060	≥1660			≥2
				d3.50	1760~2010	≥1620			≥2
				d4.00	1720~1960	≥1570			≥2
				d4.50	1660~1910	≥1520			—
				d5.00	1660~1910	≥1520			—
				d5.50	1620~1860	≥1470			—
				d6.00	1620~1860	≥1470			—
弹簧钢带	GJB 3321—1998	固溶	—		≤1030		≥20		
		固溶	RH520		≥1470		≥9		
		半硬	CH520	—	≥1325	—	≥5	—	—
		冷硬	CH520		≥1570		≥3		
		特硬	CH520		≥1720		≥1		

223

5.5.4.3 典型力学性能

69111 钢室温和不同温度下的拉伸性能见表 5-31。

表 5-31 69111 钢室温和不同温度下的拉伸性能

热处理制度	试验温度/℃	σ_b/MPa	$\sigma_{P0.2}$/MPa	δ_5/%
1050℃固溶 + (-78)℃冷处理 + 520℃时效	-56	1885	—	12.4
	20	1660	1455	13.7
	300	1410	1045	9.4
	350	1395	1010	10.2
	400	1315	935	12.5
	450	1230	845	15.1
	500	1110	720	18.0
	560	845	530	21.9
	600	625	385	26.5

69111 钢不同直径钢丝的室温及低温拉伸性能见表 5-32。

表 5-32 69111 钢不同直径钢丝的室温及低温拉伸性能

热处理制度	钢丝直径/mm	试验温度/℃	σ_b/MPa	$\sigma_{P0.2}$/MPa	$\sigma_{P0.01}$/MPa	ψ/%
CH520	1	20	2155	—	—	—
	2	20	2065	—	—	—
	3	20	1900	—	—	—
	4	20	1900	1830	1490	56.7
	4	-78	2020	—	—	—
	5	20	1855	—	—	—
	6	20	1710	1630	1095	46.3
	6	-78	1855	—	—	—

69111 钢不同厚度冷轧带材的室温拉伸性能见表 5-33。

表 5-33 69111 钢不同厚度冷轧带材的室温拉伸性能

厚度/mm	状态		σ_b/MPa	δ_5/%
	交货状态	热处理制度		
0.5	R(软态)	—	840	41.8
0.8	R(软态)	RH520	1685	13.6
0.5	Y(冷硬)	CH520	1890	5.0
0.8	Y(冷硬)	CH520	1925	5.5

69111 钢不同厚度热轧板材的室温拉伸性能见表 5 – 34。

表 5 – 34　69111 钢不同厚度热轧板材的室温拉伸性能

厚度/mm	热处理制度	σ_b/MPa	$\sigma_{P0.2}$/MPa	δ_5/%
6		1710	1475	14.2
8	RH520	1595	1360	14.8
12		1620	1460	14.3

69111 钢不同热处理状态下的室温拉伸和冲击性能见表 5 – 35。

表 5 – 35　69111 钢不同热处理状态下的室温拉伸和冲击性能

热处理状态		σ_b/MPa	$\sigma_{P0.2}$/MPa	δ_5/%	ψ/%	a_{KU}/(kJ/m^2)
RH	1050℃空冷	1135	—	24.0	63.0	>1800
	1050℃空冷 + (– 78)℃冷处理	1395	1035	15.7	56.3	1167
	1050℃空冷 + (– 78)℃冷处理 + 520℃2h 空冷	1605	1410	15.7	62.7	843
TH	1050℃空冷 + 760℃ 空冷 + 560℃ 2h 空冷	1640	1420	14.0	54.5	191
CH	1050℃空冷 + 30% 冷拉 + 520℃ 2h 空冷	1335	1075	13.2	45.5	559
	1050℃空冷 + 60% 冷轧	1525		13.6		
	1050℃空冷 + 60% 冷轧 + 520℃ 2h 空冷	1835		12.4		
	1050℃空冷 + 60% 冷轧 + 560℃ 2h 空冷	1615		16.4		

69111 钢室温偏斜拉伸性能(缺口敏感)见表 5 – 36。

表 5 – 36　69111 钢的室温偏斜拉伸性能(缺口敏感)

热处理制度	偏斜角度/(°)	σ_{bH}/MPa
1050℃空冷 + (– 78)℃冷处理 + 520℃保温 2h 空冷	0	2176
	4	1687
	8	912

69111 钢高温持久性能见表 5 – 37。

表 5 – 37　69111 钢的高温持久性能

热处理制度	试验温度/℃	σ_{100}/MPa
1050℃空冷 + (– 78)℃冷处理 + 520℃保温 2h 空冷	350	1275
	400	1225
	500	815

69111 钢室温和高温旋转弯曲疲劳强度极限见表 5 – 38。

表 5 – 38　69111 钢的室温旋转弯曲疲劳强度极限

热处理制度	试验温度/℃	试样形式	σ_{-1}/MPa
1050℃空冷 + (– 78)℃冷处理 + 520℃保温 2h空冷	室温	光滑试样	588
		缺口试样($K_t=2.4$)	392
	350	光滑试样	588
		缺口试样($K_t=2.4$)	363
	400	光滑试样	569
		缺口试样($K_t=2.4$)	363
	500	光滑试样	618
		缺口试样($K_t=2.4$)	353

5.5.5　材料应用情况

5.5.5.1　材料品种规格

69111 钢供应的品种规格有棒材、热轧板、冷轧板、冷轧带、丝材、箔材、冷拔管和锻件。

5.5.5.2　应用情况

69111(0Cr12Mn5Ni4Mo3Al)钢是一种节镍控制相变型沉淀硬化不锈钢。该钢在固溶状态下的组织为奥氏体 + 5% ~ 20%δ – 铁素体,具有良好的加工成形性能和焊接性能。经过适量的冷变形、冷处理和时效处理后,可获得超高强度。该钢适合于制造 350℃以下工作的飞行器构件、弹性元件等。

69111 钢已用于制造飞机液压系统的三通、四通、弯管嘴等零件、座舱结构件、发动机吊挂螺栓、重要的中温不锈弹簧等弹性元件及挤压式无扩口导管连接管套等。

第6章 300M钢长寿命起落架与两个全过程研究和观念

6.1 概述

与发动机一样,起落架也是飞机的一个独立系统,是飞机的重要承力部件,承受着飞机起飞、着陆撞击、刹车、转弯、发动机试车、停机的各种载荷,直接关系到飞机的安全使用。

20世纪80年代前,我国起落架技术相对落后。军用飞机设计寿命为3000飞行小时,起落架实际寿命仅为200飞行小时左右,而国外采用300M钢及先进制造技术已做到起落架与飞机机体同寿命使用。在这种情况下,我国开始立项仿研300M钢,目标是研制的300M钢起落架与飞机机体同寿命。该项任务由北京航空材料研究院300M钢研究团队承担,研究内容包括材料研究和应用研究两大部分,参研单位包括航空、冶金、机械三个部委的12个厂所院校,涉及材料、设计、制造工艺等诸多方面,组成了大的课题组。

在材料研究方面,课题组创新提纯原材料、开坯技术,建立了独立自主的真空感应+真空自耗重熔高纯300M钢技术体系,研制成功300M超高强度钢,达到美国宇航材料标准AMS 6417,波音公司标准BMS 7—26J要求和实物水平,并已生产使用25年。

在应用研究方面,课题组创新10多种抗疲劳应用技术,建立了长寿命起落架制造技术体系,首次实现了国产战机主起落架和前起落架的长寿命。

(1)疲劳寿命达到3000飞行小时(27000起落)不破断,实现与飞机机体同寿命。

(2)疲劳寿命达到5000飞行小时(45000起落)不破断,达到美国F-16战机300M钢起落架世界最高规定寿命。

(3)在增加载荷30%下,再试1000Fh(9000起落),疲劳寿命总计6000Fh(54000起落)不破断,超过美国F-16战机起落架世界最高规定寿命。

国产300M钢飞机主起落架自1991年交空军使用至今无故障。目前,已推广应用于我国多种型号飞机。

国产300M钢长寿命起落架的成功研制,与项目研究过程中紧紧抓住材料研制"全过程"和应用研究"全过程"密不可分,而且把这两个"全过程"当成一个不可分割的整体。材料研制"全过程"赋予 300M 钢优良的固有性能,应用研究"全过程"抑制了 300M 钢的缺点,发挥了 300M 钢优良的固有性能,使 300M 钢构件获得良好的使用功能。下面对国产 300M 钢长寿命起落架研制过程中的材料研制"全过程"和应用研究"全过程"分别进行详细阐述。

6.2 合金研制的全过程

300M 钢是美国国际镍公司于 1952 年研制的一种低合金超高强度钢,1964 年开始用作美国 C-5A 大型军用运输机起落架,20 世纪 60 年代后期推广应用于战斗机、民航客机。美国目前在役的 90% 以上的军民用飞机起落架用 300M 钢制造,该钢也为欧盟国家广泛采用。

在全仿 300M 钢之初,工作并不顺利。由于缺乏美国冶炼 300M 钢的工艺技术资料,从 1980 年仿制工作在抚顺钢厂拉开帷幕至 1983 年,历时 3 年,熔炼了 19 批 104t 钢,韧性、塑性始终达不到美国军标要求。经过课题组全面慎重考虑,提出按美国 AMS 6417B 和 MIL—S—8844C 标准仿制 300M 钢,主要原因如下:

(1)300M 钢在美国使用广泛,有关材料标准也多,如军用标准 MIL—S—8844、宇航标准 AMS 6417 和 AMS 6419、波音公司标准 BMS 7—26J、麦道公司标准 DMS—1935 等。采用 AMS 6417 标准仿制是因为它与 BMS 7—26J 相近,波音公司飞机产量高,300M 钢使用经验丰富,按 AMS 6417B 标准,钢的综合力学性能更好,可供借鉴的资料、数据多。

(2)补充采用标准 MIL—S—8844C 是因为该标准中有非金属夹杂物的金相检查标准,加上 AMS 6417B 中的纯洁度检查标准,两种质量控制对保证 300M 钢仿制成功提供更高的可靠性。

(3)采用全仿便于达成共识。按美标 + 补充要求,更适合我国当时的技术现状,全仿目标更明确,可以研制出与美国一样的 300M 钢。

目标明确后,针对最初三年 300M 钢塑性、韧性不达标的情况进行了认真的分析和研究。塑性(包括纵向、横向塑性)是超高强度钢最重要的性能之一。提高塑性最重要的方法是提高纯净度,降低 S、P 等杂质含量。因此,超高强度钢必须采用电渣、真空熔炼以及其他高纯净熔炼工艺方法。韧性,包括冲击韧性、断裂韧度等,也是超高强度钢的重要性能,它们随抗拉强度的提高而降低,并随纯净度的提高而大为改善。因此必须采用高纯真空熔炼工艺。

纯净度高、横向断面收缩率则高。硫化物与横向断面收缩率直接相关。沿棒材纵向拉长分布的硫化物,降低了横向断面收缩率,硫化物越少,横向断面收缩率越高。所以,技术关键在于降低 S 含量。钢锭尺寸较小时,若成材后的棒材尺寸较大,按传统做法很容易造成锻造比不够,从而导致材料组织不均匀及硫化物不破碎。

基于对材料塑性、韧性的考虑,结合我国熔炼设备和技术现状,应用研究课题负责人创造性地提出"提纯原材料、降低 S 含量"和"多次镦—拔开坯"的工艺路线。提纯原材料就是要使原材料的含 S 量降低到 0.003% 以下;镦—拔开坯就是提高锻比到 10 以上,解决材料组织不均匀问题。抚顺钢厂按照该工艺路线生产 300M 钢,首批 300M 钢即达到了美国标准要求和实物水平,多年来一直按此工艺稳定地生产供货。"九五"以来,抚顺钢厂将 300M 钢工艺路线及技术成果继续发展并推广应用于更高纯度、高韧性、超细化的钢种,达到了世界先进水平,形成了适合我国国情的研究发展高纯、超纯航空超高强度钢的冶金技术路线和体系。

6.2.1 超纯原材料试制

对美国生产的 300M 钢分析结果表明,美产 300M 钢的 S 含量很低(0.003% 以下),远远低于美国标准中 S≤0.010% 的规定;高倍纯洁度检查没有发现硫化物夹杂。由此得出的重要结论是:必须控制钢中 S 含量在较低水平。

尽管真空炉熔炼能够有效去除钢中的气体,从而减少氧化物、氮化物等夹杂,但不能有效去除 S、P 杂质,S、P 含量基本上由配入的炉料决定。这就需要控制原材料,降低 S 含量,经过课题组的艰苦努力,研究创新了一种原材料提纯工艺,即电弧炉 + 炉外精炼,炼成了中碳的 S≤0.002% 的精钢材,从而使国产 300M 钢的 S 含量降至 0.003% 以下,保证了 300M 钢的横向塑性。

6.2.2 双真空熔炼与开坯锻造技术研究

1. 双真空熔炼技术研究

300M 钢研制之初采用过两种不同的熔炼工艺,一种是电弧炉 + 真空自耗重熔:用电弧炉氧化法熔炼钢锭,锻成电极棒,再经 1t 小真空自耗炉重熔成 ϕ420mm 钢锭;另一种是真空感应 + 真空自耗重熔的双真空工艺:500kg 真空感应炉熔炼电极棒,经 1t 真空自耗重熔 ϕ420mm 钢锭。两种熔炼工艺试验结果表明,电弧炉 + 真空自耗重熔工艺中,因电极棒化学成分难以精确控制,导致自耗重熔后易挥发元素 Mn、Al 和 C 不能按设计要求得以保证,熔炼的两炉钢 C 含量偏上限,反映在材料性能上强度有余,塑性、韧性不足。最终确定 300M 钢采用双真空工艺熔炼。

研制之初由于真空炉容量所限,生产出的小锭型无法制成 ϕ200mm、ϕ300mm 大规格棒材。抚顺钢厂于 1981 年从联邦德国引进了当时具有世界先进水平的 3t～6t IS700V11 真空感应炉和 7t L700P7 真空自耗炉,克服了小真空炉遇到的成分控制难、锭型小的致命弱点。通过研究,抚顺钢厂在引进的设备上开发了新的软件,逐渐摸索出了 300M 钢最佳的熔炼工艺。

2. 钢锭开坯锻造技术研究

横向塑性曾经是 300M 钢研制过程中的最大技术难题。熔炼过程中严格控制 S 含量对提高 300M 钢大截面横向性能起到了很重要的作用,但是与国外材料相比,国产 300M 钢仍有性能富余量小、组织不够致密等不足。针对这一问题,课题组开展了锻造比(简称锻比)对 300M 钢组织与性能影响的试验研究。

锻比是锻件在锻造成形时变形程度的一种表示方法,是衡量对金属实施锻造效果的一种尺度。锻比是影响锻件质量的主要因素之一,一般情况下,锻比越大,金属铸态组织破碎得越充分,所制锻件的力学性能也越好。但是,经验证明,并不是锻比越大越好,尤其不希望单纯拔长的锻比太大。因为锻比过大意味着锻件沿主变形方向的尺寸迅速增长,而垂直于主变形方向的尺寸变小,使金属内部的夹杂、气孔、偏析等缺陷沿主变形方向拉长,且排列较密,从而导致金属锻件的横向力学性能相对较低,产生"各向异性"现象。

(1)不同锻比对棒材组织的影响。当锻比为 2 时,铸态组织基本没有破碎,除了近表层外,均为粗大的树枝状结晶组织,枝杆清晰可辨,与主方向呈大角度交叉,枝杆间疏松较重。随着锻比的加大,枝晶逐渐被破碎,且沿主变形方向疏散,疏松被压实,其组织逐渐致密。至锻比达到 8 时,基本形成较细的流线组织,直至锻比为 12 时,外层完全变成致密的流线组织,但中心仍有轻微粗晶残余。说明单纯延伸时,锻比达 12,变形仍不充分。当锻比较小时,组织粗大,晶界处有颗粒状碳化物和杂质聚集。随着锻比的增大,组织逐渐变细。锻比达到 10 以上,晶界处的碳化物和杂质破碎的效果明显,并弥散开来,使晶界细化。

(2)不同锻比对棒材力学性能的影响。随着锻比的增大,各项性能均呈现提高的趋势,其中抗拉强度变化不大,塑性、韧性、周期强度明显提高,特别是横向塑性性能,始终处于稳定的上升状态,直至锻比为 12 时也未出现明显的各向异性现象。

锻比小时,由于内部组织不均匀,导致力学性能分散度大。随着锻比增大,性能数据逐渐趋于稳定。

根据锻比对 300M 钢组织与性能的影响的试验研究结果,课题组提出进行大截面两次镦粗、拔长工艺进行 300M 钢锭开坯锻造,即采用 2000t 快锻机,经两次镦粗—拔长:直径 660mm 钢锭经 1200℃ ~1220℃ 加热后开坯拔长至直径550mm,再经 1150℃ ~1180℃ 加热后镦粗至直径 800mm,再拔长至直径 550mm,再镦粗至 800mm,最后拔长至直径 300mm 棒材,使大规格 300M 钢棒获得了均匀的组织,取得良好的效果。

230

6.2.3 化学成分上下限研究

超高强度钢的力学性能对其成分,尤其是对 C 含量的变化非常敏感。为了考察 300M 钢的 C 含量在 0.38% ~0.43% 范围内波动,尤其是在上下限时其力学性能的变化情况,对不同 C 含量(上限、中限、下限)的材料力学性能进行了试验研究。

1. C 含量与强度、塑性的关系

根据试验数据绘制了 C 含量与强度、塑性的关系曲线,如图 6 - 1 所示。可以看出,若忽略不同热处理炉次的影响,当 C 含量在 0.37% ~0.42% 范围内波动时,随着 C 含量的升高,强度逐渐升高,当 C 含量从 0.37% 升到 0.42% 时,屈服强度上升了约 100MPa,抗拉强度上升了约 120MPa。若按此倾向外推,当 C 含量降至 0.36% 时,其屈服强度约为 1580MPa,抗拉强度约为 1890MPa,仍可达到标准规定要求。塑性随 C 含量的变化则不是单纯地下降,而是上限、下限稍低,中限稍高。这说明 C 含量取中限,不但强度较高,且塑性较好。300M 钢的 C 含量在允许范围内波动时,其强度、塑性值较为稳定,变化幅度不大,这就为控制冶炼成分提供了较大的余地。

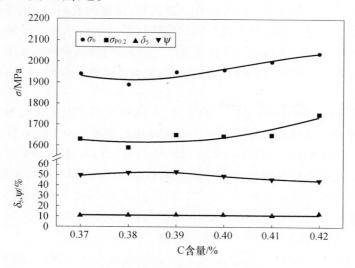

图 6 - 1 C 含量与强度、塑性关系曲线

2. C 含量与韧性的关系

钢的 C 含量与韧性的关系曲线如图 6 - 2 所示。随着 C 含量的升高,冲击韧性和断裂韧度都呈较快下降的趋势,足见韧性对碳含量非常敏感。因而,控制 C 含量在成分中下限对获得高韧性有利。

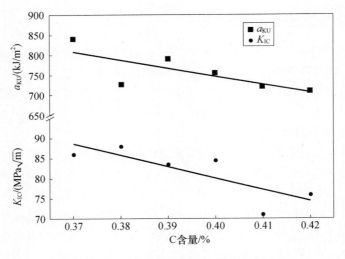

图 6-2 C 含量与韧性的关系曲线

6.2.4 美国实物料分析

航空工业的一些材料工作者曾有一种认识:仿制的材料只要达到国外标准就算成功了。通过分析国外飞机所用的实物材料使我们形成了另外一种认识:国外实物料质量水平远远高于其标准要求。因此,对仿制材料的认识,不能只停留于材料标准这个层面,仿制的材料只有达到国外实物料水平,才能真正成为可以放心使用的材料。

为了了解美国产 300M 钢的实际水平,并希望有助于国内材料的试制工作,应用研究课题组通过各种渠道获得了不同规格的美产 300M 钢棒材:$\phi 90mm \times 300mm$(炉号 3814165)、$\phi 200 \times 300mm$(炉号 3841129)及 $\phi 300mm \times 1100mm$,和课题组成员访问波音公司带回的一段筒形件:$\phi 100mm \times 12.5mm \times 115mm$。课题组对上述材料的化学成分、低倍组织、高倍组织、纯洁度及纵向、横向力学性能进行了详细的分析研究,对国产 300M 钢的试制给予了重要启示。

1. 为追求高强度而提高 C 含量不可取

力学性能与 C 含量的关系见表 6-1。抗拉强度(σ_b)随 C 含量增高均匀增加,与此相反,伸长率(δ_5)随 C 含量增高而降低,而且 C 含量超过 0.43% 后降低幅度增大;断面收缩率(ψ)对 C 含量更敏感,当 C 含量超过 0.43% 后降低尤为剧烈;冲击韧性(a_{KU})和断裂韧度(K_{IC})均随 C 含量的增加而降低,其中冲击韧性更为敏感,当 C 含量超过 0.43% 后,C 含量每增加 0.01%,a_{KU} 值降低约 150kJ/m²,其原因主要在于碳增加了沿奥氏体晶界或"有效晶界"的碳

232

化物析出,增加了晶界的脆性,导致对缺口敏感性增加。可见,为追求高强度而一味提高 C 含量是不可取的。

表 6-1　不同 C 含量对应的力学性能

C 含量/%	σ_b/MPa	δ_5/%	ψ/%	a_{KU}/(kJ/m^2)	K_{IC}/MPa$\sqrt{m}$
0.40	1995	11.7	49.3	785	87.2
0.43	2050	10.7	44.3	715	68.8
0.45	2125	9.4	36.5	421	49.6

2. 钢中的 S 含量应控制在较低水平

化学分析表明,美国产 300M 钢的 S、P 含量,尤其是 S 含量相当低。尽管标准中规定 S 含量应低至 100×10^{-6},但实际含量仅为 10×10^{-6} 左右,低于标准规定约一个数量级。S 含量低反映在钢中就是硫化物夹杂数量少,在所检查的四种美产 300M 钢中均未发现硫化物夹杂。S 在钢中形成硫化物夹杂,通常是沿钢的变形方向呈线性分布,对钢的纵向性能影响甚微,但对横向性能影响显著,尤其是断面收缩率及冲击韧性会明显降低。表 6-2 中列出了正常纯度与高纯度 AISI4340 钢的力学性能比较,可以看出,高纯钢的横向性能与纵向性能相同甚至略高。

表 6-2　正常纯度与高纯度 AISI4340 钢的力学性能比较

纯洁度	S	P	Si	Mn	取样方向	$\sigma_{P0.2}$	σ_b	δ_5	ψ	CVN		
			%			MPa		%		J		
										室温	-17.8℃	-62.2℃
正常	0.011	0.010	0.27	0.71	纵	1570	1855	11.6	43.3	16.6	13.8	12.4
					横	1585	1860	10.0	39.7	15.2	13.8	11.0
高纯	0.0008	0.0003	0.007	0.29	纵	1505	1770	11.6	45.5	19.4	15.2	11.0
					横	1495	1775	12.4	51.2	19.4	15.2	12.4

必须指出,由于 AISI4340 钢强度水平不很高,所以,纯净度对性能的影响尚不十分显著。随着强度提高,这一影响会愈加显著。300M 钢强度高,夹杂物的影响更为严重。钢中 S 含量很低,一方面说明已掌握了先进的熔炼技术,另一方面又在对美标准的理解和通过降低 S 含量提高冶金质量和力学性能等方面给予启示,简单地执行标准不能得到优良的性能。

3. 纵向、横向力学性能均匀一致

在起落架用钢的发展过程中曾有过忽视横向性能的历史。当人们认识到提高横向性能对起落架零件的承载能力非常重要之后,不惜增加成本采用真空熔炼工艺提高纯净度以改善横向塑性,尤其是断面收缩率,以致在起落架钢标准中横向断面收缩率成为强度之外的又一重要指标。表 6-2 所列数据表明,钢的纵向、横向性能都已相当接近。

4. 显微组织中的下贝氏体含量较多

300M 钢经 870℃淬火 +300℃两次回火热处理后,组织为回火马氏体 +少量下贝氏体 +残余奥氏体。通过分析得出 $\phi200mm$(0.445% C)和 $\phi300mm$(0.40% C)钢组织中下贝氏体量分别为 19% 和 10% 左右,数量较多。研究表明,一定数量(如 20%)的下贝氏体对高强钢的塑性有益。由此可以推断,尽管所分析的美产 300M 钢 C 含量较高,但较多的下贝氏体可能是其塑性、韧性仍较高的原因之一。

6.3　应用研究的全过程

提起长寿命起落架,人们常常会想到 300M 钢,认为长寿命起落架仅仅由 300M 钢而来。的确,300M 钢的良好综合性能可以保证其性能的稳定性,但是,没有抗疲劳应用技术就没有长寿命起落架,正是 300M 钢和抗疲劳应用技术的共同作用,产生了 300M 钢长寿命起落架。

起落架要求的最主要的使用性能是疲劳强度,而试验发现,300M 钢有一个明显的弱点,或者说是固有缺点,就是疲劳强度对应力集中敏感。试验结果表明:当理论应力集中系数 $K_t = 1$ 时,300M 钢拉—拉($R = 0.06$)疲劳极限为 1165MPa;当理论应力集中系数 $K_t = 3$ 时,300M 钢拉—拉($R = 0.06$)疲劳极限为 560MPa,降低 52% ;当理论应力集中系数 $K_t = 5$ 时,300M 钢拉—拉($R = 0.06$)疲劳极限为 300MPa,降低 74% 。由于起落架构件不可避免地存在螺纹等应力集中部位,300M 钢固有的疲劳性能不能满足起落架使用要求。为了将 300M 钢成功用作起落架,必须想办法抑制 300M 钢的疲劳应力集中敏感,提高疲劳强度,而正是应用研究解决了这个难题。

赵振业院士主持的 300M 钢应用研究是实现起落架长寿命目标的创新。其内涵包括在疲劳理论的基础上提出了“无应力集中”抗疲劳概念,创新 10 多种抗疲劳应用技术,建立了长寿命起落架制造技术体系,主要有 300M 钢热工艺技术体系,抗疲劳机械加工技术体系,表层组织再造改性技术体系,表面完整复合防护技术体系,抗疲劳细节设计技术体系。300M 钢起落架抗疲劳技术的应用,抑制了 300M 钢的固有缺点,使 300M 钢的优良性能得到充分发挥,从而使 300M 钢起落架获得长寿命。

6.3.1　理论基础

支撑 300M 钢起落架长寿命的理论基础是“无应力集中”抗疲劳概念,即不同应力集中构件具有无应力集中时的材料固有疲劳强度。图6-3所示为"无应力集中"抗疲劳概念模型。

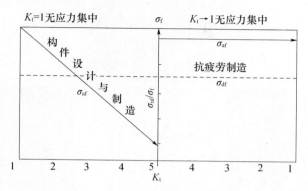

图6-3 "无应力集中"抗疲劳概念模型

σ_{af}—构件实际疲劳强度；σ_{df}—设计疲劳强度；σ_f—构件固有疲劳强度。

前已述及，300M钢的疲劳强度对应力集中敏感，如理论应力集中系数为3时，疲劳强度降低约50%，应力集中系数为5时，疲劳强度降低约80%。应力集中系数是形状因子，设计、加工、服役等都会带来应力集中系数值变化，形状越复杂，应力集中系数值越高，疲劳强度降低越大。针对300M钢这一弱点，应用研究课题组通过研究抗疲劳应用技术，掌握了疲劳强度应力集中敏感变化的规律和抑制方法：随应力集中系数值增大，300M钢疲劳强度降低很快，但采用抗疲劳应用技术后，疲劳强度回复也很快，而且应力集中系数值越大，回复值越高。如螺纹结构应力集中系数值为5，采用抗疲劳工艺加工后，疲劳强度回复79%。"无应力集中"抗疲劳机理如图6-4所示。

"无应力集中"抗疲劳概念指出，应力集中对构件疲劳强度起决定作用，从而引导人们关注"应力集中"问题，创新抗疲劳应用技术，实现构件长寿命。

6.3.2 起落架结构细节设计

为了充分发挥300M钢的优良性能，有效提高起落架的寿命，要求设计应尽可能降低零件的应力集中水平，为此应用研究课题组对飞机主起落架进行了结构细节设计研究。起落架结构复杂，圆弧、转接部位比较多。为了改善应力集中情况，课题组收集了外场使用情况以及起落架试验情况，并参照了300M钢使用要求和波音公司手册细节设计范例，对飞机主起落架结构进行了局部的改进设计。经全面的有限元分析和光弹试验研究，确定了更改方案和需要加强的部位。

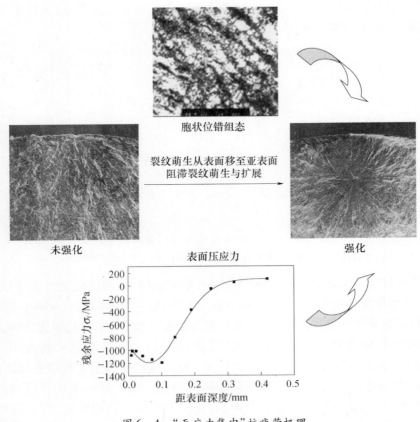

胞状位错组态

裂纹萌生从表面移至亚表面
阻滞裂纹萌生与扩展

未强化   强化

表面压应力

图 6-4 "无应力集中"抗疲劳机理

1. 增大过渡圆角,减少应力集中

为了改善应力集中带来的不利影响,在结构过渡处适当加大圆角。

按 300M 钢使用要求,凡原结构过渡圆角为 R0.5mm 均改为 R1mm,如起落架转轴、螺栓、扭力臂、机轮、转轮机构摇臂等;对不影响装配的凸台过渡圆角,使其过渡半径大于凸台高度的 10 倍(对喷丸表面为 5 倍),如机轮半轴内腔过渡半径由 R10mm 改为 R20mm(两处),外表面 R1mm 改为 R3mm 等;凡没有配合部位,适当加大过渡半径,如外筒头部转接处由 R5mm 改为 R8mm(五处)、连接作动筒大耳片与基体转接处由 R5mm 改为 R10mm 等;适当加大耳片根部圆角。加大螺纹退刀槽圆角,由 R1mm 改为 R1.5mm。

2. 螺纹与孔过渡部分不进入传力基体

螺纹与孔过渡部分不进入传力基体,以减少应力集中的潜在裂纹源,如将外筒连接护板的螺纹盲孔长由 16mm 改为 15mm,示意图见图 6-5。

236

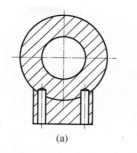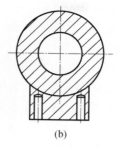

(a)	(b)

图 6-5　外筒连接护板螺纹盲孔的改进示意图

（a）改进前；（b）改进后。

3. 所有孔边由倒角改为倒圆

共有 16 个零件进行了改进,所有孔边由倒角改为倒圆。

4. 对薄弱环节进行加强

对外筒和上扭力臂进行了设计加强。对外筒贴片光弹分析结果表明,头部转接处半径 $R10\text{mm}$ 应力水平高,改为 $R30\text{mm}$;经有限元分析作动筒接头上部刚度弱、应力水平高,起落架疲劳试验时在此处断裂,将内表面 $\phi120\text{mm}$ 的阶梯孔改为直径 $\phi116\text{mm}$;连接作动筒大耳片挤压强度弱,将厚 32mm 改为 35mm。上扭力臂单耳片经全尺寸疲劳试验有明显扭曲,将耳片宽度增加 1mm,即由 21mm 改为 22mm。

5. 空心螺栓或轴及注油嘴改进

空心螺栓或轴的空心部分不应通过退刀槽或螺纹。

将注油嘴尽量放在受力最小或不受力部位。

6.3.3　锻造技术与锻件制造

由于焊缝会削弱制件的性能,300M 钢不推荐焊接,尤其不推荐熔焊。与以往低合金超高强度钢起落架零件采用焊接制造不同,300M 钢起落架零件采用整体锻造。

为了将 300M 钢棒材的良好性能传递到锻件上,应用研究课题组进行了一系列基础试验研究,内容包括加热试验、塑性试验、锻比试验、锻后冷却及预备热处理工艺试验等,掌握了 300M 钢锻造特性,为锻件锻造工艺的制定打下坚实基础。研究获得以下结果。

300M 钢可锻性能好。加热至 800℃～1220℃之间施加压力,使其产生 60% 的变形,均未产生开裂。但若加热至 1250℃以上,则会因产生严重过热而使塑性下降,镦粗时易产生裂纹。

300M 钢过热敏感性较明显,加热至 1220℃ 以上即产生较重的过热缺陷,且对材料的塑性、疲劳性能有明显影响。为了获得表面质量及内部组织良好的锻件,300M 钢的锻造温度范围推荐为 850℃ ~1180℃,且每火次变形程度应不小于 35%。若不能保证足够的变形程度,则上限加热温度应低于 1140℃。

若在锻件上发现过热倾向,可采用较高温度正火(不小于 950℃)改善组织。

按照基础研究确定的 300M 钢锻造工艺参数,成功生产了一批又一批 300M 钢锻件,最大重量达到 1.2t,各项性能稳定地达到技术标准要求。图 6-6 所示为 300M 钢的不同类型整体锻件,表 6-3 列出了锻件力学性能数据。

图 6-6 300M 钢的不同类型整体锻件

表 6-3 300M 钢锻件的性能数据统计

取样方向		σ_b/MPa	$\sigma_{P0.2}$/MPa	δ_5/%	ψ/%		a_{KU}/(kJ/m^2)
纵向		$\dfrac{1940\sim2004}{1975}$	$\dfrac{1633\sim1724}{1685}$	$\dfrac{9.0\sim11.4}{10.5}$	$\dfrac{35.5\sim47.7}{45.0}$		$\dfrac{679\sim796}{750}$
横向				$\dfrac{6.1\sim9.4}{8.2}$	$\dfrac{24.2\sim31.1}{29.5}$		$\dfrac{381\sim572}{450}$
标准要求	纵向	≥1860	≥1515	≥8	≥30		≥490
	横向	≥1860	≥1515	—	平均≥25	单个≥20	≥290

6.3.4 热处理技术与零件真空热处理

20 世纪 80 年代,航空零件的热处理加热方法通常为空气炉加热、保护气氛加热,对于 300M 钢而言,这两种热处理方法均存在较大问题。空气炉加热在零件表面留下的脱碳层导致疲劳性能降低,对于淬火后难机械加工或不加工的表

238

面危害大。保护气氛加热由于炉气中含有大量的氢气,会使零件渗氢,增加零件使用过程中发生氢脆断裂的危险性;保护气氛加热还可能使零件表面增碳,而增碳比脱碳对疲劳性能的破坏作用更大。课题组研究应用了当时非常先进的热处理工艺技术——真空热处理,不但可以避免氧化、脱碳、增碳、渗氢等现象,而且零件变形小,减少了热处理后的加工量。在大量试验研究工作的基础上,300M钢起落架零件成功进行了真空热处理,为起落架获得长寿命奠定了基础。

1. 临界淬火压强的确定

真空淬火油或在真空条件下使用的淬火油都有一个临界淬火压强。临界淬火压强,是指工件在该压强下淬火能够获得在大气压下淬火的相同硬度。为保证300M钢真空油淬后能够获得所要求的力学性能,需要通过试验确定300M钢真空油淬的临界淬火压强。

2. 真空度的确定

采用真空热处理的主要目的之一是防止零件的表面氧化脱碳。高真空气氛中,由于氧的分压低,氧化作用被抑制了。但是,认为真空度越高越好是非常危险的。因为真空度过高,蒸气压高的元素如 Cr、Mn、Ni、Co 等会产生蒸发,零件表面金属元素贫化,导致疲劳性能等降低。为使300M钢零件获得无氧化脱碳的光亮表面,要研究选择适宜的真空度。

3. 真空油淬渗碳现象的研究

真空热处理时,金属表面呈现化学活性状态,易于发生化学反应。由于这种特殊性,低合金结构钢、超高强度钢、高速钢等真空油淬表面有渗碳现象。尽管渗碳层深度非常浅,一般在几千到几万埃(1 埃 =0.1mm)数量级范围内,但表层碳浓度非常高,可达2%左右。因此,需要研究300M钢真空油淬过程中的渗碳现象,研究渗碳对力学性能的影响,找到产生的原因及防止办法。

4. 真空热处理工艺参数的确定

确定真空加热系数、淬火压强、真空度等真空工艺参数后,在300M钢热处理工艺技术研究的基础上,通过研究真空淬火温度、保温时间、回火温度、回火时间与组织性能的关系,从而制定出300M钢的最佳真空热处理工艺。

按制定的最佳真空热处理工艺对300M钢起落架零件进行真空热处理,结果表明:真空油淬后零件表面光亮,变形量很小,力学性能满足技术要求,结果再现性好。300M钢起落架零件真空热处理前后对比情况如图6-7所示。

6.3.5　控制机械加工技术

控制机械加工尤其是控制磨削及其他精加工对保证表面完整性至关重要。表面完整性是指加工制造过程中,构件表层材料可能产生的各种改变及其对构

图 6 - 7　300M 钢外筒零件真空热处理前后对比

件服役性能影响的总描述和控制。有关表面完整性将在第 9 章中详细论述。300M 钢零件的加工,改变了过去那种只限零件外形和表面粗糙度控制机械加工的质量检验和片面追求生产效率的工艺技术,从保证表面完整性出发,研究各种机械加工工艺并制定了相应的工艺文件,严格控制切削参数。为控制机械加工,研究并应用了回火酸浸检查技术,这一技术的应用导致切削参数的重大改变。

1. 机械加工

开展了退火状态下 300M 钢的车削、钻削、立铣、平铣切削试验和淬火 + 回火状态下车削、钻削、立铣、平磨、外圆磨、内圆磨、铰削试验,从刀具的选择、刀具几何角度控制、切削深度、进给量、切削速度等方面进行了全面细致的深入研究,研究了不同切削方法对试件的表面粗糙度、表面残余应力、表层组织等的影响,制定了详细的机械加工工艺文件用于 300M 钢零件生产。

2. 电解加工及表面机械打光

对于难以机加成形的零件,电解加工为可选用的加工方法之一。300M 钢起落架关键承力零件,如活塞杆、外筒等,通常为长杆状,内部型腔的加工非常困难,因此研究采用了电解加工。重点研究了电解加工参数、电解加工对材料力学性能的影响及对表面形貌和表面状态的影响。成功地解决了关键零件内部结构复杂的型腔加工困难的问题。

对于零件复杂型面,如减轻槽、转接圆角、过渡区等,切削加工难以达到所要求的表面粗糙度,需要进行表面机械打光。300M 钢零件制造没有采用传统的

240

打光方法,而是采用了应用研究课题组研制的新的打光工艺。该工艺的关键有:打光时打光纹理与零件的纤维方向(即零件主受力方向)一致;淬火后打光的零件要进行酸浸检查,检查零件有无过热现象;淬火前的打光质量要求严格。新工艺的应用使零件表面完整性大大提高。

3. 回火酸浸检查

回火酸浸检查的原理是切削加工时,导入零件中的热量可能在零件局部引起过热,温度超过回火温度乃至相变点,在零件表面出现过回火,乃至淬火马氏体组织,不同组织浸蚀后颜色不同。这些过回火软点和本身即包含微裂纹的未回火马氏体硬点都是疲劳裂纹的优先起源处。回火酸浸检查技术是将机加工零件浸入酸溶液中,以过回火和未回火马氏体组织所反映出来的颜色决定零件的合格与否,从而达到对零件表面质量控制的目的。

课题组重点研究了不同回火温度的 300M 钢酸浸后的直观情况、未回火马氏体酸浸后的直观情况、磨削等加工过程可能造成的表面损伤情况、不同温度过回火后硬度的变化情况、酸浸检查溶液的温度,以及零件在其中的浸泡时间对检查结果的影响等,制定了 300M 钢回火酸浸检查工艺并用于零件的机械加工质量控制。

回火酸浸检查技术的应用改变了过去那种只限零件外形和表面粗糙度控制的质量检验和片面追求生产效率的做法,对保证零件表面完整性起到至关重要的作用。

6.3.6 表面强化技术

大量试验和使用实践已证明表面冷作硬化技术,如喷丸强化、挤压强化、滚压强化等,都极有效地提高了材料的疲劳抗力。喷丸强化将 300M 钢的弯曲疲劳极限提高 30% 左右;孔挤压强化使带孔试样的拉—拉疲劳寿命提高 5 倍左右;螺纹滚压强化使带螺纹试样的拉—拉疲劳寿命提高 5 倍以上。这些强化措施在零件表面形成强化层,在强化层内产生较高的宏观残余压应力和高密度位错等组织结构,不仅提高了 300M 钢的疲劳抗力,同时提高了 300M 钢的抗应力腐蚀性能。

1. 喷丸强化

众所周知,喷丸强化能非常有效地改善金属零件疲劳断裂和应力腐蚀断裂抗力。针对 300M 钢不同工艺状态的喷丸研究结果表明,采用合适的喷丸工艺强化后,可以使 300M 钢的疲劳寿命因电镀、表面脱碳和表面粗糙等造成的降低得到恢复,如图 6-8 所示。

300M 钢直接电镀使疲劳极限降低约 66%,喷丸后再电镀将疲劳极限恢复到原始水平,疲劳极限提高了 200% 以上。电镀前后的表面残余应力、应力场均不相同。未喷丸的电镀件,表面为拉应力,并且在次表层存在残余拉应力场。电

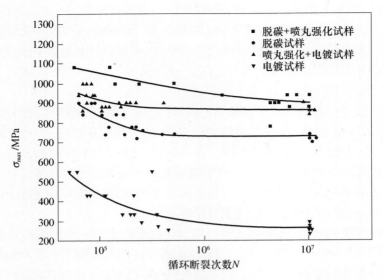

图 6-8　不同表面处理试样喷丸强化后弯曲疲劳 $S-N$ 曲线

镀后的表面拉应力达到 600MPa，应力场的深度约为 0.08mm。喷丸后再电镀，表面也存在拉应力（镀层），深度为 0.02mm～0.03mm。在镀层与基体过渡区则为压应力，而且在基体上还存在一个较大的压应力场，其深度可达 0.3mm。这些变化为材料抗疲劳断裂能力的增强提供了极为有益的作用。表面脱碳层深度为 0.1mm～0.2mm 的 300M 钢试样，喷丸强化后疲劳极限由 720MPa 增加到 880MPa，提高 22%。

2. 孔挤压强化

起落架零件中的耳片部位和一些带孔结构在使用过程中容易发生疲劳开裂，需要采用孔挤压方法进行强化，从而提高零件的疲劳断裂抗力，延长起落架的使用寿命。

300M 钢的耳片元件疲劳试验结果表明，未挤压耳片元件的疲劳极限是 255MPa，孔挤压强化后耳片元件的疲劳极限为 314MPa，挤压比未挤压的疲劳极限提高 23%，如图 6-9 所示。孔挤压强化使疲劳极限提高的原因是，通过孔挤压，使孔周围产生弹塑性变形层（挤压强化层），层内产生很高的宏观残余压应力和组织结构变化（位错形貌改变、密度升高），从而使耳片元件疲劳断裂抗力提高。

3. 螺纹滚压强化

前已叙及，300M 钢零件的螺纹处为高度应力集中部位，应力集中系数可以达到 5，严重削弱了构件的疲劳性能，给起落架的安全使用带来极大隐患。而螺纹滚压强化技术可以提高螺纹部位的疲劳强度和抗应力腐蚀的能力，从而保证

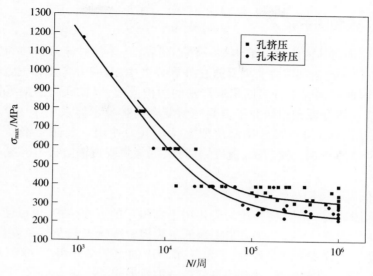

图 6-9　挤压与未挤压强化耳片元件疲劳 $S-N$ 曲线

起落架零件长寿命使用。

应用研究课题组研究了 300M 钢内外螺纹的滚压工艺技术,结果表明,可以通过实施优化的滚压工艺,使 300M 钢螺栓元件的疲劳寿命提高 5 倍 ~ 10 倍。螺纹滚压工艺技术的应用,提高了 300M 钢零件的疲劳寿命。图 6-10 给出了滚压与未滚压强化螺栓元件疲劳 $S-N$ 曲线。

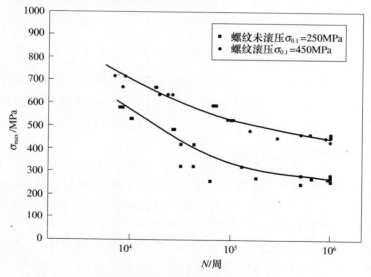

图 6-10　滚压与未滚压强化螺栓元件疲劳 $S-N$ 曲线

6.3.7　表面防护技术

300M 钢与其他低合金结构钢一样不耐腐蚀,并且对应力腐蚀和氢脆开裂更敏感。由于起落架零件长期暴露在外界环境中,其应力腐蚀和氢脆开裂倾向性增加,因此必须在零件表面采取严密的防护措施,以提高起落架零件的使用寿命。应用研究课题组研究了表面完整复合防护技术体系用于 300M 钢起落架零件,从而保证了 300M 钢起落架零件长寿命使用。表面完整复合防护技术包括低氢脆镀镉—钛防护、镀硬铬防护、低氢脆刷镀镉防护及环氧聚酰胺漆防护。

1. 低氢脆镀镉—钛防护

低氢脆镀镉—钛代替传统的磷化用于高强钢的表面防护,可以使高强钢的耐蚀性大大提高。课题组对 300M 钢低氢脆镀镉—钛工艺及其氢脆性、耐蚀性等方面进行了详细的试验研究,并制定了相应的工艺文件用于 300M 钢零件的生产,提高了零件耐蚀性,达到了良好的防护效果。

2. 低氢脆刷镀镉防护

起落架零件通常尺寸较大、形状复杂,一些部位如深凹槽等电镀时镀不进去,留下防护的"真空部位",必须采用刷镀工艺来弥补。低氢脆刷镀镉是专门为高强钢零件的防护而研制的一种刷镀工艺,其最大的特点是刷镀后不需除氢烘烤,氢脆性能仍能合格,它是低氢脆镀镉—钛和低氢脆镀镉(即松孔镀镉)最理想的配套工艺。课题组重点研制了低氢脆刷镀溶液及相应的刷镀工艺,并自制了旋转镀笔。该工艺用于 300M 钢起落架零件,保证了零件表面防护的完整性。

3. 环氧聚酰胺漆防护

课题组研制了铁红环氧聚酰胺底漆,并研究应用于 300M 钢零件。在零件表面镀层上涂漆,达到了复合防护的目的,有力地保护了基体不受外部环境的浸蚀。

6.3.8　全面性能研究思路

国产 300M 钢力学性能满足了标准 AMS6417B 和 MIL－S－8844C 的要求,只是具备了基本性能,要用于起落架构件,还需要进行全面的性能评价以表明 300M 钢的各种性能都是相匹配的。300M 钢课题组对国产 300M 钢的全面性能进行了研究测试,内容包括室温拉伸性能、试验温度对拉伸性能、冲击韧性和断裂韧度的影响,缺口拉伸,缺口敏感,压缩性能,剪切强度,扭转性能,周期疲劳性能,轴向加载拉—拉(压)疲劳性能,旋转弯曲疲劳性能,裂纹扩展速率,应力腐蚀断裂性能等。全面性能研究结果表明,国产300M钢综合性能优良,可以用作起落架构件。

（1）国产300M钢的室温抗拉强度、屈服强度、伸长率和断面收缩率、冲击韧性等达到了标准要求,断裂韧度 K_{IC} 值较高,与同类起落架用低合金超高强度钢（如30CrMnSiNi2A、GC-4）相比具有较好的综合力学性能。表6-4列出了国产300M钢和同类低合金超高强度钢的抗拉强度和断裂韧度数据。

表6-4　国产300M钢和同类低合金超高强度钢的抗拉和断裂韧度对比

钢　种	规格	取样方向	σ_b/MPa	K_{IC}/MPa $\sqrt{m}$
300M	小	L-T	1960	82.7
	$\phi300mm$		1960	84
		C-R		87
4340	小	L-T	1873	54.4
40CrMnSiMoVA（GC-4）	小	L-T	1915	71.2

（2）研究结果显示,经冲击韧性和断裂韧度测得的国产300M钢的韧—脆转变温度在-60℃以下。

（3）300M钢的抗疲劳性能优良,周期强度、轴向加载拉—拉疲劳以及旋转弯曲疲劳性能等都优于同类钢。表6-5列出了国产300M钢与同类低合金超高强度钢的典型轴向加载拉—拉疲劳极限对比。

表6-5　国产300M钢与同类低合金超高强度钢的疲劳极限对比

钢种	σ_b/MPa	$\overline{\sigma}(N=10^7)$/MPa	
		$K_t=1,R=0.06$	$K_t=3,R=0.06$
300M	1950	1165	560
30CrMnSiNi2A	1700	1110（$R=0.1$）	485（$R=0.1$）
40CrMnSiMoVA（GC-4）	1825	390（$R=0.1$）	—

（4）与同类钢相比,300M钢具有良好的抗应力腐蚀性能,其应力腐蚀断裂门坎值 K_{ISCC} 较高,特别是在介质中的裂纹扩展速率较低。表6-6列出了国产300M钢及同类低合金超高强度钢的 K_{ISCC} 和 $(da/dt)_{II}$ 数据。

表 6 – 6　国产 300M 钢的应力腐蚀性能

钢　种	试样及方向	σ_b/MPa	K_{ISCC}/MPa $\sqrt{m}$	$(da/dt)_{II}$/(m/s)
300M	CAT(L – T)	1940	21.4	—
	WOL(L – T)	2020	17.0	1.3×10^{-6}
		1915	20.8	7.3×10^{-7}
30CrMnSiNi2A	WOL(L – T)	1700	16.2	1.48×10^{-6}
40CrMnSiMoVA(GC – 4)	WOL(L – T)	1825	15.4	4.2×10^{-6}

6.4　两个全过程研究与材料研究四要素之间的关系

先进材料的研究目的在于应用,为了更好地使材料科学理论与工程技术相结合,20 世纪 50 年代—60 年代,美国发起形成了材料科学与工程学科,并提出了材料科学与工程四要素,即成分、组成与结构,合成与加工,性质,使用行为。赵振业院士在材料科学与工程四要素的基础上,结合自身 50 年从事基础理论、合金设计和应用技术研究的经验,研究并提出了材料科学与工程中的第二规律——材料科学与工程研究的两个"全过程":材料研制"全过程"和材料应用研究"全过程",两个"全过程"是不可分割的整体。实践这一规律可获得可用材料。

材料科学与工程四要素对我国材料的发展至关重要,具有现实意义,作为材料研究工作者,了解并掌握其内涵是非常必要的。

第一个要素是"组成、成分与结构"中,"成分"是对金属材料而言,"组成"是对非金属材料而言。第一要素的内涵包括从电子、原子到宏观尺度裁剪材料;结构的无限变化演绎出材料的复杂性能、成分与结构的表征、分析和建模技术等。

第二个要素是"合成与加工",合成是对非金属材料而言,加工多指金属材料,金属材料中常称"制备与加工"。"合成与加工"的基本内涵包括所有尺度上,原子、分子和分子团对结构的控制;新的结构转化为材料和结构的一些演化过程;宏观操作所引发的微观结构的变化和意外的现象等。制备与加工对材料的控制作用是极为显著的,如高纯熔炼。高纯熔炼对于金属材料是非常重要的,纯度对于非金属材料也是非常重要的。提高材料的纯净度是发展材料的一个非常重要的措施,对于超高强度钢,纯净度是一个非常重要的韧化机制,没有高纯净度,要做到强度和韧性的匹配是非常困难的。

第三个要素是"性质"。这个要素的主要技术内涵包括材料对外界刺激的整体响应、各种尺度上的性能的测试和分析、导向所需综合性能的设计等。材料性质至少包括以下几类:第一类是基本性能。基本性能是指各种材料有别于其他材料的特定性能,包括力学性能、物理性能、化学性能等。第二类是全面性能,包括了高低温性能、动态性能,以及其他的特殊性能,等等。一个材料具备了特定的"基本性能"并不能够证明这个材料可以做构件,它可能在其他方面存在很大的问题,甚至是致命的。如果研究表明这个材料的各种性能都是相匹配的,才可以说这个材料的基本性能是好用的。第三类是工艺性能。工艺性能是评价材料能不能成为产品的能力,如果需要做成复杂形状的构件,工艺性能就起了决定性的作用。

第四个要素是"使用行为"。主要内涵包括材料固有性能与构件功能相结合,使用中材料固有性质的变化、预测和改善;环境中固有性能变化和预测;与构件基本性质相关联的一些模型等。前已提及,先进材料常具有非常强烈的应用对象和目标,所以在材料研究过程中要特别关注材料的使用行为,考察它的服役性能:腐蚀性能怎么样,疲劳行为怎么样,失效行为怎么样,还有它在复合环境里的行为又会怎么样。也就是说,材料要适应未来构件的使用环境,达到使用的要求。

"合成与加工"或"制备与加工"这个要素常被忽视,甚至被认为是材料科学与工程中的非主流技术,给材料研究发展带来了严重制约。因此,四要素重点强调的是这一要素。材料的"使用行为"是材料好坏的判据,也是材料发展的终极目的,在材料研究中也常被忽视,因此,四要素规律中又特别强调的是这一要素。四要素反映在材料的研制过程里,它整体化了材料科学与工程。四要素是不可分割的整体,同时又要各自高水平地发展。它确定了材料是跨学科的技术集成,只有把各个学科、各类技术都做到一体化,才能成为一个可靠的材料。

材料研究的目的是寻求可用的材料,必须通过材料—理论认识单元的反复循环过程,才能获得真知,这一认识单元是一个"全过程",通过这个"全过程"的反复循环获得真知,获得一个可以良好应用的材料。材料研制全过程的要素包括应用基础理论、材料技术、工程化生产和失效反馈;材料应用研究全过程的要素包括应用基础理论、应用技术、工程化生产和失效反馈。科学技术的发展过程是从基础理论到应用技术,在它们之间还有一个环节就是应用基础理论,应用基础理论直接导致技术创新。基础理论可追溯到物理、化学等基础科学,它们与技术间还有很大的距离,只有掌握了应用基础理论,才能做出高性能材料。

材料研制的"材料技术"要素,材料应用研究的"应用技术"要素是主体技术,它们的基本内涵就是材料科学与工程四要素,即按照四要素的内容进行材料研制和应用研究。"工程化生产"要素是形成有价值的形式环节,材料研制要形成可用材料,材料应用研究要形成可用构件。这样,"工程化生产"使"材料技术"、"材料应用技术"变成了有价值的形式。有价值形式的基本要求是：性能稳定、质量可靠、批次一致、数据齐全、价格低廉。

"失效反馈"是对赖以设计材料技术、材料应用技术的"应用基础理论"和"工程化生产"技术的验证。因为失效分析会得出服役环境下的失效机理。如果失效机理与所用的"应用基础理论"是一致的，应该说材料研制或材料应用研究"全过程"走完了，获得了真知。如果是不一致的，就需要修正并重新去探索"应用基础理论"，再走一次循环单元或"全过程"，直至两者相一致。

材料研制"全过程"赋予材料先天性能，也就是它的固有性能。材料应用研究全过程赋予材料后天的性能，或者说是使用性能。如果先天性能不能满足构件服役的需求，必须用后天性能来补充，材料的先天性能加上材料的后天性能才是服役性能。高性能的构件一定来自于这两个"全过程"。当前，在两个"全过程"中应重点强调材料应用研究"全过程"。一是因为材料应用研究确实给材料性能带来非常大的改进，另外一个原因就是当前应用研究还没有引起研究者足够的重视，还是一个非常薄弱的环节。只有突出两个"全过程"，才能推进材料的研究发展，不可偏废。

第 7 章 超高强度结构钢与不锈钢的
热处理及力学性能

7.1 低合金超高强度钢的热处理与力学性能

7.1.1 淬火 + 低温回火处理与力学性能变化

低合金超高强度钢大都以 Cr、Ni、Mo、Si、Mn 为主要合金元素,并适当加入细化晶粒元素 Ti、Nb、V 等。高温奥氏体化的同时伴有碳化物溶解和成分均匀化过程,奥氏体晶粒长大趋势比较小,但淬火加热时容易氧化脱碳,并且对性能影响较大,所以选择热处理加热温度时应注意到这些特点。

低合金超高强度钢冷却转变的特点是孕育期比较长,而且一般珠光体转变孕育期比贝氏体转变要更长一些,也就是说 TTT 图(图 7 – 1(a))和 CCT 图(图 7 – 1(b))中曲线右移,使贝氏体转变突出出来,临界冷却速度较低,淬透性较高。

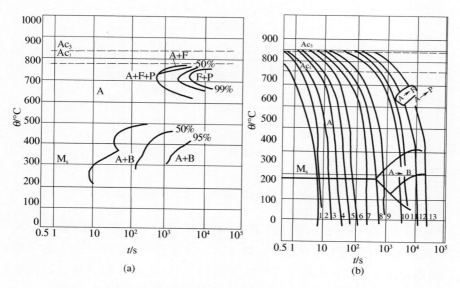

图 7 – 1 40CrMnSiMoVA 钢冷却转变曲线(奥氏体化温度为 920℃)

(a)等温转变曲线;(b)连续转变曲线。

低合金超高强度钢一般采用低温回火。回火时形成 ε - 碳化物,靠马氏体相变和回火析出 ε - 碳化物达到超高强度。典型的低合金超高强度钢有 30CrMnSiNi2A、40CrNi2Si2MoVA(300M)、40CrMnSiMoV(GC - 4)、35Cr2Ni4MoA(35NCD16)及二次硬化型低合金中温超高强度钢 38Cr2Mo2VA 等。

1. 30CrMnSiNi2A 钢

30CrMnSiNi2A 钢是在调质高强度钢 30CrMnSiA 基础上发展起来的。该钢经 900℃油淬,并不同温度回火 3h 空冷后,力学性能与回火温度的关系示于图7 - 2,不同淬火温度对拉伸性能影响见图 7 - 3(回火温度 260℃,保温 2h,空冷)。从图 7 - 2 可以看出,拉伸强度和屈服强度随回火温度的升高而降低,塑性(δ_5、ψ)呈上升趋势,冲击韧性(a_{KU})显示在 350℃ ~500℃之间出现回火脆性区,30CrMnSiNi2A 钢在 250℃ ~270℃回火可以获得较高的强度及良好的韧性及塑性。图 7 - 3 表明,在 890℃ ~900℃淬火,可以获得优良的强度和塑性配合。

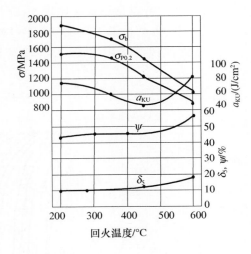

图 7 - 2 30CrMnSiNi2A 钢回火温度与力学性能的关系曲线[1]

30CrMnSiNi2A 钢可采用油淬或等温淬火,表 7 - 1 为 30CrMnSiNi2A 钢 900℃油淬 + 270℃回火与 900℃加热,220℃等温淬火 + 270℃回火的力学性能。采用油淬工艺,冲击韧性与等温淬火的相当,强度和断裂韧度提高幅度较大。

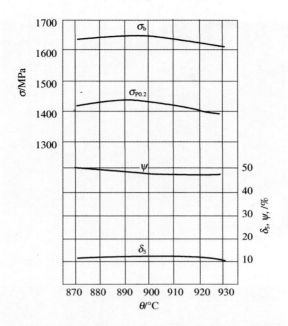

图 7 – 3   30CrMnSiNi2A 钢淬火温度与力学性能的关系曲线[2]

表 7 – 1   30CrMnSiNi2A 钢的力学性能[1]

热处理制度	σ_b /MPa	$\sigma_{P0.2}$ /MPa	δ_5 /%	ψ /%	a_{KU} /(kJ/m²)	K_{IC} /MPa$\sqrt{m}$
900℃加热,220℃等温淬火 + 270℃回火	1754	1428	11.5	43.0	720	85.0
900℃油淬 + 270℃回火	1804	1531	10.4	45.0	700	97.0

　　30CrMnSiNi2A 钢 900℃油淬,200℃回火后的微观组织如图 7 – 4 所示,马氏体基本保持淬火状态的板条形态,残余奥氏体(A_r)沿着马氏体板条分布。270℃回火,ε – 碳化物沿位错线均匀分布;300℃回火,板条边界处的 A_r已明显分解,孪晶区和位错区渗碳体开始聚集长大;350℃回火,板条边界处的 A_r已大量分解,渗碳体(Fe_3C)聚集长大,此时组织中仍存在 ε – 碳化物;400℃回火,板条边界 Fe_3C 呈串状分布,晶内 Fe_3C 普遍长大。900℃加热,220℃等温淬火 + 270℃回火的微观组织如图 7 – 5 所示,是由马氏体 + 贝氏体 + A_r组成的复合组织,A_r已开始分解,比油淬回火状态的 A_r分解温度稍低。

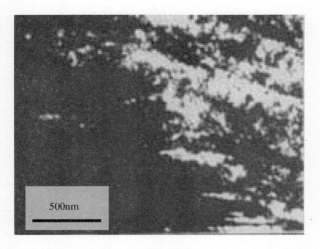

图 7 - 4 30CrMnSiNi2A 钢 900℃油淬 + 200℃回火的微观组织

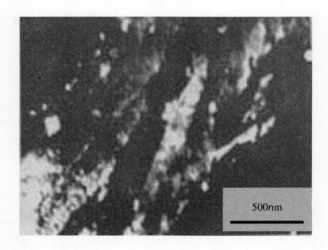

图 7 - 5 30CrMnSiNi2A 钢 220℃等温 + 270℃回火的微观组织

2. 35Cr2Ni4MoA(35NCD16)钢

35Cr2Ni4MoA 钢具有超高强度和高韧性,该钢经 875℃加热空冷淬火,不同温度回火的力学性能变化如图 7 - 6 所示。该钢的 M_s 点约为 250℃,为保证奥氏体向马氏体转变充分,需作 -70℃冷处理。从图 7 - 6 可以看出,冲击韧性随回火温度的提高而降低,300℃ ~400℃之间为最低点,为第一类回火脆性区,400℃以后,随回火温度的升高而提高,至 600℃回火达最高点,700℃回火冲击韧性突然下降。抗拉强度和屈服强度随回火温度的升高而降低,700℃回火时,拉伸强度有所上升,伸长率、断面收缩率与冲击韧性的变化规律大体相同。

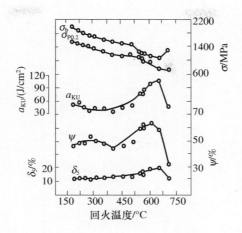

图 7 – 6　35Cr2Ni4MoA 钢经 875℃ 空冷淬火后不同温度回火的力学性能

35Cr2Ni4MoA 钢经 875℃ 空冷淬火 +210℃ 回火的组织由板条马氏体 + 下贝氏体 + A_r 组成,板条间存在呈连续分布的 A_r 相,此时马氏体尚未明显回复,A_r 没有分解,是一种韧性相,在此温度回火是得到高强高韧组织的一个重要手段。400℃回火时,板条间的 A_r 已近完全分解,形成不完全连续的 Fe_3C,这种 Fe_3C 易于成为裂纹的核心,造成冲击韧性出现低谷,伸长率下降。随回火温度的升高,Fe_3C 开始球化,韧性回升,650℃回火,组织中 Fe_3C 已球化长大,见图 7–7,强度降低,冲击韧性达到最高点。700℃回火,已超过 A_{C1} 温度,部分 α – 相重新转变为 γ – 相,这部分组织冷却后转变为马氏体,造成了强度重新升高,韧度和塑性降低。

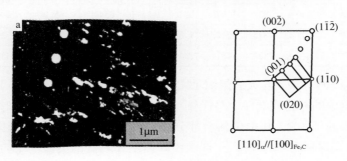

图 7 – 7　35Cr2Ni4MoA 钢 875℃ 空冷 650℃ 回火的微观组织

3. 40CrMnSiMoVA(GC – 4)钢

40CrMnSiMoVA 是一种节 Ni 型超高强度钢,该钢经 920℃ 油淬、不同温度回火后,力学性能与回火温度的关系示于图 7–8。可以看出,抗拉强度和屈服强度随回火温度的升高而降低,塑性(δ_5、ψ)呈上升趋势,40CrMnSiMoVA 钢在260℃回火可以获得较高强度及良好的塑性。

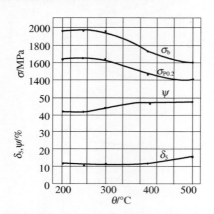

图 7 - 8　40CrMnSiMoVA 钢油淬后回火温度与力学性能的关系

实际应用中,40CrMnSiMoVA 钢主要采用 190℃ 或 300℃ 等温淬火。采用等温淬火是为了提高钢的塑性、韧性以及疲劳抗力,降低缺口敏感性,减少热处理变形,而不降低或少降低强度。通过等温处理得到包括马氏体、贝氏体及残余奥氏体的复合组织。按等温温度可分为 M_s 点以上和 M_s 以下等温处理两类。表 7 - 2 列出了 40CrMnSiMoVA 钢不同温度等温淬火后的力学性能。

表 7 - 2　40CrMnSiMoVA 钢的力学性能[3]

热处理状态		σ_b /MPa	$\sigma_{P0.2}$ /MPa	δ_5 /%	ψ /%	a_{KU} /(kJ/m²)	K_{IC} /MPa $\sqrt{m}$	周期强度/次	K_{ISCC} /MPa $\sqrt{m}$
920℃加热	190℃等温淬火	1937	1572	10.4	38.5	654	65.9	2604	13.4
	225℃等温淬火	1845	1512	11.8	43.0	760	73.2	2737	—
	300℃等温淬火	1824	1431	12.4	48.3	816	71.3	3437	15.9

该钢经 300℃ 等温淬火后组织见图 7 - 9。根据 C - 曲线(图 7 - 1),300℃ 等温淬火过程中的相转变顺序为马氏体相变、贝氏体转变,冷至室温时,一部分转变为未回火的马氏体(其中包括一部分孪晶马氏体,余下部分以薄膜状形态或(M - A)形态保留下来。由于 Si 抑制渗碳体从未转变的奥氏体中析出,并提高了未转变奥氏体的机械稳定性[4],而钢中的 Mn 元素又是稳定奥氏体的元素,更加剧了贝氏体转变的不完全性,因此 300℃ 等温组织中的主要组成物为由贝氏体、铁素体和残余奥氏体组成的贝氏体,其形态特征和上贝氏体很相近,它是一种变态贝氏体,组织中的大部分残余奥氏体存在于这种贝氏体中。

典型的低合金超高强度钢热处理随回火温度升高,硬度、强度连续降低,而

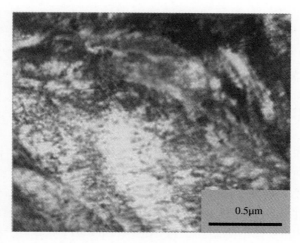

图 7 - 9　40CrMnSiMoVA 钢经 300℃ 等温淬火后的微观组织[3]

塑性连续升高,不含 Si 的钢在 200℃ ~260℃ 回火时析出渗碳体,含 Si 的超高强度钢渗碳体形成温度要到 370℃ ~415℃。低合金超高强度钢适宜的回火温度为 200℃ ~350℃。

4. 38Cr2Mo2VA(GC - 19) 钢

38Cr2Mo2VA 是一种二次硬化型低合金中温超高强度钢,该钢经淬火回火后使用,回火温度对力学性能的影响见图 7 - 10。可以看出,300℃ 附近回火出

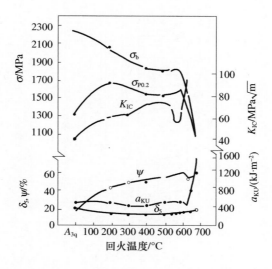

图 7 - 10　38Cr2Mo2VA 钢回火温度对力学性能的影响[5]

现冲击韧性第一次降低,断裂韧度无明显下降。570℃回火,对应二次硬化峰值的出现,断裂韧度降到低谷;温度继续升高,强度急剧下降而断裂韧度相应地大幅度提高。630℃回火出现冲击韧性第二次降低,主要与此温度区间发生 Mo₂C 向 M₆C 转变有关。

7.1.2 等温淬火处理与力学性能变化

为了提高低合金超高强度钢的塑性、韧性以及疲劳抗力,降低缺口敏感性,减少热处理变形,同时不降低或少降低强度,以扩展该类钢的使用范围,常用等温淬火代替油淬加低温回火,通过等温淬火处理得到包括马氏体、贝氏体及残余奥氏体的混合组织。等温淬火后是否需要回火,应根据等温温度来决定,一般来说,300℃以上等温淬火可不回火,300℃以下等温淬火后必须进行250℃~300℃回火。低合金超高强度钢等温淬火状态组织随等温温度不同而变化,马氏体区等温淬火后一般应低温回火,组织为回火马氏体和贝氏体,以马氏体为主;贝氏体区等温淬火后一般不回火,组织为贝氏体和马氏体,以贝氏体为主。

30CrMnSiNi2A、40CrMnSiMoVA(GC-4)、40CrNi2Si2MoVA(300M)钢等温淬火温度对力学性能的影响分别见图 7-11、图 7-12 和图 7-13。图 7-14 和图 7-15 为 40CrMnSiMoVA 钢 180℃ 等温淬火和 230℃ 等温淬火后不同温度回火对

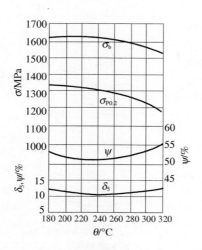

图 7-11 30CrMnSiNi2A 钢等温淬火温度对拉伸性能的影响

淬火加热温度为 900℃

拉伸性能的影响。可以看出,随着等温淬火温度的升高,强度呈下降的趋势,塑性呈上升的趋势;在淬火后,回火温度的升高使强度降低,尽管塑性有上升的趋势,但总体变化不大。

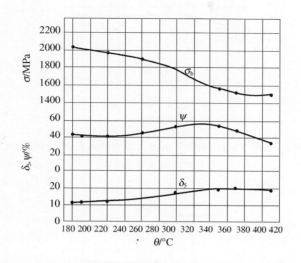

图 7-12　40CrMnSiMoVA 钢等温淬火温度对拉伸性能的影响[3]

淬火加热温度为 920℃

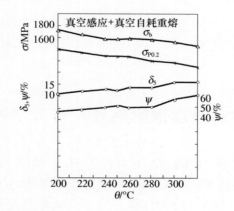

图 7-13　40CrNi2Si2MoVA 钢等温淬火温度对拉伸性能的影响[2]

淬火加热温度为 870℃

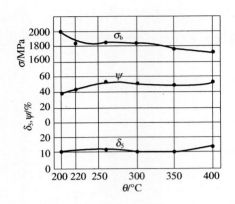

图 7 - 14　40CrMnSiMoVA 钢 180℃ 等温淬火后不同温度回火对拉伸性能的影响
淬火加热温度为 920℃

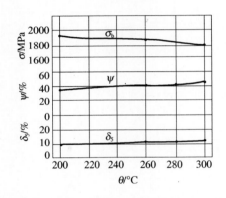

图 7 - 15　40CrMnSiMoVA 钢 230℃ 等温淬火后不同温度回火对拉伸性能的影响
试样淬火加热温度为 920℃

7.2　高合金超高强度钢的热处理与力学性能

高合金超高强度钢主要的合金元素包括 Ni、C、Mo、Cr、Co。这是一类具有高淬透性,高强度、塑性和断裂韧度,可焊性能好的钢种,主要有 9Ni - 4Co 系列的 0.30C - 9Ni - 4Co(HP9 - 4 - 30) 和 14Ni - 10Co 系列的 16Co14Ni10Cr2MoE、23Co14Ni12Cr3MoE 钢。该类钢合金体系为 Fe - C - Mo - Cr - Ni - Co,在淬火加较高温度回火状态下使用,淬火之后有少量的残余奥氏体,所以在淬火和回火之间要及时冷处理,进一步完成马氏体转变。该类钢的超高强度主要来自于低碳

258

高合金马氏体于550℃以下回火产生的二次硬化。近二十年新发展的这类钢具有优良的综合性能,并逐渐取代其他低合金超高强度结构钢用作飞机起落架等。使用状态下的组织为回火马氏体、少量的逆转变奥氏体和 M_2C 碳化物等。16Co14Ni10Cr2MoE 和 23Co14Ni12Cr3MoE 钢的 CCT 曲线分别见图 7 – 16 和图 7 – 17。

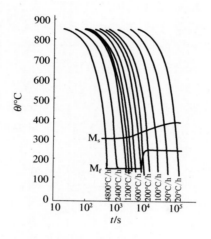

图 7 – 16　16Co14Ni10Cr2MoE 钢连续冷却转变曲线

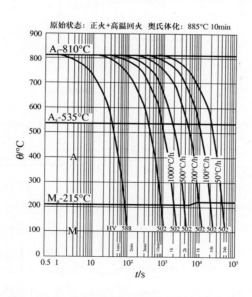

图 7 – 17　23Co14Ni12Cr3MoE 钢连续冷却转变曲线

7.2.1 固溶处理、淬火和冷处理及其对力学性能的影响

1. 16Co14Ni10Cr2MoE 钢

经不同温度加热并分别风冷（FAC）或油冷（OQ）淬火后，在 510℃ 回火的力学性能见图 7-18。可以看出，随淬火加热温度的提高，力学性能的变化趋势相近。800℃~860℃ 范围淬火强度高，温度继续升高则强度明显降低；860℃ 淬火冲击韧性最高，860℃ 油冷与风冷相比，强度相当，冲击韧性却高出很多。在所有加热温度下油冷淬火的断面收缩率和伸长率比风冷淬火的高。表 7-3 为该钢经 830℃ 风冷和 860℃ 油冷后经不同温度回火的周期强度，可以看出，在各个回火温度下油冷淬火的周期强度高于风冷。表 7-4 为该钢经不同温度加热后淬火对 K_{IC} 的影响，可以看出，在 900℃ 以内随着淬火加热温度的升高，断裂韧度呈现不断升高的趋势。

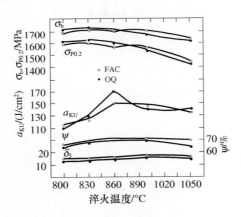

图 7-18　淬火温度对 16Co14Ni10Cr2MoE 钢力学性能的影响[6]

表 7-3　16Co14Ni10Cr2MoE 钢的周期强度[6]

热处理制度		K	频率/(n/min)	N/周
淬火	回火			
830℃ 风冷	-73℃,冷处理 480℃,5h			460
860℃ 油冷				580
830℃ 风冷	-73℃,冷处理 510℃,5h	0.6	10	730
860℃ 油冷				860
830℃ 风冷	-73℃,冷处理 550℃,5h			1245
860℃ 油冷				1430

表 7 - 4 16Co14Ni10Cr2MoE 钢经不同温度加热后淬火对 K_{IC} 的影响

淬火加热温度/℃	冷 处 理	回 火	K_{IC}/ MPa $\sqrt{m}$
830			152
860	−73℃,1h	510℃,5h,空冷	176
900			195
1050			180

2. 23Co14Ni12Cr3MoE 钢

淬火加热温度对 23Co14Ni12Cr3MoE 钢力学性能的影响见表 7 - 5。该钢在 860℃ ~930℃保温 1h 油淬,并经 −73℃冷处理和 482℃回火后,综合力学性能优异,综合晶粒度等方面考虑,以 885℃ ~900℃淬火最佳。

表 7 - 5 不同淬火温度对 23Co14Ni12Cr3MoE 钢力学性能的影响

淬火温度/℃	σ_b/MPa	$\sigma_{P0.2}$/MPa	δ_5/%	ψ/%	K_{IC}/MPa $\sqrt{m}$	a_{KU}/(kJ/m²)	硬度/HRC
860	1995	1728	14.1	66.6	117.2	719	53.8
885	2000	1743	15.2	70.6	119.4	847	54.1
910	1997	1758	15.5	71.3	115.2	990	53.3
930	1998	1742	15.7	70.9	115.1	823	54.2

该钢经 885℃加热,分别保温 0.5h、1h、2h、3h 的力学性能见表 7 - 6。随着保温时间的延长并超过 2h 后,抗拉强度、屈服强度下降明显,塑性和冲击韧性变化不大,断裂韧度下降明显。在实际应用中应避免长时间淬火加热。

表 7 - 6 不同淬火加热保温时间对 23Co14Ni12Cr3MoE 钢力学性能的影响

淬火加热保温时间	σ_b/MPa	$\sigma_{P0.2}$/MPa	δ_5/%	ψ/%	K_{IC}/ MPa $\sqrt{m}$	a_{KU}/(kJ/m²)	硬度/HRC
0.5h	2012	1739	14.7	68.7	121.8	793	54.1
1h	2000	1743	15.2	70.6	119.4	848	54.1
2h	2015	1704	15.3	70.6	113.1	781	53.3
3h	1992	1695	15.6	70.9	113.4	847	53.1

该钢经 885℃加热保温后,分别进行水冷、油冷、空冷方式淬火,并经 −73℃冷处理和 482℃回火后力学性能结果见表 7 -7。随淬火冷却速度增加,拉伸强度呈降低趋势,强度从高至低依次为空冷、油冷、水冷;三种淬火冷却方式处理后冲击韧性均在 800KJ/m² 以上;885℃油冷淬火具有最高的断裂韧度,平均为 120MPa $\sqrt{m}$,而空冷淬火状态的断裂韧度仅为 112MPa $\sqrt{m}$。水冷淬火工艺的断裂韧度不稳定。该钢经 885℃加热油冷后,可以获得较好的综合力学性能。由于该钢的淬透性很好,在不同冷却方式下,都获得了以板条马氏体为主的组织。

表 7-7　不同淬火冷却速度对 23Co14Ni12Cr3MoE 钢力学性能的影响

淬火冷却方式	σ_b/MPa	$\sigma_{P0.2}$/MPa	δ_5/%	ψ/%	K_{IC}/ MPa $\sqrt{m}$	a_{KU}/（kJ/m²）	硬度/HRC
空冷淬火	2023	1775	15.4	69.9	112.3	884	54.4
油冷淬火	2000	1743	15.2	70.6	119.4	848	54.1
水冷淬火	1984	1688	15.3	70.4	112.1	940	53.0

　　该钢经 885℃ 保温 1h 油冷后，分别放置 1h、4h、8h、16h、24h 后进行 -73℃ 保温 1h 冷处理，之后进行 482℃ 保温 5h 空冷处理。不同淬火与冷处理间隔时间对力学性能影响的试验结果见表 7-8。可以看出，随冷处理与淬火间隔时间延长，抗拉强度变化很小，屈服强度下降明显，对断面收缩率和伸长率影响较小，断裂韧度和冲击韧性均有不同程度的降低。屈服强度与断裂韧度的变化同样与残余奥氏体含量等因素有关。在热处理时，淬火后应在 8h 内进行冷处理，以确保获得较好的综合力学性能。

表 7-8　淬火与冷处理间隔时间对 23Co14Ni12Cr3MoE 钢力学性能的影响

淬火与冷处理间隔时间/h	σ_b/MPa	$\sigma_{P0.2}$/MPa	δ_5/%	ψ/%	K_{IC}/MPa $\sqrt{m}$	a_{KU}/（kJ/m²）	硬度/HRC
1	2013	1741	14.8	70.5	119.8	950	54.1
4	2013	1710	15.2	70.2	120.0	924	53.9
8	2019	1698	15.5	70.4	119.0	945	53.9
16	2012	1678	14.9	69.1	114.3	875	54.4
24	2019	1671	14.7	70.1	114.3	880	54.1

7.2.2　二次硬化特征——回火对力学性能的影响

　　回火温度对 16Co14Ni10Cr2MoE 钢力学性能的影响如图 7-19、图 7-20、图

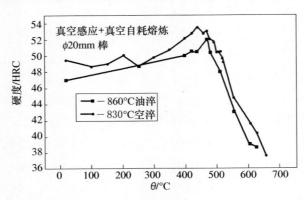

图 7-19　回火温度对 16Co14Ni10Cr2MoE 钢硬度的影响

262

7-21 所示,表7-9 所列。回火温度对 23Co14Ni12Cr3MoE 钢力学性能的影响如图7-22 所示。

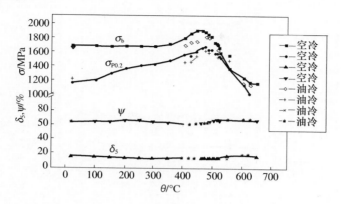

图 7-20　回火温度对 16Co14Ni10Cr2MoE 钢拉伸性能的影响

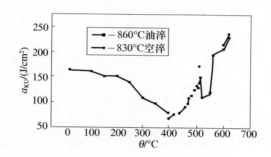

图 7-21　回火温度对 16Co14Ni10Cr2MoE 钢冲击韧性的影响

表 7-9　回火温度对 16Co14Ni10Cr2MoE 钢 K_{IC} 的影响

淬火温度/℃	冷 处 理	回火温度/℃	$K_{IC}/MPa\sqrt{m}$
830℃,空冷	-73℃,1h	200	174
		420	82
		470	115
		510	175
		530	175
		550	188

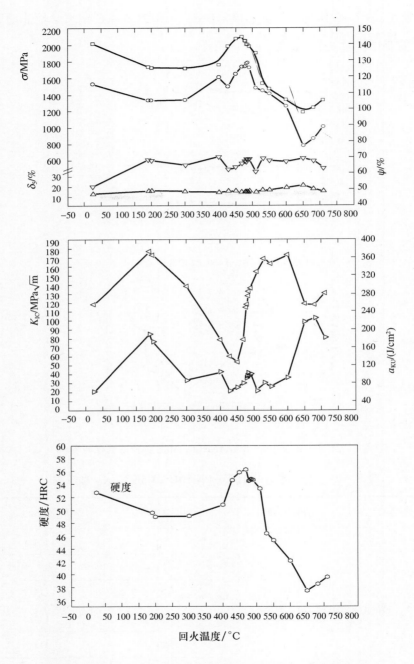

图 7 - 22　回火温度对 23Co14Ni12Cr3MoE 钢力学性能的影响

264

结果表明,16Co14Ni10Cr2MoE 钢和 23Co14Ni12Cr3MoE 钢的力学性能随回火温度的变化较为复杂,并具有相似的变化规律。

下面分别按淬火状态至 200℃ 回火、200℃ ~400℃ 回火、400℃ ~440℃ 回火、440℃ ~ 480℃ 回火及 480℃ ~ 650℃ 回火五个温度区间,叙述 16Co14Ni10Cr2MoE 钢和 23Co14Ni12Cr3MoE 钢力学性能与回火温度的关系:

(1) 淬火状态至 200℃ 回火,在淬火状态下,16Co14Ni10Cr2MoE 钢和 23Co14Ni12Cr3MoE 钢都具有高的 σ_b、$\sigma_{P0.2}$ 及硬度(HRC),23Co14Ni12Cr3MoE 钢的 σ_b、$\sigma_{P0.2}$ 及硬度(HRC)要高于 16Co14Ni10Cr2MoE 钢,ψ、δ_5、K_{IC} 和 a_{KU} 与此相反。此温度区间,两种合金的 σ_b、$\sigma_{P0.2}$ 及硬度(HRC)随温度的升高而降低,23Co14Ni12Cr3MoE 钢降低的幅度更大;塑性(ψ、δ_5)略有提高,K_{IC} 随温度的升高增加幅度较大。

(2) 200℃ ~400℃ 回火,16Co14Ni10Cr2MoE 钢和 23Co14Ni12Cr3MoE 钢的 σ_b、$\sigma_{P0.2}$ 及硬度(HRC)先是随温度升高略有下降,温度由 300℃ 升至 400℃,σ_b、$\sigma_{P0.2}$ 和硬度(HRC)随温度增加出现上升趋势。ψ、a_{KU} 和 δ_5 在 200℃ 回火时达到很高水平,a_{KU} 均超过了 150 J/cm^2 水平,K_{IC}(K_{IQ})在 200℃ 回火也达到非常高的水平,分别达到了 174MPa $\sqrt{m}$ 和 170MPa $\sqrt{m}$。对于 16Co14Ni10Cr2MoE 钢,温度超过 200℃,a_{KU} 明显下降,温度超过 300℃,ψ、δ_5 出现下降趋势;对于 23Co14Ni12Cr3MoE 钢,温度超过 200℃,ψ、δ_5、K_{IC} 和 a_{KU} 下降,且 K_{IC} 和 a_{KU} 下降幅度大。

(3) 400℃ ~440℃ 回火,16Co14Ni10Cr2MoE 钢和 23Co14Ni12Cr3MoE 钢的 σ_b、$\sigma_{P0.2}$ 和硬度(HRC)随温度增加而快速上升,但在此温度区间,合金的强度和硬度均没有达到峰值。16Co14Ni10Cr2MoE 钢在 400℃ 回火,a_{KU} 达最低值,而 23Co14Ni12Cr3MoE 钢在 420℃ 回火时,a_{KU} 达到最低值,16Co14Ni10Cr2MoE 钢和 23Co14Ni12Cr3MoE 钢 a_{KU} 最低值分别为 740kJ/m^2 和 490kJ/m^2,16Co14Ni10Cr2MoE 钢和 23Co14Ni12Cr3MoE 钢在 400℃ ~420℃ 回火出现了第一个回火脆性区。

(4) 440℃ ~490℃ 回火,16Co14Ni10Cr2MoE 钢的 σ_b 至 440℃ 回火出现峰值,达到了 1922MPa,23Co14Ni12Cr3MoE 钢的 σ_b 在稍低 468℃ 回火达到峰值 2090MPa;$\sigma_{P0.2}$ 的变化趋势与 σ_b 大体相同,16Co14Ni10Cr2MoE 钢在 470℃ 回火达到峰值,为 1680MPa,23Co14Ni12Cr3MoE 钢则在 485℃ 回火达到峰值,为 1780MPa;16Co14Ni10Cr2MoE 钢的硬度在 482℃ 回火达到峰值,为 52HRC,23Co14Ni12Cr3MoE 钢则在 468℃ 达到峰值,为 56HRC。此温度区间回火,ψ 和 δ_5 呈现出略有上升趋势。a_{KU} 随温度的升高迅速上升,而 K_{IC} 与 a_{KU} 变化不近相同,16Co14Ni10Cr2MoE 钢的 K_{IC} 随温度升高而上升,23Co14Ni12Cr3MoE 钢的 K_{IC} 在 450℃ 呈现谷底,而后上升。

（5）490℃~650℃回火，峰值过后，σ_b、$\sigma_{P0.2}$和硬度（HRC）随温度的增加而迅速下降，650℃回火时，16Co14Ni10Cr2MoE钢和23Co14Ni12Cr3MoE钢的σ_b只有1185MPa，$\sigma_{P0.2}$分别为880MPa和770MPa，硬度分别为39.0HRC和37.5HRC。a_{KU}随温度的升高而增加，之后再次出现谷值，表现为第二个回火脆性区。但16Co14Ni10Cr2MoE钢和23Co14Ni12Cr3MoE钢脆性区对应的温度不尽相同。随温度的进一步增加，a_{KU}急剧升高，650℃回火时，a_{KU}分别达到了2280kJ/m^{2}和2160kJ/m^2。

7.2.3　回火脆性类型

从图7-21和图7-22可以看出，16Co14Ni10Cr2MoE钢和23Co14Ni12Cr3MoE钢均出现了第二个回火脆性区。表7-10是16Co14Ni10Cr2MoE钢550℃回火脆性是否可逆的试验结果。可以看出，在620℃保温5h炉冷，a_{KU}为1200kJ/m^2，550℃保温5h空冷产生脆性的试样，经620℃保温5h油冷，a_{KU}由1220kJ/m^{2}升到2360kJ/m^2，再经550℃保温5h空冷，a_{KU}又降至1850kJ/m^2，说明在550℃回火产生的第二个回火脆性具有可逆性，进行620℃保温5h油冷处理可消除此脆性。

表7-10　16Co14Ni10Cr2MoE钢的力学性能[7]

序号	热处理制度	$a_{KU}/(kJ/m^2)$	硬度/HRC
1	620℃,5h,炉冷	1200	41.0
2	620℃,5h,油冷	2450	37.0
3	550℃,5h,炉冷	1220	41.0
4	550℃,5h,空冷+620℃,5h,油冷	2360	37.0
5	550℃,5h,空冷+620℃,5h,油冷+550℃,5h,空冷	1850	39.0

采用扫描俄歇微探针对经550℃保温5h炉冷产生沿晶脆性断裂的试样断口表面进行电子能谱分析，测定的断口微分能量分析曲线见图7-23，断口表面的化学成分列于表7-11，经分析对比研究，断口上富集的元素主要为P、Co和C。

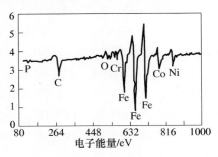

图7-23　冲击断口的俄歇电子能谱曲线[7]

表 7 – 11　用俄歇谱仪测定的回火脆性沿晶断口表面化学成分(% 质量分数)[7]

元素	P	C	O	Cr	Co	Ni
含量	0.33	3.26	0.54	2.31	32.47	9.69
基体含量	0.0061	0.16	0.0013	1.95	13.83	9.93

7.3　高强度不锈钢的热处理与力学性能

7.3.1　马氏体热强不锈钢

马氏体热强不锈钢属于淬火硬化型钢,该类钢的显微组织特征和控制的主要目标是 δ – 铁素体和二次硬化。

1. 固溶处理与淬火

马氏体热强不锈钢固溶处理温度的选取应在合金碳化物及其他析出相完全固溶温度以上,以保证合金元素完全溶入奥氏体中,充分发挥合金元素的强化作用。典型的马氏体热强不锈钢有 1Cr12Ni2WMoVNb(GX – 8)、1Cr11Ni2W2MoV 和 1Cr12Ni3Mo2VN(M152)钢等。

1) 1Cr12Ni2WMoVNb(GX – 8)钢

该钢不同固溶处理温度下的力学性能列于表 7 – 12 中。固溶处理温度升高到 1200℃ 时,回火后钢的强度并没有提高,冲击值明显降低;500℃ 、650MPa 下蠕变破断时间明显增长,该钢在 1150℃ 固溶处理可获得优良的综合性能。

表 7 – 12　1Cr12Ni2WMoVNb(GX – 8)钢不同固溶处理温度的力学性能

热处理制度	σ_b/MPa	$\sigma_{P0.2}$/MPa	δ_5/%	ψ/%	a_{KU}/(kJ/m²)	500℃ 、650MPa/h
1150℃ ,油淬 + 600℃ ,2h,空冷	1249	1109	15.5	67.8	1490	164
1200℃ ,油淬 + 600℃ ,2h,空冷	1241	1031	15.6	63.2	909	377

2) 1Cr12Ni3Mo2VN(M152)钢

淬火温度对 1Cr12Ni3Mo2VN 钢力学性能的影响如图 7 – 24 所示。随着淬火温度的升高,1Cr12Ni3Mo2VN 钢的强度及冲击韧性值变化并不明显,抗拉强度在 1190MPa ~ 1230MPa 范围内,冲击韧性在 2400kJ/m² ~ 2700kJ/m² 范围内,布氏硬度在 360HB ~ 380HB 范围内。总体来看,淬火温度对 1Cr12Ni3Mo2VN 钢力学性能的影响并不明显。

2. 回火特性与二次硬化

1) 1Cr12Ni2WMoVNb(GX – 8)钢

1Cr12Ni2WMoVNb 钢回火曲线如图 7 – 25 所示,可以看出,该钢在 300℃ 回

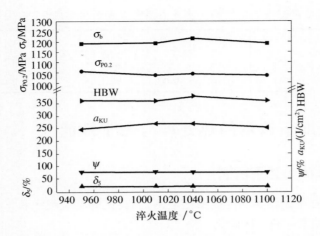

图 7 - 24　淬火温度对 1Cr12Ni3Mo2VN 钢力学性能的影响

（回火制度为 565℃,3h,空冷 +545℃,3h,空冷）

火后具有高硬度和高冲击韧性,可以用作常温高强度构件。在 450℃ ~500℃ 回火后,硬度升高到最高值,达到二次硬化峰值,冲击韧性降至最低值,该现象就是 475℃ 脆性,其原因至今不十分清楚,只是普遍认为与某种针状相的析出有关。回火温度超过 500℃,硬度降低,冲击韧性迅速回升,在 570℃ 附近达到最高值。因此,钢在 550℃ ~600℃ 回火获得高的强度与高的韧性。回火温度继续升高,硬度继续降低,冲击韧性也随之降低,在 620℃ ~650℃ 再次出现最低值,该类钢应避免在这一温度区间回火。表 7 - 13 为不同回火冷却速度对这一脆性的影响,可以看出,回火冷却速度对冲击韧性影响不大,因此认为,在 620℃ ~650℃ 回火出现的脆性现象与一般的第二类回火脆性不同。650℃ 以上回火,硬度继续降低,冲击韧性再次升高。

表 7 - 13　回火冷却速度对 1Cr12Ni2WMoVNb（GX - 8）钢冲击韧性的影响

1150℃,空冷 +600℃,2h,油冷		1150℃,空冷 +600℃,2h,空冷		1150℃,油淬 +600℃,2h,炉冷	
硬度/HRC	$a_{KU}/(kJ/m^2)$	硬度/HRC	$a_{KU}/(kJ/m^2)$	硬度/HRC	$a_{KU}/(kJ/m^2)$
31.7	1090	32.0	950	32.2	910

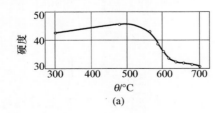

(a)

268

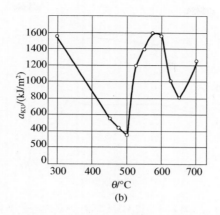

图 7 – 25　1Cr12Ni2WMoVNb 钢回火曲线

（a）回火温度对硬度的影响；（b）回火温度对冲击韧性的影响。

2）1Cr12Ni3Mo2VN（M152）钢

1Cr12Ni3Mo2VN 钢回火特性曲线如图 7 – 26 和图 7 – 27 所示，可以看出，随着回火温度的升高，1Cr12Ni3Mo2VN 钢的强度、硬度及冲击韧性值均呈现出先升高、后降低的变化趋势。在 500℃回火时，强度达到峰值，冲击韧性在 575℃回火时达到峰值。随着回火温度的继续升高，强度、硬度及韧性均有不同程度的降低。

此类钢保持了 Cr 的二次硬化特征，由于补充合金化元素的添加量较少，只是显示对过时效的延缓作用；由于 Cr 和 Fe 在元素周期表中的位置近邻，在 Fe 中的扩散比较容易，以致 Cr 的碳化物的补充强化使 300℃～500℃回火区间的强度基本维持不变。

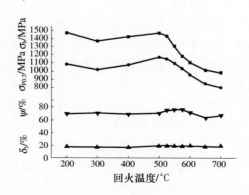

图 7 – 26　回火温度对 1Cr12Ni3Mo2VN 钢拉伸性能的影响

269

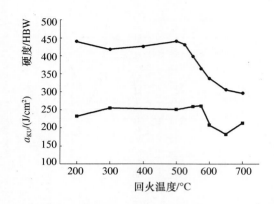

图 7 - 27   回火温度对 1Cr12Ni3Mo2VN 钢硬度与冲击韧性的影响

7.3.2   高强度马氏体沉淀硬化不锈钢与控制相变不锈钢的热处理及力学性能

各种高强度沉淀硬化不锈钢均是通过固溶处理 + 时效处理,从马氏体基体上沉淀析出金属间化合物、富铜相、碳化物等第二相来达到强化的。该类钢的力学性能主要由马氏体相转变和时效硬化获得。固溶处理应保证合金元素充分固溶以达到最佳时效效果,在室温下得到马氏体组织。高温和室温组织中存在的δ-铁素体会损害钢的韧性。典型的高强度不锈钢主要有 0Cr17Ni4Cu4Nb(17 - 4PH)、0Cr15Ni5Cu2Ti、2Cr16Ni2MoN、0Cr13Ni8Mo2AlA(PH13-8Mo)及 1900MPa 级超高强度不锈钢。

1. 常规热处理与力学性能

1)0Cr17Ni4Cu4Nb(17 - 4PH)钢

0Cr17Ni4Cu4Nb(17 - 4PH)是早期发展的控制相变型沉淀硬化不锈钢,采用超低碳获得淬火板条马氏体以提高钢的塑性、韧性等性能。由于钢中 Ni 添加量不足,以致淬火组织中尚存在约 10% 的 δ-铁素体。该钢经淬火 + 时效后组织为超低碳板条马氏体 + 少量 δ-铁素体 + 富 Cu 相的混合组织。该钢具有良好的综合性能。可在 460℃ ~ 620℃ 温度范围内时效获得不同的强度水平。图 7 - 28 为不同时效温度对力学性能的影响。

2)0Cr15Ni5Cu2Ti 钢

在 0Cr17Ni4Cu4Nb 钢的基础上适当提高 Ni 含量,降低 Cr 和 Cu 的含量并添加 Ti,改型为 0Cr15Ni5Cu2Ti,消除了钢中的 δ-铁素体,提高了钢的横向塑性和韧性。0Cr17Ni4Cu4Nb 与 0Cr15Ni5Cu2Ti 这两个钢种是比较典型的马氏体沉淀

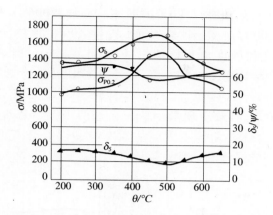

图 7 - 28　不同时效温度对 0Cr17Ni4Cu4Nb 钢拉伸性能的影响(1040℃固溶,空冷)

硬化不锈钢,均含有合金元素 Cu,时效时析出富铜强化相。0Cr15Ni5Cu2Ti 与 15 - 5PH 成分上的主要差别是析出强化元素不同,前者 Cu 含量低的同时添加了 Ti,提高析出强化效果。15 - 5PH 加入 Nb 和 Ta,目的是通过时效沉淀析出 B$_2$A 型金属间化合物(如 Fe$_2$Nb),使钢强化。

图 7 - 29 和图 7 - 30 分别为 0Cr15Ni5Cu2Ti 钢经 960℃和 1000℃固溶处理后,不同温度时效与冲击韧性(a_{KU})、硬度(HRC)、拉伸强度(σ_b)、屈服强度($\sigma_{P0.2}$)、伸长率(δ_5)和断面收缩率(ψ)的变化关系曲线。

从图 7 - 29 和图 7 - 30 可以看出,经 960℃固溶处理后空冷和 1000℃固溶处理后水冷,时效温度对钢的力学性能影响的变化规律是相同的。σ_b、

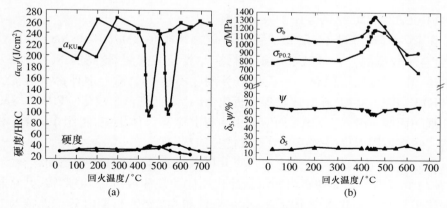

图 7 - 29　时效温度对力学性能的影响(960℃固溶)

(a) 时效温度对 a_{KU} 和硬度(HRC)的影响;(b) 时效温度对 σ_b、$\sigma_{P0.2}$、δ_5 和 ψ 的影响[8]。

$\sigma_{P0.2}$和硬度(HRC)从20℃~100℃时效略有增加,100℃~300℃时效,缓慢降低。300℃~400℃时效,明显增加,超过400℃时效,大幅度上升,至460℃时效时强度和硬度出现峰值。从460℃~650℃时效,强度、硬度下降。δ_5和ψ随时效温度的增加变化不大,400℃以后时效开始略有降低,460℃时效时出现最低点。a_{KU}在200℃时效出现最大值,从300℃开始下降,至455℃~460℃时效出现最小值。在这两个固溶温度和冷却方式下,合金的强度等综合性能差异不大。从强度与韧性综合考虑,采用425℃时效,可以获得较高的强度和韧性。

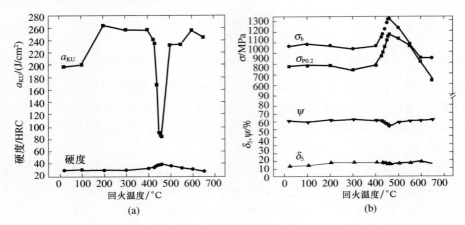

图7-30 时效温度对力学性能的影响(1000℃固溶)

(a) 时效温度对a_{KU}和硬度(HRC)的影响;(b) 时效温度对σ_b、$\sigma_{P0.2}$、δ_5和ψ的影响[8]

3) 0Cr13Ni8Mo2AlA(PH13-8Mo)钢

在15-5PH基础上,发展了强度更高的PH13-8Mo(0Cr13Ni8Mo2AlA)钢,合金中较低的C含量减少了碳化物在晶界处的沉淀,较高的Ni平衡δ-铁素体,Mo用以固溶强化。马氏体沉淀硬化不锈钢中每个钢种都有沉淀元素,PH13-8Mo为Al,在时效过程中析出Ni-Al相使合金强化。PH13-8Mo热处理为固溶+时效。920℃固溶淬火后得到全马氏体组织,组织中无δ-铁素体。钢在不同温度时效后的力学性能见图7-31。

研究表明,该钢的时效强化来自于共格沉淀的β-NiAl相金属间化合物,β-NiAl相具有一般时效析出相沉淀硬化反应的规律或过程,即形核、共格析出和聚集长大失去共格三个阶段。β-NiAl相在525℃长期时效仍保持与基体共格。625℃时效后出现大块的逆转变奥氏体和沿板条界分布的细小Ni₃Mo或Ni₄Mo相。由于逆转变奥氏体中富集更多的C、Ni等元素,稳定性较高。该

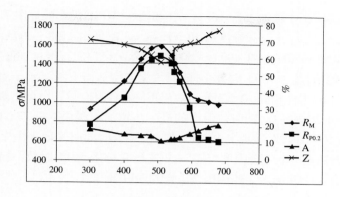

图 7 - 31　不同时效温度对 0Cr13Ni8Mo2AlA 钢力学
性能的影响[9]

钢时效硬化时存在有共格强化、模量强化、有序强化和逆转变奥氏体质点
强化。

　　4）2Cr16Ni2MoN 钢

　　2Cr16Ni2MoN 为新型马氏体时效硬化不锈钢,主要用于耐蚀、耐高温及要求
良好强韧性配合的航空结构零件。图 7 - 32 为不同温度固溶(时效处理制度:
650℃,2h,空冷)对拉伸强度(σ_b)、屈服强度($\sigma_{P0.2}$)、伸长率(δ_5)、断面收缩率
(ψ)、冲击韧性(a_{KU})和硬度(HRC)的影响。可以看出,$\sigma_{P0.2}$ 由 960℃ 固溶至
1040℃ 固溶呈现出上升的趋势,在 1100℃ 固溶,$\sigma_{P0.2}$ 略有降低;σ_b 和硬度(HRC)
随固溶温度升高而升高,δ_5、ψ 和 a_{KU} 随固溶温度升高而降低。超过 1040℃ 固溶,
ψ 下降比较多,由 58.0% 降低至 43.5%。

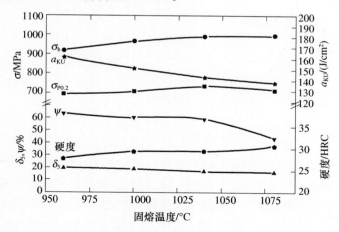

图 7 - 32　固溶温度对 2Cr16Ni2MoN 钢力学性能(σ_b、$\sigma_{P0.2}$、δ_5、ψ、a_{KU}、硬度)的影响[10]

不同温度时效对钢 σ_b、$\sigma_{P0.2}$、δ_5、ψ、a_{KU} 和硬度(HRC)的影响见图 7-33。可以看出,在淬火状态,a_b、$\sigma_{P0.2}$ 和硬度(HRC)较高,a_{KU} 略低,在 100~400℃时效,σ_b 由 1770MPa 降低到 1450MPa,在 400℃~500℃时效,σ_b 随时效温度增加而增加,500℃ 时效 σ_b 出现峰值,超过 500℃时效,σ_b 随时效温度增加而下降。$\sigma_{P0.2}$、硬度(HRC) 的变化趋势与 σ_b 大体相同,在 500℃时效出现峰值,峰值过后,呈现下降趋势。a_{KU} 在 300℃时效时出现高点,随时效温度的进一步增加而缓慢降低,500℃时效时处于低点,超过 500℃时效,呈现上升趋势,但在 590℃时效时又出现一个低点,而后呈现快速上升的趋势。综合强度与韧性,钢在硬化峰后 560℃时效,具有强度与韧性的良好配合。此时 σ_b 为 1340MPa,a_{KU} 为 1350kJ/m^2。

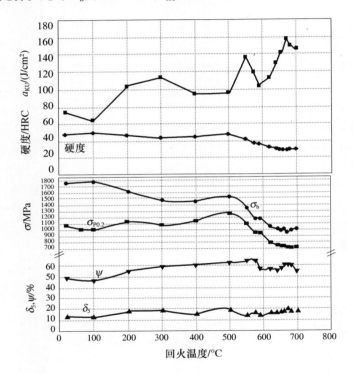

图 7-33 时效温度对 2Cr16Ni2MoN 钢力学性能(σ_b、$\sigma_{P0.2}$、δ_5、ψ、a_{KU}、硬度)的影响[10]

5) 1900MPa 级超高强度不锈钢

近年来,超高强度钢的选用与评价不仅包括了常规的强度等性能,更强调断裂韧度和抗应力腐蚀性能等。国外的航母舰载机结构部件,如起落架,是由结构钢(300M 或 AerMet100)制造的。这些结构钢非常容易受到腐蚀的影响,在使用时会有应力腐蚀开裂及电镀时产生的氢脆,这已成为起落架应力腐蚀开裂的主要失效机理。目前,强度达 1800MPa ~ 2000MPa 的超高强度不锈钢成为材料学家集中研究的目标之一。美国 QuesTek 新技术公司已开发研制出耐腐蚀性能等同于 15 – 5PH 的新型超高强度钢 Ferrium S53,其拉伸强度 σ_b 达到 1985MPa,并具有良好的韧性和疲劳性能。

超高强度不锈钢的强度来自低 C、高 Cr、高合金马氏体于 500℃ 附近回火析出的碳化物和金属间化合物沉淀。超高强度不锈钢中添加的合金元素主要有 C、Cr、Ni、Co、Mo、W、V 和 Nb 等。有关钢的硬化机理及相伴钢的综合性能等尚有许多问题有待进一步深入研究。通过深入研究超高强度不锈钢的微观组织结构与力学性能关系,为超高强度不锈钢研制与应用提供理论依据。

超高强度不锈钢采用双真空 VIM + VAR 熔炼。钢的回火温度—力学性能曲线如图 7 – 34 所示。可以看出,淬火状态下钢的硬度和强度较高,冲击值略

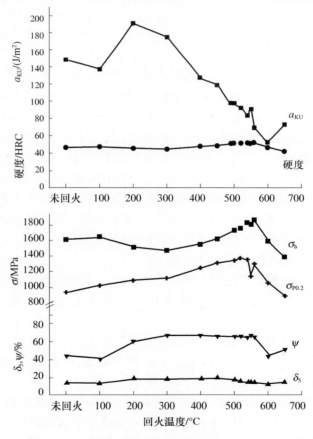

图 7 – 34 回火温度对超高强度不锈钢力学性能的影响

低。经 100℃~400℃ 回火后，σ_b 由 1655MPa 降低到 1480MPa。400℃~540℃ 回火，σ_b 随回火温度增加而增加，至 560℃ 附近回火 σ_b 出现峰值，峰值过后，强度呈现下降趋势。a_{KU} 在 200℃ 回火时出现较高值，随回火温度进一步增加（>300℃）呈下降趋势，在 600℃ 回火出现谷值，超过 600℃ 回火，呈现上升趋势。回火温度从 400℃ 增至 650℃，表现出欠时效—峰时效—过时效的过程。拉伸强度、屈服强度和硬度先是逐渐升高，并在 560℃ 回火达到峰值，超过 560℃ 回火，强度和硬度降低。综合强度与韧性考虑，钢在 540℃~550℃ 回火，不仅达到超高强度，而且塑性和韧性优良。有关超高强度不锈钢及其热处理工艺的研究仍在不断深化进行中。

2. 控制相变沉淀硬化不锈钢奥氏体状态调整处理与时效处理

控制相变沉淀硬化不锈钢的基本特点是通过马氏体相变和沉淀硬化获得高强度，通过成分和热处理状态调整 M_s 点控制奥氏体向马氏体的转变。控制相变沉淀硬化不锈钢获得高强度的方法之一是低温形成马氏体，冷处理是该类钢的一种基本热处理状态和工序。

为了在冷处理或室温下得到完全马氏体转变的目的，固溶处理后可进行奥氏体状态的调整处理，以控制马氏体相转变。该处理可采用各种工艺方法以适应最终性能需求，主要通过 Cr 的碳化物、金属间化合物、氮化物等析出，使奥氏体基体中 C 和合金元素含量降低并升高 $M_s - M_f$ 范围。750℃ 回火处理是调整处理的一种工艺，合金最终得到良好的强度与塑性等综合力学性能。温度升高至 850℃ 处理后，硬度较低，易于加工成形，此时奥氏体稳定性较低，加工过程中易产生马氏体相变。固溶处理后作高温调整处理，可在冷却至 -70℃ 后得到完全马氏体相变，以得到所需的力学性能。最终强度比一次回火处理后更高。时效硬化处理是最终一道热处理工序。添加的合金元素不同，时效硬化温度有所不同。

3. 典型热处理状态下的力学性能特点

以 PH15-7Mo 钢为例说明不同热处理状态与力学性能的关系（表 7-14）。

固溶处理（A 状态）：1050℃ 加热，为供货状态，组织为奥氏体 +δ-铁素体，强度最低，塑性很高。

相变时效硬化（TH 状态）：固溶处理后经 750℃ 调整处理，组织为马氏体 +δ-铁素体和碳化物，强度较固溶状态提高，塑性降低，经 560℃ 时效得到回火马氏体，达到高强度、高屈强比和良好塑性等综合性能。

冷处理时效硬化（RH 状态）：固溶处理后，经 950℃ 调整处理，此时强度升高，屈服强度较低，塑性良好，冷至 -70℃ 以得到完全马氏体相转变，强度及塑性较高。560℃ 时效处理获得回火马氏体，强度与塑性良好。经 500℃+480℃+450℃ 多级时效硬化，达到超高强度水平，并具备良好的塑性。

低温调整时效硬化(LH 状态):固溶处理后,经 700℃ 调整处理,冷至 −70℃ 以得到完全马氏体相转变。500℃ 时效处理获得回火马氏体,达到高强度和良好塑性。经 500℃ +480℃ +450℃ 多级时效,达到超高强度水平,并具备良好的塑性。

冷变形时效处理(CH 状态):固溶处理后直接冷轧变形,此状态下具有高强度与良好的塑性。经冷作硬化和沉淀硬化双重作用,可达到超高强度,但塑性较低。

表 7 −14　PH15 −7Mo 热处理状态与典型力学性能

状态名称	σ_b/MPa	$\sigma_{P0.2}$/MPa	δ_5/%
A	510	385	32
T	1015	630	7
TH1050	1555	1450	7
A1050	1050	385	12
R −70	1250	875	7
RH560	1640	1510	5
RMH	1800	1645	5
LH500	1640	1510	5
LMH	1800	1645	5
C	1530	1350	5
CH480	1855	1820	2

参 考 文 献

[1] 钟平. 热处理制度对 300MnSiMi2A 钢组织与性能的影响[J]. 材料工程,1995,(5):26 ~ 28.

[2] 《合金钢特种手册》编写组. 合金钢特种手册:第一册 合金结构钢[M]. 北京:冶金工业出版社,1983.

[3] 钟平,等. 等温淬火的 40CrMnSiMoVA(GC −4)钢微观组织与性能[J]. 航空材料学报,1992,12(1):12 −21.

[4] 钟炳文. 40CrMnSiMoVA(GC −4)钢中 M −A 组织[J]. 金属学报,1986,22(4):A289 −A299.

[5] 赵振业. 越高强度钢中二次硬现象研究[J]. 航空材料学报,2002.22(4).

[6] 钟平. 淬火温度对 16NiCo 钢组织与性能的影响[J]. 航空材料学报,1994,14(4):26 −31.

[7] 钟平,等. 16Co14Ni10Cr2Mo 回火脆性的研究[J]. 金属热处理学报,1996,17(2):37 −41.

[8] 钟平. 时效对 0Cr15Ni5Cu2Ti 钢组织与性能的影响[J]. 材料热处理学报,2006,27(1):58 −62.

[9] 航空制造工程手册总编委会. 航空制造工程手册:热处理分册[M]. 北京:航空工业出版社,2010.

[10] Zhong Ping. Microstructure and Proporties of 2Cr16Ni2MoN Stainless Steel[J]. Keg Engineering Matoerials,2007,353 −358:404 −407.

第8章　超高强度结构钢、不锈钢在飞机和发动机上的应用

航空结构钢具有高强度,良好的塑性、韧性、抗疲劳性能和工艺性能,而且价格相对低廉,广泛用于制造飞机承力结构件、连接件、紧固件和弹性件等。不锈钢在飞机上用于要求耐腐蚀和耐一定温度的部位。航空用不锈钢也朝着高强度和超高强度的方向发展。渗碳、渗氮钢主要用于航空轴承、齿轮等重要零件。

8.1　超高强度结构钢在飞机上的应用

追求轻质、长寿命是航空结构材料发展中永恒的主题。一架亚声速运输机,其总重量的40%是结构重量,40%是燃油载荷,仅有20%是有效载荷。使用高强度材料可以减小结构重量,增加有效载荷,提高飞机的经济性;应用高强度材料还可以减小零件的尺寸,解决某些部位空间紧张的问题[1];同时,高强度材料还具有高的固有疲劳强度。超高强度钢就是在这一目标的指引下不断发展和应用的。

8.1.1　低合金超高强度钢在飞机上的应用

超高强度钢在现役飞机结构中占5% ~ 10%,均用于制造飞机重要承力件,如起落架、机翼梁、承力螺栓、接头等。其中低合金超高强度钢的合金元素含量在5%以下,具有超高强度和中等断裂韧度。目前广泛使用的低合金超高强度钢有 AISI4340、D6AC、35NCD16、300M、30ХГСН2А 等。

1950 年研制成功的 AISI4340 钢是第一个低合金高强度钢[2],合金元素含量约占4%。它具有很好的淬透性,在调质状态下,能在大截面上获得均匀的、配合良好的强度和韧性,有较高的疲劳强度和低的缺口敏感性。宜于制造截面较大的构件和其他受力构件。1955 年正式用于飞机起落架和火箭制造,曾用于波音 707、波音 737 飞机的前起落架收放作动筒、主起落架外筒、活塞杆等零件以及波音 747、波音 767 飞机起落架的轮轴。MD – 82、DC – 8、C – 141 等飞机的起落架也应用了 AISI4340 钢。AISI4340 钢还用于航空发动机的涡轮轴、活塞杆、传力齿轮、螺栓以及直升机的螺旋桨轴、桨毂等[3,4]。

1952 年,美国国际镍(International Nickel)公司在 AISI4340 钢的基础上添加 Si 和 V,并提高 Mo 含量,开发了新的超高强度钢4340M,别名 300M。300M 钢具有良好的强韧性和高的淬透性,热处理后强度可达 1930MPa,抗疲劳性能明显优于 AISI4340 钢,广泛应用于飞机起落架。美国目前在役军民用飞机起落架的 90% 以上选用 300M 钢制造,可以达到与飞机机体同寿命使用。欧洲空中客车公司的 A320、A340、A380 飞机的起落架也采用 300M 钢制造。图 8-1 为空中客车公司 A380 飞机的前起落架。除用于起落架外,300M 钢还用于襟翼滑轨、螺栓等零件。波音 767 飞机的襟翼滑轨、翼缝轨道等构件就用 300M 钢制造。

图 8-1　空中客车 A380 飞机起落架

起落架是飞机结构的重要组成部分,承受着起飞、着陆及滑行和停放时地面给飞机的反作用载荷,起落架性能的好坏直接影响飞机的起飞和着陆性能。现代飞机的起落架由机轮、制动装置、减震系统、支柱和相应的收放机构构成。目前飞机起落架系统主体结构主要选用超高强度钢。波音 747-400 型飞机的起落架由一个两轮前起落架和四个四轮小车式主起落架构成,其最大起飞重量为 395t。波音 747 飞机的起落架支柱、轮轴及车架结构均采用 300M 钢。图 8-2 为波音 747 飞机的主起落架。波音 777 飞机的主起落架支柱长度超过 3m,是迄今为止民用飞机中最大的起落架,其主支柱也采用 300M 钢整体锻件制造。除 300M 钢外,D6AC 钢、HY-Tuf 钢等也曾用于不同型号的飞机起落架。飞机起落架上常用的低合金超高强度钢见表 8-1。

D6AC 钢是美国于 20 世纪 60 年代初开始研制的,由 AISI4340 钢改进而成。由于添加了 1% 的 Mo 元素,具有良好的强度和韧性。D6AC 钢广泛用于制造战术和战略导弹的发动机壳体及飞机结构件。D6AC 钢用于 F111 飞机的主要机身结构、纵梁、起落架以及机翼部件等,零件名称及部位见图 8-3[5,6]。

图 8 - 2　波音 747 客机主起落架

表 8 - 1　低合金超高强度钢在飞机起落架上的应用[1,5]

材料牌号	抗拉强度/MPa	应用机型
HY – Tuf	1520	DC – 9、MD – 8、V – 22
AISI 4340	1790	波音 707、DC – 8、C – 141
35NCD16	1860	"幻影"、"协和"、A300
D6AC	1930	F – 111
300M	1930	A320、A340、A380、波音 727、波音 737、波音 747、波音 777、波音 787、C – 5A、C – 17、DC – 10、F – 15、F – 16 等

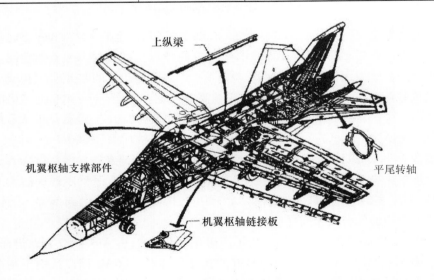

图 8 - 3　F – 111 飞机使用 D6AC 钢的部位示意图

美国 20 世纪 50 年代研制的 HY - Tuf 钢强度超过 1500MPa, 断裂韧度达到 110MPa $\sqrt{m}$, 是低合金超高强度钢中断裂韧度较高的, 在国外广泛用作航空结构件。MD - 8 系列飞机的主起落架斜撑杆以及 V - 22 倾斜旋翼飞机的起落架就是采用 HY - Tuf 钢制造的[3]。由于良好的强度和韧性配合, HY - Tuf 钢还曾用于舰载机着陆系统的拦阻钩。

除美国外, 法国、苏联等国家也开发了许多低合金超高强度钢。30NCD16、35NCD16 钢是法国宇航工业中重要的钢种之一, 具有超高强度、高韧性、高塑性、高淬透性以及高疲劳强度等特点, 在法国宇航工业中得到广泛应用。法国"超黄蜂"直升机的重要受力件, 包括主桨叶、尾桨叶、主桨毂、尾桨毂、主桨接头、尾桨接头、主起轮轴、主桨毂上下星板等, 都由 30NCD16 钢制成[7]。35NCD16 钢在 30NCD16 钢的基础上提高了 C 含量, 经低温回火后抗拉强度达到 1760MPa 以上, 主要用于直升机起落架的轮轴、内筒、旋翼轴和高强度螺栓等。30NCD16、35NCD16 钢制造的超高强度长寿命螺栓已应用到"超黄蜂"直升机和"海豚"直升机的关键连接部位。

30ХГСН2А 钢(国内牌号 30CrMnSiNi2A)是苏联研制的超高强度钢, 在"米格"和"苏"系列飞机上广泛应用。该钢在 30ХГСА 钢的基础上提高了 Mn 和 Cr 的含量, 并添加了 1.40% ~ 1.80% 的 Ni, 使其淬透性得到了明显提高, 并提高了钢的韧性。30ХГСН2А 钢用于制造苏 - 27 飞机起落架、机翼主梁、中央翼的带条及橼条、对接接头、螺栓等重要受力结构零件。我国曾广泛使用 30CrMnSiNi2A 钢制造飞机重要受力件。

1958 年, 为了开发具有比 30CrMnSiNi2A 更高强度和综合力学性能的超高强度钢以减轻飞机结构重量, 我国开始自行研制第一个超高强度钢 GC - 4, 主要的应用目标是起落架结构。经过多年努力, GC - 4 钢棒材热处理后抗拉强度达到 1915MPa 水平, 伸长率在 10% 左右。GC - 4 钢在我国军机起落架上获得应用。

20 世纪 80 年代初, 我国开展了 300M 钢的仿研与应用研究工作, 研制成功了直径 300mm 的 300M 钢棒材和整体结构的起落架零件。国产 300M 钢起落架寿命实现 5000 飞行小时不破断, 使我国军机起落架寿命达到国际领先水平。我国自行研制的 300M 钢飞机起落架于 1991 年交付空军使用。目前我国 300M 钢长寿命起落架技术已应用于国产歼击机、直升机等多种机型[8]。

8.1.2　高合金超高强度钢在飞机上的应用

低合金超高强度钢的断裂韧度和抗应力腐蚀性能较低, 在潮湿环境下易发生氢脆现象,不能满足使用要求。随着飞机结构设计中广泛采用损伤容限设计和耐久性设计,断裂韧度更高、耐腐蚀性能更好的高合金超高强度钢进入了人们的视野。

20世纪70年代末,美国共和钢(Republic Steel)公司的冶金学家在美国空军的资助下研制成功 AF1410 低碳高合金可焊超高强度钢。它具有超高强度、高韧性和优异的抗应力腐蚀性能,其断裂韧度可达 $180MPa\sqrt{m}$,K_{ISCC} 值高达 $80MPa\sqrt{m}$,且焊接性能优良。随着应用技术的成熟,AF1410 钢得到广泛的应用。美国已成功用该钢制造飞机平尾转轴、起落架、着陆钩以及 B1 轰炸机机翼枢轴接头等零件[9]。

在 AF1410 钢基础上,为了进一步提高强度并保持良好的抗应力腐蚀性能,1991 年美国 CARTEC 公司(Carpenter Technology Corporation)成功创制了一种新型二次硬化超高强度钢 AerMet100。AerMet100 钢抗拉强度可处理到 1931MPa ~ 2137MPa,同时具有较好的断裂韧度和高的抗应力腐蚀性能($K_{ISCC} \geqslant 35MPa\sqrt{m}$),在同等强度水平其断裂韧度远高于低合金超高强度钢 300M,其比强度—韧性配合与 Ti10 - 2 - 3 钛合金相当,高于 Ti6Al4V 钛合金,如图 8 - 4 所示。不仅如此,AerMet100 钢的耐一般腐蚀性能明显优于低合金超高强度钢。AerMet100 已成功用于美国 F/A - 18E/F、F - 22 和 JSF - 35 飞机的前起落架、主起落架以及科曼奇直升机的一些要求防弹性好的结构部位[10]。图 8 - 5 为 AerMet100 钢制造的 JSF - 35 前起落架。由于其独特的性能,AerMet100 钢也被用于制动钩的锚杆、紧固件和各种关键结构零件。

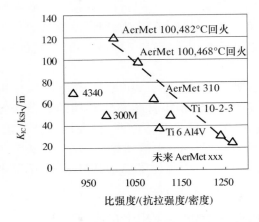

图 8 -4   超高强度钢和钛合金的比强度—韧性[11]

图 8－5　AerMet100 钢制 JSF－35 飞机前起落架

在 AerMet100 钢的基础上,CARTEC 公司进一步推出了强度更高的 Aer-Met310 和 AerMet340,后者的抗拉强度达到 2425MPa,具有更高的比强度,但冲击韧性和断裂韧度偏低,不适于在飞机结构上使用,可以考虑在装甲结构等应用[12]。高合金超高强度钢的力学性能见表 8－2。

表 8－2　高合金超高强度钢的典型力学性能[9,12]

性能指标	$\sigma_b/$ MPa	$\sigma_{P0.2}/$ MPa	$\delta/\%$	$\psi/\%$	A_{KV}/J	$K_{IC}/MPa\sqrt{m}$
AF1410	1665	1517	15	68	65	154
Aermet100	1965	1724	14	65	41	126
Aermet310	2172	1896	14	60	27	71
Aermet340	2425	2163	11	55	15	35

2006 年,QuesTec 公司在美国国防部 SERDP 项目的支持下,研制成功了耐蚀超高强度钢 Ferrium S53,其抗拉强度约为 1980MPa,断裂韧度达到 $77MPa\sqrt{m}$,其耐腐蚀性能与 15－5PH 不锈钢相当,疲劳性能与 300M 钢相当,拟用于舰载机的起落架[13,14]。

8.2　不锈钢在飞机和发动机上的应用

当飞机长期处于潮湿或海洋大气环境中时,随着飞机服役时间的增加,零件表面易受到环境、温度等的影响而发生腐蚀。腐蚀或腐蚀疲劳将严重影响飞机的使用寿命,对飞行安全构成威胁。不锈钢是指能耐大气、水、海水、酸等腐蚀介质腐蚀,具有高度化学稳定性的钢种系列。不锈钢的耐腐蚀性主要取决于 Cr 含量,一般含有 12% 以上的 Cr,同时常添加一定量的 Ni、Mn、Si、Mo、W、V、Nb、Ti 等一种或多种元素,调整组织、提高强度。不锈钢在飞机结构中常用于要求耐腐蚀和耐一定温度的零件。

8.2.1 奥氏体不锈钢在飞机和发动机上的应用

按基体组织,不锈钢可分为奥氏体、马氏体和铁素体不锈钢三个基本类型。奥氏体不锈钢是工业上应用最广泛的一类不锈钢。由于含有较高的铬和镍,这类钢具有优良的耐腐蚀性和抗氧化性以及较高的高温蠕变强度,在飞机和发动机中广泛用作各类导管、垫片以及铆钉等。因化学成分不同,其综合性能也表现出一定的差异,以满足不同环境下使用的要求。

301、302、303、304、316、321 不锈钢均属 $18Cr - 8Ni$ 型奥氏体不锈钢。301 不锈钢具有良好的抗氧化性和冷成形性,用于飞机机体上相对于铝合金来讲环境温度过高部位的面板、加强片、垫板等零件。由于 Cr、Ni 合金元素含量最少,301 不锈钢奥氏体稳定性差,但冷作硬化能力较强。302 不锈钢与 301 不锈钢相比强度稍低但耐蚀性能较好。303 不锈钢在 $18Cr - 8Ni$ 基础上添加了硫以改善机械加工性能。主要用于高温螺母、丝杆及三通管等。304 不锈钢降低了 C 含量并适当提高了 Cr、Ni 元素含量,耐蚀性得到进一步提高。316 不锈钢在 $18Cr - 8Ni$ 基础上添加了 2% ~3% 的 Mo,耐蚀性和高温下的强度得到了提高,主要用于飞机发动机零件、排气管等[15,16]。

奥氏体不锈钢在许多介质中易产生晶间腐蚀,在晶界上析出连续网状富铬的 $Cr_{23}C_6$ 相,引起晶界周围基体贫铬,危害很大。碳是影响晶间腐蚀最重要的因素。为了改善奥氏体不锈钢的晶间腐蚀性能,将 304 不锈钢的 C 含量降至 0.03% 以下,发展了超低碳奥氏体不锈钢304L。304L 钢在不同温度和浓度的各种强酸介质,如硝酸、磷酸中均有良好的耐蚀性,工艺性能也很好,广泛用于代替302、304 不锈钢。321 不锈钢中加入了碳化物形成元素钛,能在晶粒内形成 TiC 相以稳定钢中的碳,避免了有害相 $Cr_{23}C_6$ 的析出。321 不锈钢具有良好的耐晶间腐蚀能力,可以长期在 400℃ ~800℃ 范围内使用。用于航空器汇流环、排气管等。

因良好的耐蚀性和加工性能,不锈钢是航空液压及燃油系统导管的理想材料。不锈钢在飞机及航天飞行器上的应用见表 8 - 3。早期的飞机及航天器选用 304 或 304L 不锈钢作为管路用材。由于强度低,XB - 70、C - 5A 等飞机选用了沉淀硬化不锈钢 AM - 350。21 - 6 - 9 奥氏体不锈钢在固溶状态下具有高的抗拉强度和塑性,良好的可焊性和加工成形性能。其强度高于 304 不锈钢,与 AM－350 相比,又具有耐蚀性好、成本低、易于加工等优点,因此广泛用于飞机液压系统导管和发动机燃油导管以及飞机导风管、尾管排气系统。图 8－6 为 CFM56 发动机燃油系统用不锈钢管路。

表 8－3   不锈钢管材在飞机及航天飞行器上的应用[17]

材料牌号	应用机型
304	C－130A、波音 707、波音 727
304L	Apollo、Gemini、Lunar module
21－6－9	DC－10、L－1011、波音 747、波音 777
AM－350	XB－70、C－5A、"协和"

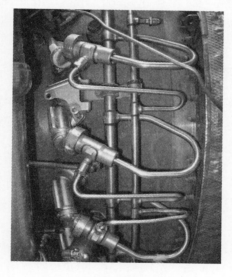

图 8－6   CFM56 发动机用不锈钢管

8.2.2   马氏体不锈钢在飞机和发动机上的应用

马氏体不锈钢以马氏体为基体,既具有基本的耐蚀性,又能通过热处理强化,因而具有良好的力学性能,广泛用于制造紧固件、结构件、轴承、汽轮机叶片等。

410 不锈钢属于低碳马氏体不锈钢,在淬火、高温回火后使用,强度在 500MPa 以上,强度、塑性和韧性配合较好。在飞机上可用于制造承力紧固件,还可用于制造汽轮机叶片、水压机阀等。

431 不锈钢在 410 不锈钢的基础上提高了 C 和 Cr 元素含量,并添加了 2%

的 Ni。在淬火、回火后抗拉强度达到 1200MPa 以上，最高使用温度可以达到 400℃，可用于发动机的压气机转子叶片、整流叶片、盘、压气机机匣、内外环、承力螺栓和吊挂等。

在 410 不锈钢的基础上，进一步合金化，发展了马氏体热强不锈钢。这类钢强度高，耐温可达 550℃，主要用于航空发动机压气机盘和叶片。国外对 12% Cr 型热强不锈钢做了大量的研究工作，研制了很多性能优良的钢种，如苏联的 ЭИ736、ЭИ961，美国的 419、422，英国的 H46、HGT4 等。ЭИ961 钢的室温强度、高温持久强度均较高，并有良好的韧性和抗氧化性，在苏联发动机上广泛应用。

我国自 1962 开始创新研制 GX – 8 热强不锈钢。GX – 8 不锈钢是在 ЭИ961 钢的基础上，适当调整 W、Mo、V 强化元素的含量，并用 Nb 补充强化。GX – 8 钢比 ЭИ961 钢具有更高的室温强度、耐热性和耐腐蚀性，用于我国航空发动机的转子叶片、静子叶片、颈轴和盘等。

8.2.3　沉淀硬化不锈钢在飞机和发动机上的应用

沉淀硬化不锈钢是 20 世纪 40 年代发展起来的一类超高强度不锈钢。沉淀硬化不锈钢通过添加 Mo、Ti、Al、Nb、Cu 等元素，在时效过程中析出金属间化合物和某些碳化物以提高强度。这类钢既保持了奥氏体不锈钢优良的焊接性、冷加工成形性和耐蚀性，又比马氏体不锈钢具有更高的强度。沉淀硬化不锈钢在军民用飞机上应用广泛，适用于飞机机身、发动机短舱、吊挂、反推力装置等部位，其零件主要有舱盖锁闩、高强度螺栓、弹簧以及各类零配件[18]。

第二次世界大战期间，美国钢铁集团（U. S. Steel Corporation）率先研制出第一个沉淀硬化不锈钢 Stainless W，随后，Armco 公司研制出 17 – 7PH 钢，并在此基础上先后研制出 PH15 – 7Mo、17 – 4PH、15 – 5PH、PH13 – 8Mo 等。

17 – 7PH 是控制相变型沉淀硬化不锈钢，该钢在固溶处理冷至室温时，仍保留奥氏体组织，因而易于加工成形，再经过适当处理最终转变为马氏体组织，达到高强度水平。17 – 7PH 钢既有高的强度，又好的耐蚀性，而且焊接性能良好，可用于 350℃ 以下长期工作的结构件，国外广泛用于航空薄壁结构件、压气机盘以及各种容器、导管、弹簧等。17 – 7PH 钢在 F – 4B 飞机上用于机尾喷口部件和中机身蒙皮。PH15 – 7Mo 是 17 – 7PH 钢的发展型，用 2% Mo 代替 2% Cr，以获得更高强度。在 20 世纪 60 年代，PH15 – 7Mo 已用于 B – 70 和 F – 108 飞机的蒙皮和蜂窝夹层结构。

20 世纪 70 年代我国自行研制了控制相变型沉淀硬化不锈钢 69111，其性能与美国 17 – 7PH、PH15 – 7Mo 钢相似,但 Cr、Ni 元素含量比 PH15 – 7Mo 钢低 20% ~ 30%,已用于制造飞机液压系统的三通、四通、弯管嘴等零件以及座舱结构件、发动机吊挂螺栓等。

17 – 4PH 钢是马氏体沉淀硬化不锈钢,具有较高的强度、耐蚀性、抗氧化性和焊接性能。其强化效果来自于马氏体相变和富铜相的沉淀强化。适用于制造 400℃以下工作的高强度耐蚀零件,如飞机、导弹的紧固件、发动机机匣的前后安装边以及发动机反推力装置中的加强板、支架、接头等。17 – 4PH 钢用于 F – 16 战斗机和 C – 17 运输机起落架液压连接器[19]以及 CFM – 56 发动机的风扇机匣。

15 – 5PH 钢是国外飞机的常用材料,它在 17 – 4PH 钢的基础上通过减 Cr 增 Ni,降低铁素体含量以改善材料的横向性能。由于其良好的变形、切削、焊接性能及抗应力腐蚀性能,适于制造腐蚀及高温环境下使用的角盒、支架、螺栓和轴等。15 – 5PH 沉淀硬化不锈钢用于波音 737 – 600 的机翼梁、风扇罩内部件、吊舱结构件等。

PH13 – 8Mo 钢是美国 1958 年研制的超高强度沉淀硬化不锈钢,具有超高强度、高硬度以及优异的耐蚀性和抗应力腐蚀能力,允许大尺寸零件热处理空冷,适宜制造大截面尺寸零件。PH13 – 8Mo 钢用于 F – 16 飞机发动机架、F111 起落架接头以及 C – 17 飞机装卸货用销子、C – 5 大型军用运输机发动机零件、货舱材料、固定销、闭锁型圈、轴类件等。美国 F – 15 飞机上 44.2 万个紧固件中的 70% 采用 PH13 – 8Mo 钢制造。在民用飞机上, PH13 – 8Mo 钢用于 MD – 82 飞机发动机吊挂螺栓以及空中客车 A340 – 300 型机翼梁等[18]。

在沉淀硬化不锈钢之后,20 世纪 60 年代到 90 年代美国 CARTEC 公司又发展了强度更高、综合性能更好的马氏体时效不锈钢 Custom455、Custom465、Custom475。马氏体时效不锈钢采用低碳板条马氏体和时效强化机理,是不锈钢中强度水平最高的。Custom465 钢在 H950 状态下的抗拉强度达到 1750MPa,比 PH13 – 8Mo 钢(H1000 状态)还高 260MPa。据报道,Custom475 钢的抗拉强度可达 1979MPa。但马氏体时效不锈钢的屈强比过高,零件一旦过载易突然断裂,不利于事故的预防。部分马氏体时效不锈钢的力学性能见表 8 – 4。在保持高强度的同时,马氏体时效不锈钢还具有良好的塑性、韧性以及抗腐蚀性能。Custom465 钢的断裂韧度达到 $98MPa \sqrt{m}$,其耐蚀性能接近 304 不锈钢。马氏体时效不锈钢已应用于航空高强度紧固件、螺栓、齿轮等,其中 Custom465 钢已用于 JSF35 联合攻击机的拉杆,并获准用于襟翼轨道、缝翼轨道、作动筒和起落架等部位。

表 8-4 部分沉淀时效/硬化不锈钢的力学性能[20]

材料牌号	状态	σ_b/MPa	$\sigma_{P0.2}$/MPa	δ/%	ψ/%	A_{KV}/J	K_{IC}/MPa $\sqrt{m}$
17-4PH	H950	1172	1069	15	50	34	110
15-5PH	H925	1269	1234	16	57	64	95
PH13-8Mo	H1000	1482	1413	13	55	54	127
Custom455	H950	1620	1551	12	50	19	77
Custom465	H950	1751	1648	14	63	27	98
Custom475	H975	1979	1827	6	—	—	—

8.3 轴承齿轮钢在飞机和发动机上的应用

轴承、齿轮是飞机、直升机、发动机等航空器的重要结构件之一。航空发动机支点轴承如图 8-7 所示,典型直升机传动链结构简图如图 8-8 所示。航空轴承、齿轮的失效,会引起机毁人亡的恶性事故。根据美国空军安全局"Flying Safety"报道的资料,美国空军战斗机 FY98-FY05 发生的与发动机相关的重大故障中,涉及发动机部件中由轴承造成的故障占 12.2%,仅次于涡轮和压气机[21]。装有 TF41 发动机的 A-7 飞机,由于发动机故障引起的 18 起坠机事故中,有 5 起事故是由轴承损伤引起,占 27%[22]。

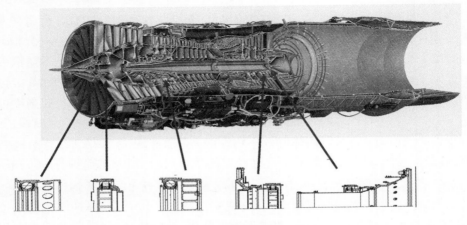

图 8-7 航空发动机支点轴承简图

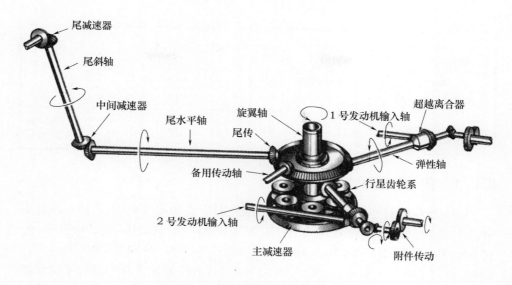

图 8 - 8　典型直升机传动链结构简图

　　高性能轴承、齿轮钢的发展促进了航空轴承、齿轮技术的进步,保障航空轴承、齿轮的正常服役和长寿命使用。高性能轴承、齿轮钢在几十年的研究发展中,不断推出新钢种,迄今为止已发展三代[23]。第一代轴承齿轮钢是以 AISI9310 钢(齿轮钢)、AISI52100 钢(轴承钢)为代表的低合金钢,低温(约 150℃)回火后常温使用;第二代轴承齿轮钢是以 M50 钢(轴承钢)、M50NiL 钢(轴承齿轮钢)为代表的二次硬化钢,高温回火后中温(约 350℃)使用;第三代轴承齿轮钢是以 CSS - 42L 为代表的不锈钢,热处理后表层达到超高硬度、心部超高强度、高韧性、耐高温(约 450℃)、长寿命使用。主要轴承齿轮钢的化学成分如表8 - 5 所列。

表 8 - 5　主要轴承齿轮钢的化学成分[23,24]

牌号 \ 成分	C	Cr	Mn	Si	Ni	Mo	V	其他
AISI 9310	0.10	1.20	0.50	0.25	3.25	0.12	—	—
Vasco X - 2	0.14	4.76	—	—	—	1.4	0.45	1.40W
EX - 53	0.10	1.05	—	—	3.50	3.30	—	2.13W 2.07Cu
AISI 52100	1.05	1.50	0.35	0.30	—	—	—	—
M50	0.85	4.10	0.30	0.20	—	4.25	1.00	—

成分　　牌号	C	Cr	Mn	Si	Ni	Mo	V	其他
M50NiL	0.13	4.00	—	—	3.50	4.25	1.20	
C69	0.10	5.00			3.00	2.50	0.02	28Co
CSS－42L™	0.12	14.00	0.15	0.15	2.00	4.75	0.60	12.50Co 0.02Nb

8.3.1　第一代轴承齿轮钢的应用

第一代齿轮钢是以 AISI9310 钢为代表的低合金表层硬化钢,占现有齿轮钢种的大部分。我国现用航空齿轮钢,如 12CrNi3A、12Cr2Ni4A、16CrNi3MoA、16CrNi4MoA、14CrMnSiNi2MoA、18CrNi4A、18Cr2Ni4WA、16Cr3NiWMoVNbE 等渗碳钢,都属于第一代齿轮钢,其中 16Cr3NiWMoVNbE 钢在成分中增加了碳化物形成元素,渗碳后热处理借助轻微的二次硬化,可在 250℃ ~350℃ 回火获得59HRC 以上的表层硬度,工作温度可稍高于其他钢种[23]。

第一代齿轮钢应用广泛,12CrNi3A、12Cr2Ni4A、14CrMnSiNi2MoA、18Cr2Ni4WA 等渗碳钢用于制造多种涡桨、涡喷发动机和直升机减速器齿轮,16CrNi3MoE、18CrNi4A 等渗碳钢用于制造多种涡轴、涡桨发动机和直升机减速器齿轮,16CrNi4MoA、16Cr3NiWMoVNbE 钢用于制造多种涡扇发动机传动齿轮[25,26]。

X－53(Pyrowear 53)、Vasco X－2 钢也属于一代齿轮钢。贝尔直升机公司在先进旋翼飞机传动系统(ART)计划中,采用 X－53 钢制造了太阳齿轮和行星齿轮并用于高接触比行星齿轮系的划伤试验,结果表明,轮齿抗划伤能力超过343℃;采用 X－53 钢制造输入级螺旋锥齿轮,并在减小运动误差和增大齿根圆角半径设计等方面的共同作用下,在 150% 额定载荷和 199℃ 条件下的划伤试验表明,轮齿无划伤[27]。2003 年 NASA 的报告中介绍,在螺旋锥齿轮低噪声、高强度设计的验证试验中,全部采用 X－53 钢制造 OH－58D 主减速器齿轮。图 8－9 所示为 OH－58 主减速器结构示意图[28]。Vasco X－2 钢制齿轮,使用温度可达 315℃,承载水平高,应用于 CH－47 直升机传动系统[29]。法国"海豚"直升机采用 18NC16 钢(国内牌号 18CrNi4A)渗碳并低温回火制造重载齿轮等;"松鼠"直升机也大量采用 18NC16 钢制造齿轮。俄罗斯采用 16Х3НВФМБ-Ш 钢(国内牌号 16Cr3NiWMoVNbE)制造 АЛ－31Ф 航空发动机传动系统中的所有齿轮,也用于制造齿轮轴等零件。

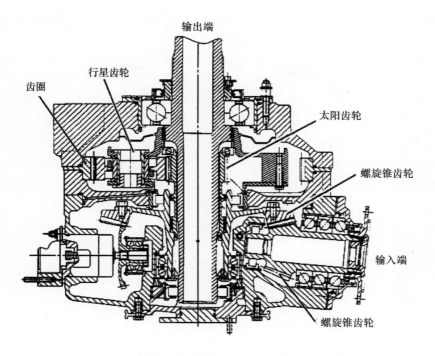

图 8-9　OH-58D 直升机主减速器结构示意图

第一代轴承钢以 AISI52100（国内牌号 GCr15）全淬硬钢为代表，主要用于民用发动机主轴轴承，如 PW4000 涡扇发动机部分支点的滚子轴承。

此外，渗氮钢如 32Cr3MoVA、38CrMoAlA 等也列入一代轴承齿轮钢中。32CDV13 钢（法国牌号）渗氮处理能够在 100h 内获得 0.6mm 以上的硬化层深度[30]。SNR 公司采用 32CDV13 钢深层渗氮技术制造不同规格、尺寸的轴承，包括薄截面或形状复杂的深沟球轴承、滚子轴承，如航空发动机主轴承、直升机主减速器轴承等，渗氮层深度为 0.63mm～0.75mm，白亮层厚度≤35μm，表面硬度为 750HV～850HV；法国"海豚"直升机采用 32CDV13 钢制造渗氮齿轮等重要零件，国内某型直升机传动系统采用 32Cr3MoVA 钢制造传动齿轮。

8.3.2　第二代轴承齿轮钢的应用

第二代轴承齿轮钢是以 M50（轴承钢）、M50NiL（轴承齿轮钢）为代表的二次硬化钢。20 世纪 60 年代，随着轴承运转条件的变化，需要轴承齿轮钢在更高的温度下使用。以 M50 钢为代表的钼系工具钢被用于制造航空发动机主轴承。直到今天，全淬硬的 M50 钢是最主要的高温用航空轴承钢。20 世纪 80 年代发展了表层硬化型 M50NiL 钢，其化学成分基于 M50 钢，但 C 含量降低至 0.12%，并添加了3% ~5%的Ni,经渗碳和热处理后,表层具备高的抗接触疲劳性能,同时心部具有高的韧性[31]。

用M50NiL钢制造高DN值(轴径mm×轴速r/min)的高温轴承始于20世纪80年代[32]。NSK公司发布的研究成果中,以渗碳M50NiL为基础进行离子渗氮研究,获得的渗氮层深度为25μm~75μm,表面硬度为975HV,L_{10}(接触疲劳额定寿命)提高3.6倍。M50钢离子渗氮后L_{10}可提高11倍[33]。NTN公司采用渗碳M50NiL钢制作轴承,经430℃渗氮170h,L_{10}比常规渗碳轴承提高6.8倍[34]。文献[35]中介绍,在500℃对M50、渗碳后的M50NiL钢再渗氮40h~70h,可获得1000HV~1250HV的表面硬度,残余压应力的最高值出现在0.1mm~0.13mm深度处,约−1300MPa,如图8−10所示。

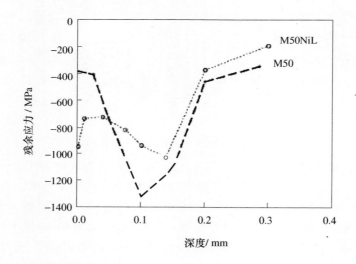

图8−10　M50、M50NiL钢复合硬化—机械加工后的残余应力分布

民用航空发动机中,广泛采用M50NiL钢制造主轴轴承。CFM56−3、CFM56−7发动机3号支点轴承均采用M50NiL钢[36,37]。CFM56发动机4号主轴承采用M50或M50NiL钢制造外圈。RB211−535E4发动机中高压轴承滚动体采用M50钢制造。PW4000 94涡扇发动机1号、2号、3号、4号支点轴承采用M50钢制造。Cr4Mo4V、H10Cr4Mo4Ni4V钢制造的支点轴承在我国多种航空发动机型号上得以应用[38]。

M50钢曾用于航空轻载附件齿轮,在较高温度下使用。经真空感应+真空自耗双真空冶炼的M50钢锻制齿轮的寿命大约是真空自耗AISI9310钢齿轮的3.2倍[29]。贝尔直升机公司在ART计划中采用M50NiL钢渗碳后制造行星轴承内环滚道及滚动体,经 4h 乏油测试和 250h 耐久性试验后无麻点失效[27]。M50NiL 齿轮轴承钢用于制造齿轮,疲劳寿命较一代齿轮钢有大幅度提高。文献[31] 报道,经真空感应 + 真空自耗冶炼的 M50NiL 钢制造的齿轮 L_{10} 是真空感应 + 真空自耗 AISI 9310 钢的 4.5 倍,试棒 L_{10} 是其 13.2 倍;文献[39] 也有类似报道,在 1710MPa 接触应力下,M50NiL 钢齿轮 L_{10} 较 AISI9310 钢齿轮提高 10 倍以上。GKN – Westland Helicopters 采用 M50NiL 钢复合化学热处理方法(渗碳 + 淬火 + 回火之后再渗氮处理)提高了直升机齿轮的可靠性[40]。

8.3.3 第三代轴承齿轮钢的应用

第三代轴承齿轮钢以 CSS – 42L、C69 为代表。CSS – 42L 是美国拉特罗布特殊钢公司(Latrobe Specialty Steel Company)最新研制成功的表层硬化型不锈轴承齿轮钢,正试验用于宇航齿轮传动机构、涡轮螺旋桨主轴等零部件。该钢采用二次硬化机理设计成分,添加多种强碳化物形成元素,提高吸碳能力,表面获得超高硬度,高 Co 含量细化 M_2X 相,低碳马氏体基体上析出细小弥散的 M_2X 相使心部具有超高强度和高韧性匹配。滚动接触疲劳寿命试验表明,CSS – 42L 钢的 L_{10} 高出 M50 钢约 28 倍[23]。

GearMet C69 轴承齿轮钢,采用二次硬化机理设计成分,表层硬度可达 69HRC,芯部硬度 50HRC 以上,具有很高的抗磨损和疲劳性能,应用于包括直升机的传动机构齿轮可减重 50%[23]。C69 轴承齿轮钢还可用于凸轮轴、轴承、齿轮等,NASA Glenn Research Center 开展的齿轮寿命对比试验中,1.7GPa 下 C69 钢制齿轮的平均寿命为 3.61×10^8 循环周次,而用 X – 53 钢制造的齿轮平均寿命为 1.34×10^8 循环周次[41]。随着研究的深入,第三代轴承齿轮钢将被用于关键传动构件。

参 考 文 献

[1] 牛春匀. 实用飞机结构工程设计[M]. 北京:航空工业出版社,2008.

[2] 赵振业. 合金钢设计[M]. 北京:国防工业出版社,1999.

[3] 庄金华. MD – 82、波音 737 – 300 飞机结构材料的选用[J]. 民用飞机设计与研究. 1999,3:31 – 38.

[4] 《中国航空材料手册》编辑委员会. 中国航空材料手册:第一卷[M]. 北京:中国标准出版社,2002.

[5] Urban A. Hinders. F – 111 design experience – use of high strength steel[R]. AIAA,No70 – 884.

[6] Bill J. Sutherland. F – 111 service experience – use of high strength steel[R]. AIAA,No95 – 1515.

[7] 徐厚训,陈鹏林. 高强度高韧性合金结构钢——30CrNi4MoA 的研制和应用研究[C]. 第八届全国直升机年会论文,1995.

［8］ 李韶华. 如钢人生——记中国工程院院士赵振业［M］. 北京:航空工业出版社,2010.

［9］ 颜鸣皋. 航空材料技术的发展与应用［J］. 新材料产业,2009,10:24－27.

［10］ 石琳. 下一代飞机用超高强度钢［J］. 航空工程与维修,2000,3:39－40.

［11］ Novotny Paul M. Ultra－high－strength steels vs titanium alloys［J］. Advanced materials and process, 2007,11.

［13］ 杨志勇,等. 马氏体时效不锈钢的发展［J］. 材料热处理学报,2008,29（4）:1－7.

［14］ Charles J. Kuehmann. Corrosion Resistance Ultrahigh－strength steel for aerospace structural application ［EB/OL］. ［2005.11］http://www. morisan. com. /ferriumS53. pdf.

［15］ Hallowell John B. Structural alloys handbook:Volume 1［M］. Battelle:Columbus Laboratories, Metals and ceramics information center, 1990.

［16］ 吴秋平. 浅谈民用飞机常用金属材料［J］. 民用飞机设计与研究,2002,4:1－3.

［17］ Donald Peckner. Handbook of stainless steels［M］. New York:McGraw－Hill Book company, 1977.

［18］ 戴秀梅,何枫. 高强度沉淀硬化不锈钢在飞机上的应用［J］. 航空材料学报,2003,（23）: 280－281.

［19］ 陈亚莉. 从 C－17 到 A400M 看大型军用运输机结构选材特点［J］. 国际航空,2005,02: 38－41.

［20］ Wert David E. Advanced stainless offers high strength, toughness and corrosion resistance where needed. ［EB/OL］. ［2006－08］http://www. cartech. com/techarticles. aspx? id = 1472

［21］ 梁春华,等. F100/F110 发动机与 F－15/F－16 战斗机使用故障的统计与分析［J］. 航空动力学 报,2011,26(7):1575－1582.

［22］ 陶春虎,等. 航空发动机转动部件的失效与预防［M］. 北京:国防工业出版社,2008.

［23］ 赵振业. 航空高性能齿轮钢的研究与发展［J］. 航空材料学报,2000,20(3):148－156.

［24］ Latrobe Specialty Steel Company. Specialty Steels&Alloys. Nominal Chemistry and Popular Industry Specifications ［EB/OL］. ［2007－04］. http://www. latrobesteel. com/assets/documents/ datasheets / GEN－3. pdf.

［25］ 汤万昌. 我国航空发动机齿轮材料的现状［J］. 航空材料学报,2003,23: 283.

［26］ 滕佰秋,常春江. 航空发动机用新材料——16Cr3NiWMoVNbE 齿轮钢［J］. 航空发动机,2003,29 (2):34－37.

［27］ Zachary S. Henry. Bell helicopter advanced rotorcraft transmission（ART）program［R］. NASA Contrac- tor Report 195479, 1995:1－2.

［28］ David G. Lewicki,Ron L. Woods. Evaluation of low－noise, improved－bearing－contact spiral bevel gears［R］. NASA/TM－2003－212353, 2003: 2.

［29］ John J Coy,Dennis P Townsend. AVSCOM Technical Report 84－C－15. Gearing［R］1985: 21－23.

［30］ Daniel Girodin. Deep nitride 32CrMoV13 steel for aerospace bearings applications［J］. NTN Technical Review, 2008, 76: 24－31.

［31］ Ebert Franz－Josef. An Overview of Performance Characteristics, Experiences and Trends of Aerospace Engine Bearings Technologies［J］. Chinese Journal of Aeronautics, 2007, 20: 378－384.

［32］ 徐玉兰,等. 渗碳型高温轴承钢的研究［J］. 钢铁研究学报,1995,7(3): 85－89.

［33］ Andrew Dodd, et al. Bearings for Aircraft Gas Turbine Engines（Part 2）［J］. Motion & Control, 1999, 6: 1－8.

［34］ Kazuhiro YAGITA, Chikara OHKI. Plasma nitriding treatment of high alloy steel for bearing components

[J]. NTN Technical Review, 2010, 78: 33 – 40.

[35] Bhadeshia H K D H. Steels for bearings[J]. Progress in Materials Science,2012, 57: 268 – 435.

[36] 郭盼优,等. CFM56 – 3 发动机 3 号轴承故障探讨[J]. 航空港工程与维修,2001,6:18 – 20.

[37] 李卫东. CFM56 – 7 航空发动机维护性设计特点分析[J]. 航空发动机,1999,1:12 – 15.

[38] 林基恕. 航空发动机主轴滚动轴承的技术进展[J]. 燃气涡轮试验与研究,2003,16(4):52 – 56.

[39] Dennis P. Townsend. Gear and transmission research at NASA Lewis Research Center[R]. Army Research Laboratory Technical Report ARL – TR – 1339. 1997: 16.

[40] Bloyce A, et al. Duplex thermochemical processing of M50NiL for gear applications[J]. Heat Treatment of Metals, 1999, 2: 37 – 41.

[41] Timothy Krantz, Brian Tufts. Pitting and bending fatigue evaluations of a new case – carburized gear steel [R]. NASA/TM – 2007 – 215009,2007:4 – 6.

第9章　材料研究与学科前沿

9.1　概述

　　研究材料的主要目的在于应用,对于航空结构材料来说,就是制造出高性能的航空构件,满足航空装备要求。构件的服役行为取决于材料的性能、制造方法的影响以及构件的几何形状和外加载荷[1](图9-1)。因此,高性能构件是设计—材料—制造三位一体技术的集成。设计技术、材料技术、制造技术是相互影响的(图9-2),只有设计技术、材料技术、制造技术各自高水平发展,同时又相互协调,才能实现构件的预定设计目标。无论是设计技术还是材料技术或是制造技术,它们最终的价值都体现在构件上,表现为构件的服役行为。

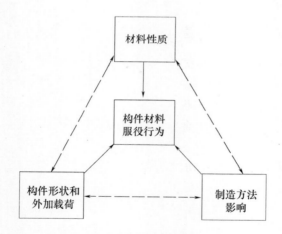

图9-1　影响构件服役行为的因素

　　材料发展是人类文明进步的标志,是科学研究的永恒课题。材料研究从研究阶段上划分包括两个方面:材料研制和材料应用研究,它们的研究内容包括成分与结构、加工与合成、性质、使用行为四个方面,即材料科学与工程的四要素。材料研制赋予材料的先天性能,材料应用研究赋予材料后天性能,它们共同决定了构件的性能。一切能够提高构件性能的科学和技术或理论和方法,都属于材

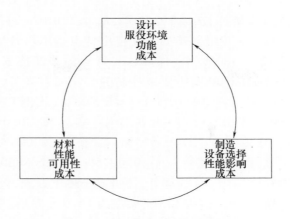

图9-2 设计、材料与工艺的相互关系

料研究前沿,都值得去探索。因此,材料研究前沿极其广泛,本章仅从合金纯净度和抗疲劳制造两个方面进行介绍。

9.2 高纯冶金技术与超高强度钢的韧化

9.2.1 超高强度钢发展与高纯熔炼的关系

超高强度钢是飞机和航空发动机等航空装备的关键主承力构件的首选材料,如飞机起落架。随着航空装备轻量化要求的不断提高,原来采用高强钢的航空发动机主轴承、飞机中央传动齿轮以及直升机主减速器传动齿轮也逐渐选用超高强度钢。超高强度钢是冶金技术的引领者,总是采用最先进的纯净熔炼技术。

300M 钢于 1952 年研制成功,是综合性能最好的飞机起落架用低合金超高强度钢。采用真空感应 + 真空自耗双真空熔炼,$\sigma_b \geq 1860MPa$,$K_{IC} = 70MPa\sqrt{m} \sim 80MPa\sqrt{m}$。至今西方国家 90% 以上军民机起落架采用 300M 钢制造。300M 钢的突出特点是横向塑性高、各向异性低。保障这一特点的关键技术是高纯熔炼,控制 S 含量和硫化物。标准中规定杂质元素及其含量为:$S \leq 0.010\%$,$P \leq 0.010\%$。实际上国外钢中 S 控制在 0.001% 水平。300M 是我国第一个采用 VIM + VAR 双真空熔炼研制的航空超高强度钢。采用了原材料提纯,把 S 降低到 0.002% 以下,添加合金元素后增至 0.003% 以下,基本控制了硫化物,性能达到美标技术要求。

AerMet100 于 1992 年研制成功,是综合性能优良的高合金超高强度钢。

采用 VIM + VAR 高纯净熔炼，$\sigma_b \geqslant 1930\text{MPa}$，$K_{IC} \geqslant 110\text{MPa}\sqrt{m}$，已用于 F - 22、JSF - 35、F/A - 18E/F 飞机起落架。其突出特点是不仅各项异性低，而且耐蚀性能好，K_{ISCC} 高于 300M 钢。保障这一特点的关键技术是高纯净熔炼，控制杂质元素。AerMet100 钢中要求控制的杂质元素很多，且含量水平很低，如 S≤0.005%（实测 S ~ 0.001%）；P≤0.008%（实测 P ~ 0.002%）；Mn≤0.1%（实测 Mn ~ 0.002%）；Si≤0.10%（实测 Si ~ 0.018%）；Al≤0.015%（实测 Al ~ 0.004%）；Ti≤0.015%（实测 Ti ~ 0.005%）。气体含量为：O≤0.002%（实测 0.0005%）；N≤0.0015%（实测 0.0002%）。

AerMet100 钢的发展，除了 Ca 处理外，还得益于稀土处理，包括 La 处理、Ce 处理或混合稀土 Re 处理。钢中 CrS 夹杂变为 La$_2$O$_2$S 夹杂。La$_2$O$_2$S 在钢液中形成，VIM 熔炼 La 处理前应充分脱氧。La 处理可将 S 含量降至 0.002% ~ 0.008%。气体元素在 VAR 熔炼中去除。AerMet100 钢发明专利中稀土元素的有效加入量控制范围是：Ce≤0.030%，La≤0.010%，还对有害元素 Pb、Sb、Sn、As 做了规定。稀土处理的基本原理有：①与 O、S 的强亲和力；②低蒸气压；③与夹杂有害元素亲和力强，形成高熔点化合物。加入稀土后，CrS、MnS、FeO、MnO、SiO$_2$ 转变为（Ce，La，Re）$_2$O$_2$S。与 Ca、Mn 脱 S 相比，因蒸气压低，脱 S 效率更高。

1960 年代美国曾研发超高强度不锈钢 AFC - 77，其抗拉强度 σ_b 达到 2000MPa，但 K_{IC} 仅 31MPa$\sqrt{m}$，不得不停止。主要原因之一就在于未能解决高纯净熔炼问题。Ferrium S53 钢开始用于 A - 10 飞机起落架试验，可见已掌握其高纯净熔炼技术。超高强度不锈轴承齿轮钢 CSS - 42L 高纯熔炼技术已经成熟，所生产的钢棒已试验用于高性能航空轴承和传动齿轮。

表 9 - 1　超高强度钢杂质元素控制（10^{-6}）

钢种	熔炼方法		S	P	O$_2$	N$_2$	Al	Ti	Si	Mn
30CrMnSiNi2A （$\sigma_b \geqslant 1760\text{MPa}$）	EP + ESG	标准≤	150	250						
		实测	20	110						
300M （$\sigma_b \geqslant 1860\text{MPa}$）	VIM + VAR	标准≤	100	100						
		实测	10	100						
AerMet100 （$\sigma_b \geqslant 1930\text{MPa}$）	VIM + VAR	标准≤	50	80	20	15	150	150	1000	1000
		实测	10	20	7	2	40	50	180	20

随着超高强度钢强度水平的提高，杂质元素控制也越来越严格。不仅 S 和 P 绝对含量降低，而且需要控制的元素也越来越多。表 9 - 1 显示了 30CrMnSiNi2A、300M 和 AerMet100 钢杂质元素控制情况。30CrMnSiNi2A 和

300M 钢的杂质元素主要为 S 和 P,发展到 AerMet100 钢时将本用于脱氧的 Si、Mn 以及 Al 也作为杂质元素加以控制。

美国超高强度钢高纯熔炼技术路线为:电弧炉 + VIM/VOD + VAR,超高强度不锈钢的技术路线为:电弧炉 + VIM + VAR。虽然我国超高强度结构钢已形成了原材料提纯 + VIM + VAR 的技术路线,但超高强度不锈钢的冶金技术路线尚未真正形成。我国稀土处理技术的研究还处于起步阶段,还需要深入研究熔炼工艺与钢中杂质元素、有害元素的关系。我国仿研 300M 钢已经 25 年之久,但用于更长寿命和更高可靠性的民航客机用钢仍需在高纯净熔炼技术上下功夫。

9.2.2 纯净度对超高强度钢韧性的影响

超高强度钢的发展对传统的强韧化理论提出了挑战。一般来说,强度水平的提高伴随着韧性水平的降低。超高强度结构钢 AF1410、AerMet100 和 AerMet310 的抗拉强度 σ_b 分别约为 1700MPa、1965MPa 和 2100MPa,断裂韧度 K_{IC} 分别约为 155MPa $\sqrt{m}$、126MPa $\sqrt{m}$ 和 70MPa $\sqrt{m}$。超高强度不锈钢 PH13 – 8Mo、AFC – 77 的抗拉强度 σ_b 分别约为 1500MPa 和 2000MPa,断裂韧度 K_{IC} 分别约为 88MPa $\sqrt{m}$ 和 31MPa $\sqrt{m}$。虽然强化手段很多,如位错强化、固溶强化、沉淀强化、相变强化、细晶强化等,但提高韧性的方法却不多。Hall – Petch 公式指出,细化有效晶粒尺寸可提高强度并改善韧性,但细化晶粒总存在一个极限。提高纯净度可以净化晶界,虽不能提供可靠、可信的检测数据,但纯净度事实上已成为一个有效的强韧化机理。

韧性是金属材料断裂前吸收塑性变形功和断裂功的能力,或者材料抵抗裂纹扩展的能力,是强度和塑性的综合反映,包括冲击韧性和断裂韧度。材料的韧性随着纯净度的提高而大为改善。例如对于抗拉强度为 1200MPa 的 1% Cr – Mo 钢,当 S、P 杂质含量由 0.026% 降为 0.008% 时,室温冲击吸收功(A_{KV})由 16J 升高至 44J[2]。表 9 – 2 是 40CrNi2Si2MoVA(300M)钢气体含量与力学性能的关系,可以看出,采用真空熔炼后,气体元素 H、O、N 显著降低,而伸长率、断面收缩率、冲击韧性有明显提高[3]。改善 K417 合金 900℃ 拉伸塑性的研究结果表明[4]:把 Pb 含量从 50×10^{-6} 降低至 2×10^{-6} 以下,断面收缩率由 5.9% 增加到 17.2%;把 Te 含量从 10×10^{-6} 降低至 5×10^{-6},断面收缩率由 6.9% 提高到 13.2%;同样把 As 和 Sn 含量分别由 13×10^{-6} 和 260×10^{-6} 减少至 5×10^{-6},断面收缩率分别由 10.3% 和 14.9% 上升至 13.2% 和 17.2%。

表 9 - 2　40CrNi2Si2MoVA(300M)钢的气体含量与横向力学性能

冶炼方法	H/10⁻⁶	O/10⁻⁶	N/10⁻⁶	σ_b/MPa	$\sigma_{P0.2}$/MPa	δ_5/%	ψ/%	A_{KV}/J
电弧炉冶炼	2.0	26	90	1970	1660	7.5	28.5	14.9
真空感应熔炼	1.0	14	45	1960	1620	11.5	45.5	24.5

如今,不论是已工业化生产的还是开发强度水平更高的超高强度(不锈)钢,通过高纯熔炼来提高超高强度(不锈)钢的纯净度水平从而改善其韧性已成为冶金工作者和材料工作者共同关注的课题。

9.3　超高强度构件的表面完整性与抗疲劳制造

9.3.1　高强度合金与构件疲劳失效

轻量化和体积小是航空装备的永恒追求,航空装备的主承力关键构件需要采用高强度合金制造。超高强度钢、高强度铝合金、高强度钛合金及高温合金等高强度合金具有很高的抗拉强度和很高的固有(理论应力集中系数 $K_t = 1$)疲劳强度,用以制造关键构件可以做到体积小、重量轻、长寿命、高可靠。北京航空材料研究院赵振业院士总结了超高强度钢、高温合金、钛合金、铝合金的疲劳行为,发现这些高强度合金有一个共同的弱点,就是它们的疲劳强度应力集中敏感,如图 9 - 3 所示。例如,当 $K_t = 3$ 时,超高强度钢 300M、高强度铝合金 7050、钛合金 Ti6Al4V、高温合金 GH4169 等的疲劳强度都降低约

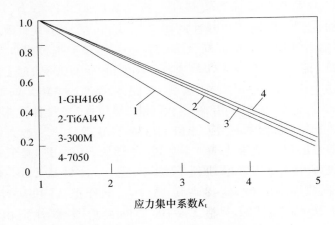

图 9 - 3　高强度合金疲劳强度应力集中敏感

50%；$K_t = 5$ 时都降低约 80%。随着关键构件体积进一步缩小，承载进一步增高，采用更高强度合金，达到超高强（硬）度，疲劳强度的应力集中敏感性还将随之进一步增高。据报道，齿轮、轴承构件表层硬化使表面硬度达到 HRC60 时，磨削表面的划伤造成的应力集中数值已超过材料的抗拉强度，当然也就无疲劳强度可言了。

据统计，普通机械中，疲劳失效占总失效的 50%～90%，航空构件占 80% 以上。20 世纪 60 年代至 90 年代我国发生的航空发动机 13 起重大事故全部为疲劳失效。我国 2003 年统计的 300 多起发动机故障中，绝大部分也是关键构件的疲劳失效。疲劳是航空装备高强度构件的主要失效模式，也是对兵器、车辆、舰船等装备及其动力装置安全使用威胁最大的一种失效模式。

美国试验与材料协会（ASTM）在"疲劳试验及数据统计分析的有关术语的标准定义"（ASTM E206 - 72）中对疲劳所作的定义是：在某点或某些点承受扰动应力，且在足够多的循环扰动作用之后形成裂纹或完全断裂的材料中所发生的局部的、永久结构变化的发展过程。其实质是在低于材料抗拉强度的交变应力（应变）的持续作用下微裂纹形核，并逐渐演化成宏观裂纹以及裂纹扩展而导致构件失效的过程，包括裂纹的萌生、扩展、断裂三个阶段。疲劳破坏由应力（应变）较高的局部（即应力集中处）开始，形成损伤并逐步累积，导致最后破坏发生。

疲劳是表面状态敏感性能参量。高强度合金构件疲劳行为对构件表面状态非常敏感，疲劳裂纹常从构件表面起始。传动齿轮发生断齿失效，分析断口证明是典型的疲劳失效，裂纹从齿根表面起始，裂纹萌生后向齿宽方向发展，最终断裂失效。其疲劳裂纹源起始于切削加工刀痕的不连续处。涡轮盘的隼齿裂纹失效，分析断口也证明是典型的疲劳失效。裂纹自隼齿表面萌生，向宽度方向扩展，伴有明显的疲劳条带，疲劳源也是切削加工刀痕的不连续处。据统计，疲劳失效中，80% 以上的裂纹起始于表面加工缺陷，如图 9 - 4(a) 所示的切削刀痕、图 9 - 4(b) 所示的表层组织损伤、图 9 - 4(c) 所示的磨削条纹等。图 9 - 4(d) 表示，由于制造缺陷造成的局部应力集中成为疲劳源，所以高强度构件疲劳失效断口具有多源特征，凸现了制造表面缺陷对构件疲劳性能的极大危害。构件疲劳寿命由裂纹萌生寿命和裂纹扩展寿命组成。据统计，高强度构件疲劳寿命中裂纹萌生寿命占总寿命的 70%～80% 甚至更多。一旦裂纹形成，构件将迅速失效。一言以蔽之，构件的表面完整性（Surface Integrity）决定了高强度构件的疲劳行为。

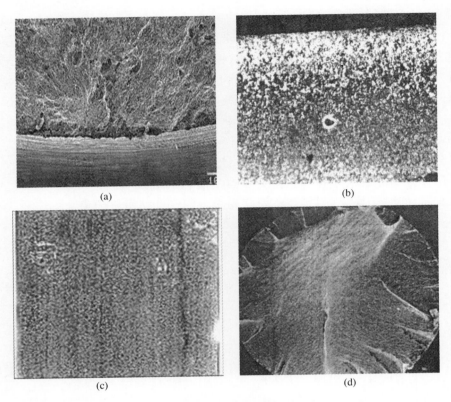

图 9 - 4 机械加工缺陷与应力集中
(a) 加工刀痕；(b) 组织损伤；(c) 磨削条带；(d) 多源起始。

9.3.2 表面完整性

表面完整性是由 Field 和 Kahles 在 1964 年提出的，并将它描述为：机械加工或其他表面加工所产生的固有的或强化的表面状态（The Inherent or Enhanced Condition of a Surface Produced in a Machining or Other Surface Generation Operation）。后来美国空军材料实验室（AFML）在其《机械加工构件表面完整性制造指南》中指出，表面完整性是指控制加工工艺方法造成的无损伤或强化的表面状态（Umpaired or Enhanced Surface Condition Which is Developed in a Component By Controlled Manufacturing Process）。只要加工，就会在构件表面形成一个变质层，即一种表面状态（图 9 - 5[5]）。制造方法、工艺不同，变质层的深度也不同。正是这一深度仅为几十微米、几百微米的薄层，决定了构件的服役行为，包括疲劳行为、拉伸性能、腐蚀性能等。表 9 - 3 是加工对疲劳性能的影响，可以看出，加

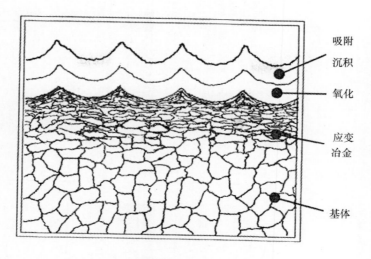

吸附
沉积
氧化
应变
冶金
基体

图9-5 加工表面变质层[5]

工方法和工艺参数不同,其疲劳行为存在很大的差距。若所选用的加工方法和工艺参数能改善服役性能(Improved),则称为 Gentle;若所选用的加工方法和工艺参数对表面造成损伤(Damaged),则这种加工称为 Abusive;若所选用的加工方法和工艺参数是常用的(Commonly Used)或为工业生产所接受的(Generally Accepted in Industry),则这种加工称为 Conventional。表面完整性目前无法用量化描述,只能定性表述,它将加工过程和服役性能联系在一起。表面完整性低(Low),则服役性能差;表面完整性高(High),则服役性能好。图9-6是 Inconnel 718 放电加工(Electrical Discharge Machining,EDM)后应力消除热处理前后的拉伸性能。由于 EDM 加工在表面沉积碳,随后的应力消除热处理使得碳扩散并在晶界析出过量的碳化物,导致强度和塑性显著降低[6]。因此,表面完整性已成为机械制造中除成本、空间和时间等之外的一个重要选择标准。

表9-3 加工方法和工艺参数对疲劳强度的影响

合金	加工方式	弯曲极限/MPa	对精细磨削的比值/%
4340 steel (50HRC)	精细磨削(Gentle grinding)	703	100
	电解抛光(Electropolishing)	620	88
	粗劣磨削(Abusive grinding)	430	61
Ti-6Al-4V (32HRC)	精细铣削(Gentle milling)	480	113
	精细磨削(Gentle grinding)	430	100
	粗劣铣削(Abusive milling)	220	52

合金	加工方式	弯曲极限/MPa	对精细磨削的比值/%
Ti – 6Al – 4V（32HRC）	粗劣磨削（Abusive grinding）	90	21
	化学铣削（Chemical milling）	350	82
Inconel 718（44HRC）	精细磨削（Gentle grinding）	410	100
	传统磨削（Conventional grinding）	165	40
	电化学加工（Electrochemical machining）	270	65

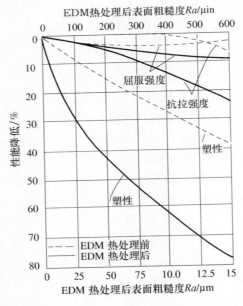

图 9 – 6　Inconnel 718 合金 EDM 加工的拉伸性能

　　表面完整性虽无法量化表达,但具有非常丰富的内涵。美国金属手册（ASM metal handbook）将表面完整性的关键因素分成视觉、形状、残余应力、摩擦、冶金和其他等六个不同的组别,如图 9 – 7 所示。《机械加工构件表面完整性制造指南》将表面完整性表述为三个逐渐扩展的层次,即最小数据组、标准数据组和扩展数据组:

　　1. 最小数据组

　　（1）表面精度。包括表面粗糙度,表面波纹度,形状精度（如平行度、垂直

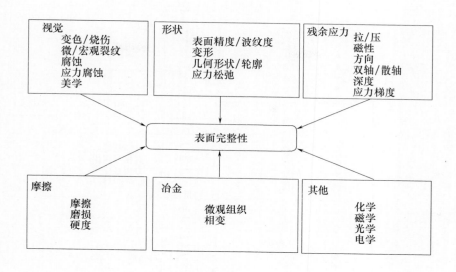

图 9 - 7　材料加工表面完整性关键因素

度、圆度等)。

(2) 低倍组织。包括宏观裂纹,宏观腐蚀显示(如检查烧伤等)。

(3) 高倍组织。包括微观裂纹,塑性变形,相变,晶界腐蚀,切削瘤、突起、凹坑、撕裂,重熔层或沉积层,元素蒸发或挥发,选择性腐蚀。

(4) 显微硬度。

2. 标准数据组

标准数据组在最小数据组的基础上还包括以下内容:

(1) 疲劳筛选试验。

(2) 应力腐蚀试验。

(3) 残余应力和变形。

3. 扩展数据组

扩展数据组在标准数据组的基础上增加了以下内容:

(1) 疲劳试验(获得设计数据)。

(2) 其他力学试验:拉伸,持久,蠕变……。

材料在加工过程中,表面会发生力作用、热作用、化学作用以及它们的交互作用。作用的结果就是该材料此种加工的表面完整性,进而决定构件的服役使用行为,如图 9 - 8 所示。

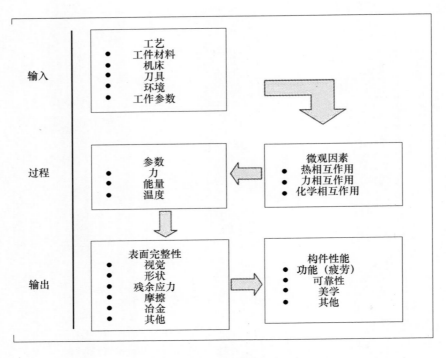

图 9-8　加工影响系统分析方法

　　表面完整性的形成是一个复杂的过程,仅以残余应力场的形成为例来说明,如图 9-9 所示。磨削加工是一个力和热的综合作用过程,在被去除的材料层(Zone 1)之下和基体材料之间,存在一个热/力作用影响层(Zone 2)。仅考虑磨削力的作用(图 9-9 左半部分所示),使得 Zone 2 发生扩张,磨削力去除后,在基体的约束下,Zone 2 形成压应力,基体为拉应力。仅考虑磨削热作用(图 9-9右半部分),热胀使得表面为压应力,基体为拉应力,一旦冷却,Zone 2 发生冷缩,其程度要高于基体,则 Zone 2 由压应力转变为拉应力,而基体转变为压应力。磨削表面的最终应力状态,取决于这两种作用影响程度的高低,若磨削参数合适,则磨削表面呈现压应力状态。反之,则为拉应力。因此,要获得好的表面完整性,必须严格控制加工工艺。

　　表面完整性在机械加工中占有十分重要的地位。如美国金属手册(ASM metal handbook)的切削加工卷中,将表面完整性作为机械加工的四个基础理论之一来介绍。欧美各制造强国十分重视表面完整性研究。美国从 1948 年开始研究高强度材料(高强度铝合金 2024、钛合金 Ti6Al4V,超高强度钢 AISI4340 及高温合金 Inconcl718 等)的表面完整性机械加工,1970 年发表了《机械加工构件

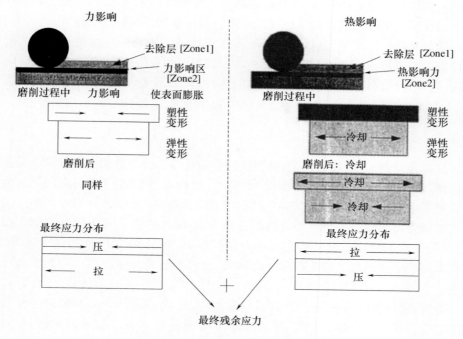

图9-9 加工过程中残余应力场的形成

表面完整性指南》。随着构件服役时间不断延长,人们对表面完整性的认识也逐渐深入和全面。重视表面完整性从最初的加工金属材料扩大到陶瓷、玻璃以及单晶材料,从重视疲劳性能延伸到其他物理性能。表面完整性的评价测试技术也在不断发展中,声发射技术、电子束技术、粒子束技术、磁场技术、X射线技术、光散射技术、冷光谱技术、拉曼光谱技术、扫描探针技术、纳米压痕技术等目前已用到各种材料的表面完整性表征试验中[7]。

然而,我国表面完整性的研究很薄弱。我国的机械加工教材至今未将表面完整性作为机械加工基础理论列入其中。我国最早开展表面完整性研究的材料是300M钢,其研究也没有继续延伸到其他航空高强度材料中,或者说仅考虑烧伤问题和残余应力问题,缺乏基础研究和系统的应用研究。国外机械加工研究已经发展到模拟、仿真、数字化阶段,我国在这方面研究发展也很快。但是,我国的发展是空心的,缺乏表面完整性的基础理论和基础数据库。因此,我国急需开展表面完整性的基础研究,包括:①表面完整性形成的科学问题与规律;②表面完整性在服役过程中的演化、重构问题与规律;③表面完整性的控制问题与规律。

在机械加工过程中,控制表面完整性会导致加工成本的增加和生产效率的降低。因此,除非有必要,才进行加工过程中的表面完整性控制。即使如此,其控制经常体现在最后的精加工阶段,必须保留足够的加工余量,以消除上一工序留下的加工变质层。或者在机械加工后进行后续处理,如喷丸、滚压等。

表面完整性起源于机械加工,但不限于机械加工。只要是承受交变应力的服役表面或表层,都必须控制表面完整性。如构件的表面喷丸、激光冲击、挤压、滚压、超声强化,齿轮的渗氮硬化,零件的热处理(形成表面压应力)等。总而言之,不仅要关注宏观构件,而且要重视构件表面或表层,即构件的表面完整性。

9.3.3　现行"成形"制造

超高强度钢、高强度铝合金、高强度钛合金及高温合金等超高强度合金采用现行制造技术加工的关键构件存在"寿命短、结构重、可靠性差"三大问题。美国直升机主减速器大修寿命(TBO)达到 6000h、8000h(总寿命为 TBO×3)。国产主减速器仅 600h~1200h。美国军用航空发动机主轴承寿命达到 3000h 以上,民航客机涡轮喷气发动机主轴承寿命早在 20 世纪 50 年代就达到 30000h。国产军用航空发动机主轴承寿命仅约 300h,大型客机发动机长寿命主轴承尚无概念。

造成关键构件"寿命短、结构重、可靠性差"三大问题的主要原因之一是现行的制造技术。现行的"成形"制造技术主要是为满足设计图纸的尺寸、粗糙度、精度、硬度等的规定要求,并不对构件的服役使用行为负责。"成形"制造的材料对象是低强度材料,它不能抑制高强度合金疲劳强度应力集中敏感特性。

由于"成形"制造缺少抗疲劳概念和表面完整性控制措施,对于既定的设计和材料构件,加工时在表面留下不同程度的应力集中。据资料介绍,磨削表面应力集中系数 K_t 可达到 4,这一应力集中导致疲劳强度大幅度降低,以致加工的构件低于设计疲劳性能,即寿命短。以航空发动机主轴承为例,我国轴承厂采用美国进口的 M50 钢制造的主轴承,寿命不能保证 500h,而美国制造的同一主轴承达到 3000h 以上,足见"成形"制造对疲劳行为的决定作用。由于"成形"制造加工附加在表面的应力集中的位置与大小都是随机的,以致疲劳强度、寿命变得不确定,即可靠性差。采用高强度合金设计构件时,由于疲劳强度应力集中敏感,不得不降低许用应力,提高安全系数,这便导致构件结构重。传统的"成形"制造不适应高强度材料,也不适应先进设计。

9.3.4　抗疲劳制造

抗疲劳制造是控制表面完整性,以疲劳性能为主要判据和提高疲劳强度的制造技术[7]。抗疲劳制造与"成形"制造的根本区别在于前者不仅能满足设计图纸规定的要求,而且保证构件性能与设计指标一致。由于控制了表面完整性,控制了制造加工附加的表面应力集中,疲劳强度、寿命和可靠性得以保障和提高。抗疲劳制造中,工艺优劣的判据是疲劳行为。疲劳强度高、寿命长、制造工艺就是好工艺,否则就不能用以加工关键构件。抗疲劳制造的适用对象是关键构件:①转动构件,包括各种叶片、轮盘、轴及桨叶等;②传动构件,包括传动齿轮、轴承、轴承—齿轮等;③主承力构件,包括飞机起落架、动载螺栓、主承力接头、整体壁板、旋翼桨毂等。

抗疲劳制造的理论基础是疲劳理论和"无应力集中"抗疲劳概念。经过百年以上的研究,疲劳理论已经形成较为完善的体系,其中包括连续介质弹性力学、损伤力学、断裂力学及近年来建立的小裂纹理论等。这些理论从不同角度提出了描述疲劳强度和寿命的方法,是抗疲劳制造应遵循的基本准则。但疲劳理论属于基础理论,不能导向提高疲劳强度的技术。"无应力集中"抗疲劳概念属于应用基础理论,直接导向抗疲劳制造技术创新。"无应力集中"抗疲劳概念是赵振业院士在研制 300M 钢起落架时提出的,将我国的战机起落架从不足 200飞行小时寿命提高到 5000 飞行小时以上,达到美国战机起落架同类先进水平。"无应力集中"抗疲劳概念具有深刻的实践基础。

"无应力集中"抗疲劳概念是指不同应力集中的构件具有无应力集中时材料的固有疲劳强度。高强度合金疲劳强度应力集中敏感是由构件设计和加工制造引发的。前者赋予构件结构应力集中,后者赋予表面应力集中,当然,材料的纯净度和不均匀也是一类应力集中,到达构件表面的材料缺陷即成为表面应力集中。三类应力集中主导了关键构件的疲劳行为。"无应力集中"抗疲劳概念从应力集中视角认识构件的疲劳行为,从降低应力集中着手解决疲劳强度降低问题。因此,"无应力集中"抗疲劳概念引导创新抗疲劳制造方法和技术。

抗疲劳制造是一个复杂的技术体系,是以抗疲劳制造为主体、材料—设计相协调的三位一体技术体系。抗疲劳制造技术体系主要包括表层硬化技术体系、抗疲劳机械加工技术体系、表层组织再造改性技术体系、抗疲劳装配技术体系、长效防护技术体系、精密整体制坯技术体系、精密热处理技术体系、检测技术体系、疲劳寿命评价与试验技术体系,还包括高纯净冶金技术体系和抗疲劳细节设计技术体系等相关技术体系。不同超高强度合金的关键构件,其抗疲劳制造技术体系略有不同,如传动齿轮和主轴承关键构件抗疲劳制造技术体系不包含长效防护技术体系,而涡轮盘、起落架、叶片等关键构件抗疲劳制造技术体系就不包含表层硬化技术体系。

抗疲劳制造适应高强度合金,能抑制其疲劳强度应力集中敏感特性。超高强度钢 300M 构件成形制造时,表面粗糙度为 $Ra3.2$,$K_t = 1$ 构件旋转弯曲疲劳强度为 680MPa,经表面喷丸改性加工后,疲劳强度升至 930MPa,提高了约

37%;Ti6Al4V 合金构件用成形制造磨削后疲劳强度低至 110MPa,采用抗疲劳磨削后,升至 440MPa,提高了 300%;7475 - T6 铝合金构件成形制造切削加工后,96.5MPa 下的疲劳寿命为 5×10^5 循环周次,经激光冲击加工后升至 4.9×10^7 循环周次失效,提高了 2 个数量级;涡轮盘用高温合金 GH4169 构件,成形制造机械加工后 650℃下的疲劳强度为 500MPa,经表面喷丸加工后升至 700MPa,提高约 40%;超高强度钢 300M 成形制造的螺栓($K_t = 5$)疲劳强度降低约 80%,螺栓表面滚压后疲劳强度回复了 79%;LCG 铝合金带孔构件疲劳强度(10^7 循环周次)是 60MPa,孔挤压后升至 110MPa,提高约 83%。表层渗氮硬化使微动磨损疲劳强度由 110MPa 升至 440MPa,提高 300%,还使 $K_t = 5$ 构件旋转弯曲疲劳强度从 500MPa 升至 870MPa,提高 80%,螺栓件($K_t = 5$)拉压疲劳强度从 100MPa 升至 250MPa,提高 150%。

在欧美制造强国,抗疲劳制造即为表面完整性制造。1970 年发表《机械加工构件表面完整性指南》,标志其表面完整性制造基本实现。接着美国空军颁布了军用飞机安全—寿命设计规范 MIL - 08866A(USAF),1975 年又颁布了损伤容限和耐久性设计规范 MIL - A - 08866B、MIL - A - 8344。标志着设计技术从静强度设计升上了安全寿命及损伤容限、耐久性设计先进水平。作为其效果,美国第三代战机 F - 15、F - 16 等寿命达到 5000 飞行小时的同期世界最高水平。可以看出,在美国军用飞机发展中,表面完整性制造先于安全寿命及损伤容限、耐久性设计。表面完整性制造保障了构件与设计性能一致。美国是最早实现抗疲劳制造的国家,抗疲劳制造成为其关键基础构件和高端机械产品居世界领先地位的重要基础和保障。

由于抗疲劳制造具有抑制高强度合金疲劳强度应力集中敏感的功能,适应高强度合金和先进设计,因而可以实现关键构件的长寿命、高可靠和结构减重。美国于 1970 年基本实现了抗疲劳制造,三代战机 F - 15、F - 16 寿命达到 5000 飞行小时,创世界最长寿命。随后抗疲劳制造技术不断创新发展,如今 F - 16 飞机寿命延长至 8000 飞行小时,B - 787 客机寿命达到 80000 飞行小时,空中客车 A - 350 客机在追求 13000 飞行小时。直升机主减速器传动齿轮大修寿命(Time Between Overhaul,TBO)达到 8000 飞行小时(总寿命为 TBO ×3)。军用发动机主轴承寿命达到 3000h 以上,客机发动机主轴承寿命达到 30000h 以上。美国在其材料与工艺发展规划中还要在 2010 年把可更换的构件寿命再提高 60%。抗疲劳制造实现了构件的长寿命。

抗疲劳制造是关键构件高可靠性的根本保证。某飞机起落架用超高强度钢制造,由于采用成形制造,20 多年中始终不能达到设计要求,临时给定 200 飞行小时寿命交付服役使用。但使用中有的起落架寿命达到数百飞行小时尚未失效,最短的寿命不足79h。采用抗疲劳制造后10多种型号飞机服役30年来无一故障。某型飞机机翼主梁用超高强度钢30CrMnSiNi2A制造,设计寿命2000飞行小时。服役1400飞行小时时50%主梁有裂纹,3000多架飞机停飞排除故障。采用抗疲劳制造后,疲劳寿命达到23651飞行小时未失效,服役中也未再发生失效。海军使用法国"超级黄蜂"直升机,旋翼桨毂接头用超高强度钢制造。设计10^{-6}风险率下疲劳寿命185Fh,但在服役中出现裂纹。改用抗疲劳制造后,10^{-6}风险率下疲劳寿命达到1085Fh,随后服役中未再出现裂纹。

抗疲劳制造是结构减重的前提。关键构件都采用高强度铝合金、钛合金、超高强度钢、高温合金等制造。而且,高强度钛合金常用来代替密度更高的高强度钢以减轻结构重量;树脂基复合材料密度小,被用来代替高强度铝合金制造飞机蒙皮等构件,收到减重效果。这是一个基本概念和不争的事实。但是,这一效果在抗疲劳制造前提下才能达到。相反地,采用成形制造,非但不能减轻重量,反而增加结构重量。不仅如此,抗疲劳制造还可实现既定结构设计和选材基础上的再减重。据报道,美国用超高强度钢AF1410(抗拉强度$\sigma_b \geqslant 1620\text{MPa}$)制造B-1飞机机翼枢轴,比原用Ti6Al4V合金构件减重10.6%,而且制造成本显著降低。欧洲空中客车公司做过一个试验,用高强度铝合金(抗拉强度$\sigma_b \geqslant 630\text{MPa}$)制造的飞机蒙皮,与原用树脂基复合材料构件重量相同。赛车的核心是一个传动齿轮箱,结构非常紧凑,但经抗疲劳制造的新型超高强度钢齿轮还可将其结构重量降低50%。这些与常理相悖的实验数据证明了抗疲劳制造实现结构再减重的潜力及其在关键基础构件的轻量化、小型化、高性能化中的作用。

先进制造技术属于国家秘密,抗疲劳制造是新一代先进制造技术,拿不来和买不来,只能依靠自主创新。要形成可用可靠的抗疲劳制造技术,需要进行"全过程"研究,即"应用基础理论"、"应用技术"、"工程化生产"与"失效反馈",它符合人类认识客观世界的"实践—认识—再实践—再认识"科学认识论。"应用基础理论"是抗疲劳制造技术赖以设计的理论基础和向导。没有掌握应用基础理论,不可能创新出抗疲劳制造技术。应用基础理论是基础理论的实用化发展,基础理论不能直接导致技术创新,只有应用基础理论才直接导向技术创新。例如表层硬化技术创新的基础和前提是其应用基础理论:硬化机理、硬化抗疲劳机理等。创新表层组织再造改性技术,需要掌握应变—硬化机理、应变—硬化抗疲劳机理等。没有理论的实践是盲目的实践,理论的转变是根本的转变。只有应用基础理论指导下创新的抗疲劳制造技术才具有普适性、可复制性及可嫁接性。"应用技术"即抗疲劳制造技术是主体技术,抗疲劳制造的技术内涵已如前述,包括精密整体制坯、表层硬化、抗疲劳机械加工等基础制造技术。研究这些基础制造技术还遵循四要素规律。实践四要素研究可以获得可靠的基础制造技术,实现自主创新。"工程化生产"包括两个部分,一个部分是"应用技术"转化为批量规模生产技术;一个部分是转化为有价值的形式,即利润最大化。所以,"工程化生产"除承袭"应用技术"基本内涵并扩展规模化,验证"应用技术"可用性外,还有自身的应用基础理论和创新目标。抗疲劳制造技术只有转化为工程化生产技术才具有价值。"工程化生产"是"应用技术"的研究目的和归宿。"失效反馈"是工程化生产技术的评价和应用基础理论的验证。与其他技术一样,抗疲劳制造技术研究的目的全在于应用。抗疲劳制造技术的优劣在于用以制造的关键基础构件性能的优劣及其服役行为好坏,服役行为是检验抗疲劳制造技术的唯一标准。抗疲劳制造技术是自主创新,一定要遵守"全过程"研究的科学规律。

参考文献

[1] Handbook Committee. Materials Selection and design [R]. ASM Metals Handbook, 2005,20.

[2] 赵振业. 合金钢设计[M]. 北京:国防工业出版社,1999.

[3] 干勇,董翰,等. 中国材料工程工典:钢铁材料工程 合金钢[M]. 北京:化学工业出版社,2006.

[4] 黄乾尧,李汉康. 高温合金[M]. 北京:冶金工业出版社,2000.

[5] Brian Griffiths. Manufacturing Surface Technology[M]. London:Penton Press, 2001.

[6] Handbook Committee. Machining [R]. ASM Metals Handbook, 2005,16.

[7] Lucca D A, Brinksmeier E, Goch G. Progress in assessing surface and subsurface integrity[J]. Annals of the CIRP, 1998, 47(2):669 – 693.